CAD/CAM软件精品教程系列

CAXA CAD电子图板2020 绘图教程

◎主　编　郭朝勇
◎副主编　吕玉涛　曹洪娜

电子工业出版社
Publishing House of Electronics Industry
北京•BEIJING

内 容 简 介

本书以大众化的国产计算机工程绘图软件 CAXA CAD 电子图板 2020 为应用平台，介绍计算机绘图的基本概念、主要功能及 CAXA CAD 电子图板 2020 的使用方法。本书内容简洁，通俗易懂，紧密联系工程绘图应用实际及国家相关职业资格考试要求，具有较强的实用性和可操作性。

本书可作为职业教育机械、机电等专业学生的"计算机绘图"课程教材，也可供其他计算机绘图方面的初学者使用。

图书在版编目（CIP）数据

CAXA CAD 电子图板 2020 绘图教程 / 郭朝勇主编. —北京：电子工业出版社，2023.5

ISBN 978-7-121-45542-1

Ⅰ．①C… Ⅱ．①郭… Ⅲ．①自动绘图－软件包－职业教育－教材 Ⅳ．①TP391.72

中国国家版本馆 CIP 数据核字（2023）第 078523 号

责任编辑：张　凌　　　　特约编辑：田学清
印　　刷：三河市双峰印刷装订有限公司
装　　订：三河市双峰印刷装订有限公司
出版发行：电子工业出版社
　　　　　北京市海淀区万寿路 173 信箱　　　　邮编　100036
开　　本：880×1 230　1/16　　印张：18.25　　字数：397 千字
版　　次：2023 年 5 月第 1 版
印　　次：2023 年 5 月第 1 次印刷
定　　价：52.00 元

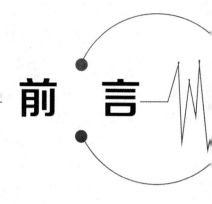

PREFACE 前 言

本书以党的二十大精神为统领，全面贯彻党的教育方针，落实立德树人根本任务，践行社会主义核心价值观，铸魂育人，坚定理想信念，坚定"四个自信"，为中国式现代化全面推进中华民族伟大复兴而培育技能型人才。

根据党的二十大精神，我国要加快推进科技自立自强，基础研究和原始创新不断加强，一些关键核心技术实现突破，进入创新型国家行列。在 CAD 基础与应用平台方面，我国的工业软件公司开发了多种具有自主知识产权的国产 CAD 软件，为世界 CAD 技术的应用与发展贡献了中国智慧，提供了中国产品。CAXA CAD 电子图板就是其中的典型代表，其在国内二维 CAD 绘图领域已经得到较为广泛的应用，并在逐步走向国际化。

随着 CAD 技术的发展和普及，计算机绘图已广泛应用于机械、电子、建筑、轻纺等行业的工程设计和生产中，大大促进了工业技术的进步和工程设计生产率及产品质量的提高。掌握计算机绘图技术已成为机械、电子、建筑、轻纺等行业从业技术人员的基本要求。目前，多数大中专工科院校均已开设计算机绘图类的必修课程。为适应技术的发展和学生毕业后任职的具体需要，2003 年以来，我们以国产计算机绘图软件 CAXA 电子图板为教学平台软件，先后编写并出版了《CAXA 电子图板绘图教程》《CAXA 电子图板绘图教程（2007 版）》《CAXA 电子图板绘图教程（2007 版）（第 2 版）》《CAXA 电子图板 2013 绘图教程》《CAXA 电子图板绘图教程（2007 版）（第 3 版）》等书，作为职业院校机械、机电等专业计算机绘图课程的教材。

自《CAXA 电子图板绘图教程》出版以来，很多学校将其选作教学用书，累计印数已超过 10 万册。由于在 CAXA 电子图板 2013 版本之后，北京数码大方科技有限公司又先后推出了 CAXA CAD 电子图板 2015、2016、2017、2018、2019、2020 等多个新的版本，因此原有的书已不能满足软件版本更新及技术发展的需要。我们根据培养目标和职业教育教材的基本要求，结合新版本软件的特点及使用者的反馈意见，在原有书的基础上编写了本书，以便继续满足计算机绘图课程的教学要求。

本书共 10 章，全面介绍了 CAXA CAD 电子图板 2020 的主要功能及具体应用。其中，第 1 章概述了计算机辅助设计、计算机绘图的基本概念及 CAXA CAD 电子图板 2020 的主要功能；第 2 章介绍了 CAXA CAD 电子图板 2020 的用户界面与基本操作；第 3 章介绍了图形的绘制；第 4 章介绍了图层、线型、颜色等图形特性的设置和控制；第 5 章介绍了图框和标题栏，以及捕捉和导航等绘图辅助工具；第 6 章介绍了曲线编辑与显示控制命令；第 7 章介绍了图块与图库的定义和应用；第 8 章介绍了尺寸与工程标注；第 9 章以零件图和装配图等机械绘图为例介绍了 CAXA CAD 电子图板 2020 的综合应用；第 10 章集中介绍了国家职业技能鉴定统一考试（制图员）、全国 CAD 技能等级考试（计算机绘图师）及全国计算机信息高新技术考试（中高级绘图员）等主要上机内容，以更加贴近工程实际应用，并适当满足学生上机实践和自我检测的需要。本书的最后附有 CAXA CAD 电子图板 2020 命令集，供读者了解软件命令的全貌。本书依据 CAXA CAD 电子图板的 2020 版本组织编写，所述命令、功能及基本操作也适用于 CAXA CAD 电子图板的其他版本。

针对职业教育的培养目标和课程特点，本书在内容取舍上注意突出基本概念、基本知识和操作能力的培养；在内容编排上注重避繁就简，突出可操作性；在示例和练习选择上尽量做到简单明了、通俗易懂，并侧重于工程实际应用。对重点内容和绘图示例，本书还给出了具体的上机操作步骤，学生只需按照书中的指导操作，即可顺利地绘制出工程图形，并能全面、深入地学习和训练计算机绘图常用命令的使用方法及应用技巧。章后附有习题和上机指导与练习，可以帮助学生加深对所学内容的理解和掌握。部分上机指导与练习题目中提供的基础电子图形（*.exb 电子文件），可为学生的上机实习操作提供支持。

本书由郭朝勇担任主编，吕玉涛、曹洪娜担任副主编，李俊霞、李小红、高曼曼、高倩、王默、孟秋红、刘冬芳参与编写。

限于编者水平，书中可能存在不当甚至错误之处，恳请使用本书的教师和同学批评指正。我们的 E-mail 地址为：guochy1963@163.com。

为了方便教师教学和学生上机，本书还配有教学指南、电子教案、习题答案（电子版），以及上机指导与练习中用到的基础图形文件（*.exb 电子文件）。请有此需要的教师登录华信教育资源网免费注册后进行下载，如有问题请在网站留言板留言或与电子工业出版社联系（E-mail：zling@phei.com.cn）。

编　者

CONTENTS

目 录

第 ① 章 概 述

本章将介绍计算机辅助设计、计算机绘图的概念、计算机绘图系统的组成，以及典型计算机绘图软件之一 —— CAXA CAD 电子图板 2020 的系统特点、运行环境及其安装与启动的操作过程。

1.1 计算机辅助设计

设计工作的特点表现为整个设计过程是以反复迭代的形式进行的，在各个设计阶段之间有信息的反馈和交互，此过程需要设计者进行大量的分析计算和绘图等工作。传统的设计方法使设计人员不得不首先在脑海里完成产品构思，然后想象出复杂的三维空间形状，并把大量的时间和精力消耗在翻阅手册、图板绘图、描图等烦琐、重复的劳动中。

计算机具有高速计算的功能、巨大的存储能力和丰富灵活的图形文字处理功能。充分利用计算机的这些优越性能，同时结合人的知识经验、逻辑思维能力，形成一种人与计算机各尽所长、紧密配合的系统，以便提高设计的质量和效率。

计算机辅助设计（Computer Aided Design，以下简称 CAD）是从 20 世纪 50 年代开始，随着计算机及外部设备的发展而形成的一门新技术。广义上讲，CAD 就是设计人员根据设计构思，在计算机的辅助下建立模型，进行分析计算，在完成设计后输出结果（通常是图纸、技术文件或磁盘文件）的过程。

CAD 是一种现代先进的设计方法，是人的智慧与计算机系统功能的巧妙结合。CAD 技术能够提供一个形象化的设计手段，有助于发挥设计人员的创造性，提高工作效率，缩短新产品的设计周期，把设计人员从繁重的设计工作中解脱出来。同时，在产品数据库、程序库和图形库的支持下，应用人员用交互的方式对产品进行精确的计算分析，使产品的结构和功能更加完善，最终提高设计质量。不仅如此，CAD 技术还有助于促进产品设计的标准化、系列化、通用化，而规范的设计方法可促进设计成果方便、快捷的推广和交流。目前，CAD 不仅成为工程设计行业在新技术背景下参与产品竞争的必备工具，还成为衡量一个国家和地区科技与工业现代化水平的重要标志之一。CAD 正朝着标准化、智能化、网络化和集成化方向蓬勃发展。

CAD 技术的开发和应用从根本上改变了传统的设计方法和设计过程，大大缩短了科研成果的开发和转化周期，提高了工程和产品的设计质量，增加了设计工作的科学性和创造性，对加速产品更新换代和提高市场竞争力有巨大的帮助。美国国家工程科学院曾将 CAD 技术的开发应用评为 20 世纪后半叶对人类影响最大的十大工程成就之一，其产生的经济效益十分可观。

CAD 技术的应用也改变了人们的思维方式、工作方式和生产管理方式，这是因为其载体发生了变化，已不再是图纸。CAD 工作方式主要体现在以下几个方面。

（1）并行设计。进行产品设计的各个部门（如总体设计部门、各部件设计部门、分析计算部门及试验测试部门）不仅能并行地进行各自的工作，还能共享他人的信息，从网络上获得产品总体结构的形状和尺寸，以及各部门的设计结果、分析计算结果和试验测试数据，并能对共同感兴趣的问题进行讨论和协调。在设计中，这种协调是必不可少的。

（2）在设计阶段可以模拟零件加工和装配，便于及早发现加工工艺性方面的问题，甚至运动部件的相碰、相干涉等问题。

（3）在设计阶段可以进行性能仿真，从而大幅度减少试验工作量和费用。

作为 CAD 技术主要组成部分的 CAD 软件源自 20 世纪 60 年代的计算机辅助几何设计，当时主要用于解决图形在计算机上的显示与描述问题，之后逐渐提出线框、实体、曲面等几何形体描述模型。发展至今，CAD 软件共经历了以下几个阶段。

（1）计算机绘图阶段：重点解决计算机图形的生成、显示、曲面表达方式等基础问题。

（2）参数化与特征技术阶段：解决 CAD 数据的控制与修改问题。

（3）智能设计阶段：在设计中融入更多的工程知识和规则，实现更高层次的计算机辅助设计。

经过五十多年的发展，CAD 软件已经由单纯的图纸或产品模型的生成工具，发展为可提供广泛工程支持的应用工具，并涵盖了设计意图表达、设计的规范化和系列化、设计结果可制造性分析（干涉检查与工艺性判断）、设计优化等诸多方面的内容。利用 CAD 软件产生的三维设计模型可转换为支持 CAE（计算机辅助工程）和 CAM（计算机辅助制造）应用的数据形式。三维设计的这些特点满足了企业的工程需要，极大地提高了企业的产品开发质量和效率，大大缩短了产品设计和开发周期。

目前，国外大型设计和制造类企业中，三维设计软件已得到了广泛的应用。例如，美国波音公司利用三维设计及相关软件，在两年半的时间里实现了波音 777 的无图纸设计，而按照传统的设计工作方式，整个过程至少需要 4 年。并且，美国波音公司在工程实施中，广泛采用了并行工程技术，在 CAD 环境下进行了总体产品的虚拟装配，纠正了多处设计错误，从而保证了设计过程的短周期、设计结果的高质量，以及制造过程的流畅性。

相对于二维设计（计算机辅助绘图），三维设计的最大特点就是采用了特征建模技术、参数化设计技术，以及设计过程的全相关技术。三维设计软件不仅具有强大的造型功能，还提供了广泛的工程支持，包括设计意图的描述、设计重用和设计系列化等。常用的三维设计软件主要有 Pro/Engineer（Creo）、UG、SolidWorks、Inventor 等。

三维设计分为零件设计、装配设计和工程图生成三个阶段。设计过程的全相关技术使得任何一个阶段的修改设计，都会影响其他阶段的设计结果，并以此保持模型在各种设计环境中的一致性，提高了设计效率。图 1-1 所示为用三维设计软件建立的"装载机"三维装配模型；图 1-2 所示为典型工程机械"装载机"中的主要零件之一——"铲斗"的三维零件模型；图 1-3 所示为由软件自动生成的对应图 1-2"铲斗"的零件工程图。图 1-1～图 1-3 三者之间是完全关联和协调一致的，即在任意一个环境下对模型做的修改都会自动地反映在另外两个环境中，并自动更新。

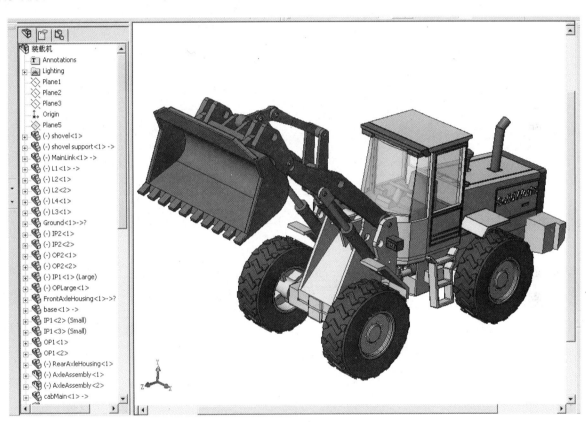

图 1-1　"装载机"三维装配模型

从总体水平上看，我国的 CAD 技术与发达国家相比还存在一定的差距。我国 CAD 技术的研究及应用始于 20 世纪 70 年代初，主要研究单位是为数不多的航空和造船工业中的几个大型企业和高等院校。到 20 世纪 80 年代后期，CAD 技术的优点开始为人们所认识，我国的 CAD 技术有了较大的发展，并推动了几乎一切领域的设计革命。目前，作为 CAD 应用初级阶段的计算机绘图技术在我国的工程设计和生产部门已全部实现应用。三维 CAD 技术和应用正得到迅猛发展和普及，并产生了巨大的社会效益和经济效益。

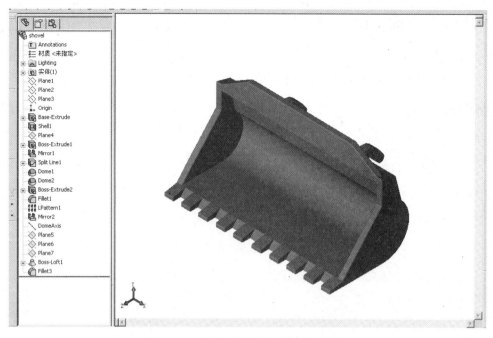

图 1-2 "铲斗"的三维零件模型

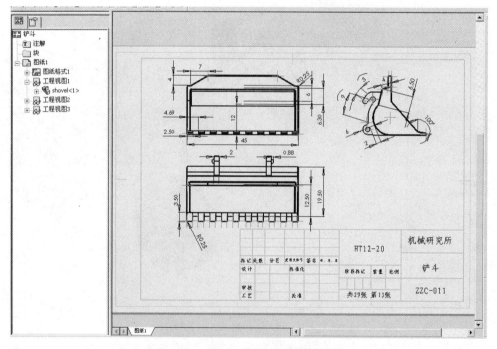

图 1-3 "铲斗"的零件工程图

1.2 计算机绘图

1.2.1 计算机绘图的概念

图样是表达设计思想、指导生产和进行技术交流的"工程语言"，而绘制图样的过程则是一项细致、烦琐的劳动。长期以来，人们一直使用绘图工具和绘图仪器进行手工绘图，劳动强度大、效率低、精度差。

1963 年，美国麻省理工学院的 I.E.Sutherland 发表了第一篇有关计算机绘图的论文，确立了计算机绘图技术作为一个崭新的科学分支的独立地位。计算机绘图的出现，将设计人员从烦琐、低效、重复的手工绘图中解脱出来。计算机绘图速度快、精度高，且便于存储和管理。经过 50 余年的蓬勃发展，计算机绘图技术已渗透到生活中的各个领域，在机械、电子、建筑、航空航天、造船、轻纺、城市规划、工程设计等方面得到了广泛的应用，并取得了显著的成效。

计算机绘图就是利用计算机硬件和软件来生成、显示、存储及输出图形的一种方法和技术。它建立在工程图学、应用数学及计算机科学三者结合的基础上，是 CAD 的主要组成部分。

计算机绘图系统由硬件和软件两大部分组成。其中，硬件是指计算机主机、图形输入设备、图形输出设备等外围设备，软件是指专门进行图形显示、绘图及图数转换等处理的程序。

1.2.2　计算机绘图系统的硬件

计算机绘图系统的硬件主要由计算机主机、图形输入设备及图形输出设备组成。

图形输入/输出设备在计算机绘图系统中与主机交换信息，为计算机与外部的通信联系提供了方便。图形输入设备将程序和数据读入计算机，通过输入接口将信号翻译为主机能够识别与接收的信号形式，并将信号暂存，直至被送往主存储器或中央处理器；图形输出设备把计算机主机通过程序运算和数据处理得到的结果信息，经输出接口翻译并输出为用户所需的结果（如图形）。下面介绍几种常用的图形输入/输出设备。

1.　图形输入设备

从逻辑功能上划分，图形输入设备可分为定位、选择、拾取和输入 4 种类型，但实际的图形输入设备往往是多种功能的组合。常用的图形输入设备中除了最基本的输入设备——键盘、鼠标，还有图形数字化仪和扫描仪。

（1）图形数字化仪。

图形数字化仪也被称为图形输入板，是一种图形输入设备。它主要由一块平板和一个可以在平板上移动的定位游标（有 4 键和 16 键两种）组成，如图 1-4 所示。当游标在平板上移动时，它能向计算机发送游标中心的坐标数据。图形数字化仪主要用于把线条图形数字化。用户可以在一个粗略的草图或大的设计图中输入数据，并对图形进行编辑，以便修改为需要的精度。图形数字化仪也可以用于徒手做一个新的设计，随后进行编辑，以得到最后的图形。

图 1-4　图形数字化仪

图形数字化仪的主要技术指标如下。

- 有效幅面：能够有效地进行数字化操作的区域。一般按工程图纸的规格来划分有效幅面，如 A4、A3、A1、A0 等。
- 分辨率：相邻两个采样点之间的最小距离。
- 精度：测定位置的准确度。

（2）扫描仪。

扫描仪是一种直接把图形（如工程图）和图像（如照片、广告画等）以像素信息形式扫描输入到计算机中的设备，其外观如图 1-5 所示。将扫描仪与图像矢量化软件相结合，可以实现图形的扫描输入。这种输入方式在利用已有图纸建立图形库，或者局部修改图纸等方面有重要意义。

（a）平板式扫描仪

（b）滚动式扫描仪

图 1-5　扫描仪的外观

扫描仪按其支持的颜色，可分为黑白和彩色两种；按扫描宽度和操作方式，可分为大型扫描仪、台式扫描仪和手持式扫描仪。扫描仪的主要技术指标如下。

- 扫描幅面：常用的幅面有 A0、A1、A4 三种。
- 分辨率：在原稿的单位长度上取样的点数（常用的单位为 dpi，即每英寸内的取样点数）。一般来说，扫描时所用分辨率越高，则所需存储空间越大。
- 支持的颜色和灰度等级：目前有 4 位、8 位和 24 位颜色与灰度等级的扫描仪。在一般情况下，扫描仪支持的颜色、灰度等级越多，图像的数字化表示就越精确，但也意味着占用的存储空间越大。

2. 图形输出设备

图形显示器是计算机绘图系统中最基本的图形输出设备，但屏幕上的图形不可能长久保存下来，要想将最终的图形变成图纸，就必须为系统配置绘图机、打印机等图形输出设备，以便永久记录图形。下面对常用的图形输出设备——绘图机进行简单介绍。

绘图机按成图方式来划分有笔式、喷墨、静电和激光等类型；按运动方式来划分有滚筒式和平板式两种类型。喷墨滚筒绘图机既能绘制工程图纸，也能输出高分辨率的图像及具有彩色真实感的效果图，且对所绘图纸的幅面限制较小，因而目前得到了广泛的应用。图 1-6 所示为两种滚筒绘图机的外观。

（a）笔式滚筒绘图机　　　　　　　　　　　　　　（b）喷墨滚筒绘图机

图 1-6　滚筒绘图机的外观

1.2.3　计算机绘图系统的软件

在软件方面，为了实现计算机绘图，除可通过编程以参数化等方式自动生成图形外，更多采用的是利用绘图软件以交互方式绘图。绘图软件一般应具备以下功能。

- 绘图功能：绘制多种基本图形。
- 编辑功能：对已绘制的图形进行修改等编辑操作。
- 计算功能：进行各种几何计算。
- 存储功能：将设计结果以图形文件的形式进行存储。
- 输出功能：输出计算结果和图形。

目前应用的交互式计算机绘图软件有多种，具有代表性的有美国 Autodesk 公司开发的 AutoCAD，以及我国北京数码大方科技有限公司开发的 CAXA CAD 电子图板。本书以 CAXA CAD 电子图板 2020 为应用平台，介绍计算机绘图的知识和操作技术，所述基本原理与方法也适用于其他绘图软件。

1.3　CAXA CAD 电子图板概述

CAXA CAD 电子图板是一个功能齐全的通用计算机辅助绘图软件。它以图形交互的方式，对几何模型进行实时的构造、编辑和修改。CAXA CAD 电子图板提供形象化的设计手段，帮助设计人员发挥其创造性、提高工作效率、缩短新产品的设计周期，把设计人员从繁重的设计绘图工作中解脱出来，并且有助于促进产品设计的标准化、系列化和通用化，使得整个设计规范化。CAXA CAD 电子图板（2015 版之前名称为 CAXA 电子图板）由北京数码大方科技股份有限公司自 1997 年起开发，经过 98、2000、V2、XP、2007、2013、2015、2018 等多次版本更新，目前已发展到 2020 版本。

　　CAXA CAD 电子图板适用于所有需要二维绘图的场合。利用它可以进行零件图设计、装配图设计、零件图组装装配图、装配图分解零件图、工艺图表设计、平面包装设计、电气图纸设计等工作。它已经在机械、电子、航空、航天、汽车、船舶、轻工、纺织、建筑及工程建设等领域得到了广泛的应用。图 1-7～图 1-9 所示分别为用 CAXA CAD 电子图板绘制的机械装配图、建筑工程图及电气工程图图例。

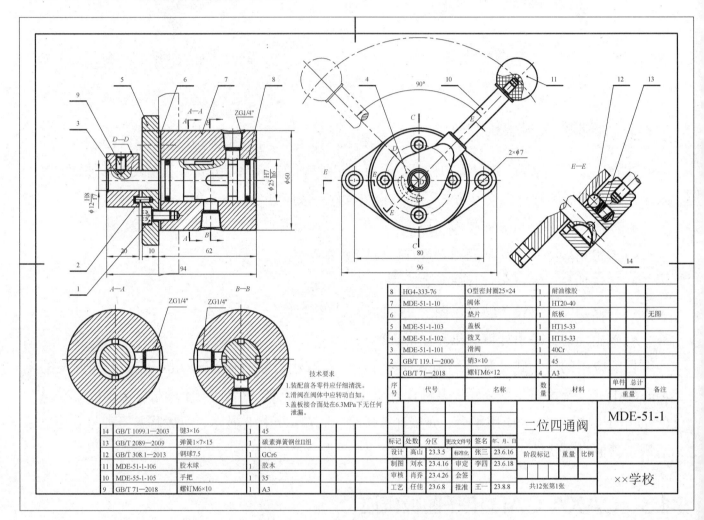

技术要求
1.装配前各零件应仔细清洗。
2.滑阀在阀体中应转动自如。
3.盖板接合面处在6.3MPa下无任何泄漏。

8	HG4-333-76	O型密封圈25×24	1	耐油橡胶		
7	MDE-51-1-10	阀体	1	HT20-40		
6		垫片	1	纸板		无图
5	MDE-51-1-103	盖板	1	HT15-33		
4	MDE-51-1-102	拨叉	1	HT15-33		
3	MDE-51-1-101	滑阀	1	40Cr		
2	GB/T 119.1—2000	销3×10	1	45		
1	GB/T 71—2018	螺钉M6×12	4	A3		

序号	代号	名称	数量	材料	单件 / 总计 重量	备注

14	GB/T 1099.1—2003	键3×16	1	45
13	GB/T 2089—2009	弹簧1×7×15	1	碳素弹簧钢丝II组
12	GB/T 308.1—2013	钢球7.5	1	GCr6
11	MDE-51-1-106	胶木球	1	胶木
10	MDE-55-1-105	手把	1	35
9	GB/T 71—2018	螺钉M6×10	1	A3

标记	处数	分区	更改文件号	签名	年、月、日		二位四通阀		MDE-51-1
设计	高山	23.3.5	标准化	张三	23.6.16				
制图	刘水	23.4.16	审定	李四	23.6.18		阶段标记	重量 比例	
审核	肖乔	23.4.26	会签						××学校
工艺	任佳	23.6.8	批准	王一	23.8.8		共12张第1张		

图 1-7　用 CAXA CAD 电子图板绘制的机械装配图图例

　　电子图板具有"开放的体系结构"，允许用户根据自己的需求在电子图板开发平台上进行二次开发，以便扩充电子图板的功能，实现用户化、专业化，使电子图板成为既通用于各个领域，也适用于特殊专业的软件。

　　本书以 CAXA CAD 电子图板的 2020 版本为蓝本，系统介绍其操作及应用，所述内容也基本适用于 CAXA CAD 电子图板的此前版本。

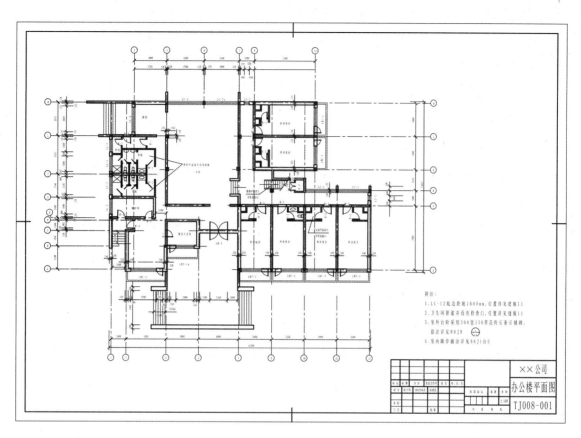

图 1-8　用 CAXA CAD 电子图板绘制的建筑工程图图例

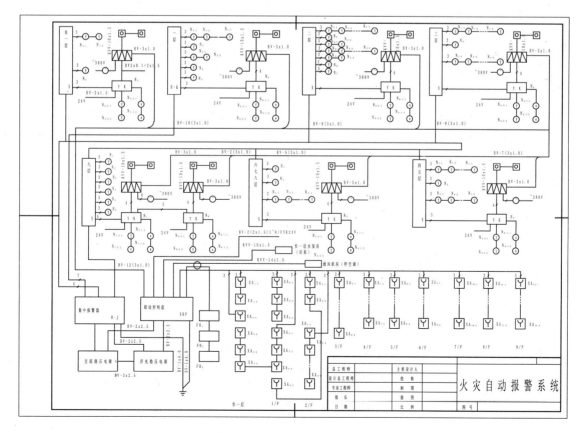

图 1-9　用 CAXA CAD 电子图板绘制的电气工程图图例

1.3.1　系统特点

1．智能设计、操作简便

系统提供了强大的智能化工程标注方式，包括尺寸标注、坐标标注、文字标注、尺寸公差标注、几何公差标注和表面粗糙度标注等。标注过程智能化使设计人员只需选择需要标注的方式，就能被系统自动捕捉其设计意图。

系统提供了强大的智能化图形绘制和编辑功能、文字和尺寸的修改功能等，使绘制和编辑过程实现"所见即所得"。

系统采用全面的动态可视设计，支持动态导航、自动捕捉特征点、自动消隐等功能。

2．体系开放、符合标准

系统全面支持最新的国家标准，提供了图框、标题栏等样式。在绘制装配图的零件序号、明细表时，系统会自动实现零件序号与明细表的联动。明细表支持 Access 和 FoxPro 数据库接口。系统与国际化绘图软件 AutoCAD 数据兼容，可方便实现企业设计平台的转换和双向数据交流。

3．参量设计、方便实用

系统提供了方便、高效的参量化图库，使设计人员可以方便地调出预先定义的标准图形或相似图形进行参数化设计。

系统提供了大量的国标图库，覆盖了机械设计、电气设计等所有类型。

系统提供的局部参数化设计可以使设计人员对复杂的零件图或装配图进行编辑与修改，即使在欠约束和过约束的情况下，也能给出合理的结果。

1.3.2　运行环境

CAXA CAD 电子图板 2020 有 32 位和 64 位两种版本，对于运行环境没有太高的要求，只需在一般的硬件配置和 Windows 操作系统环境下，即可安装和运行。

1.4　CAXA CAD 电子图板 2020 的安装与启动

在使用 CAXA CAD 电子图板 2020 绘图之前，首先应将其正确地安装到用户的计算机中。

CAXA CAD 电子图板 2020 的安装程序本身具有文件复制、系统更新、系统注册等功能，并采用了智能化的安装向导，操作非常简单，用户只需逐步按照屏幕提示进行操作，即可完成整个安装过程。

安装过程结束后，在操作系统的"程序"选项组中会增加"CAXA CAD 电子图板 2020"程序组，同时在操作系统的"桌面"上，会自动生成如图 1-10 所示的 CAXA CAD 电子图板 2020 快捷图标。

图 1-10　CAXA CAD 电子图板 2020 快捷图标

与其他 Windows 环境下的应用软件一样，启动 CAXA CAD 电子图板 2020 有多种方法，最简单的方法是在 Windows 桌面上双击 CAXA CAD 电子图板 2020 快捷图标（见图 1-10）。

启动后首先弹出如图 1-11 所示的 CAXA CAD 电子图板 2020 的"选择配置风格"对话框。从中可设置人机交互模式（"经典模式"或"兼容模式"）及软件界面模式（"经典模式"或"选项卡模式"）；在对话框下部的"日积月累"提示框中，可以快速了解 CAXA CAD 电子图板 2020 的新增功能。单击"确定"按钮，弹出如图 1-12 所示的"新建"对话框，只需选择适当的工程图模板，即可进入相应的系统界面。

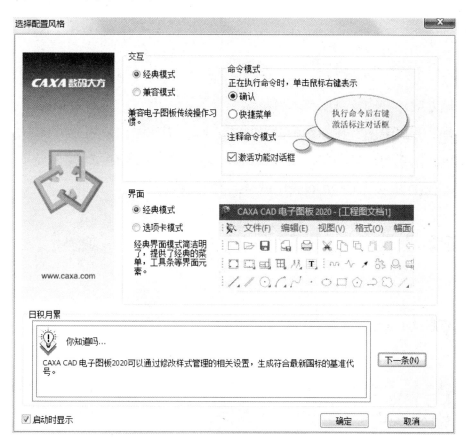

图 1-11　"选择配置风格"对话框

图 1-12 "新建"对话框

习 题

简答题

（1）什么是 CAD？采用 CAD 技术有什么意义？

（2）什么是计算机绘图？在你熟悉的领域中，哪些工作可以应用计算机绘图？

（3）计算机绘图系统由哪些部分组成？请列出你见过的图形输入/输出设备。

（4）CAXA CAD 电子图板 2020 绘图软件有什么特点？

上机指导与练习

【上机目的】

了解安装与启动 CAXA CAD 电子图板 2020 绘图软件的方法。

【上机内容】

（1）将 CAXA CAD 电子图板 2020 绘图软件正确地安装到你的计算机中。

（2）启动 CAXA CAD 电子图板 2020 绘图软件。

【上机练习】

（1）检查你的计算机软、硬件环境和配置是否满足 CAXA CAD 电子图板 2020 绘图软件的运行要求。

（2）将 CAXA CAD 电子图板 2020 绘图软件正确地安装到你的计算机中。

（3）安装结束后，将在计算机"开始"→"程序"选项组中生成"CAXA CAD 电子图板 2020"程序组，并在计算机桌面上生成 CAXA CAD 电子图板 2020 快捷图标 。

（4）双击桌面上的快捷图标 ，启动 CAXA CAD 电子图板 2020。

第 ② 章　用户界面与基本操作

　　本章将介绍 CAXA CAD 电子图板 2020 的用户界面与基本操作，并通过介绍一个简单工程图形的具体绘制和操作过程，为后续章节的学习打下基础。

2.1　用户界面

　　CAXA CAD 电子图板 2020 的用户界面有经典模式界面和选项卡模式界面两种，其中经典模式界面主要通过主菜单和工具栏来访问常用命令，选项卡模式界面主要通过功能区、快速启动工具栏和菜单按钮来访问常用命令。

> 说明：两种模式界面的区别主要是命令组织方式及其布局有所不同，而功能及具体应用则完全相同。两种界面之间可以通过按键盘上的 F9 快捷键进行切换。

2.1.1　界面组成

　　CAXA CAD 电子图板 2020 的界面（见图 2-1）主要由以下几个区域组成。

1. 标题行

　　标题行位于界面的顶部，左端为软件图标，中间显示软件名称和当前文件名，右端依次为"最小化"按钮、"最大化/还原"按钮和"关闭"按钮。

2. 绘图区

　　绘图区为屏幕中间的大面积区域，其内显示绘制的图形。绘图区除了显示图形，还设置了一个坐标原点为（0.000,0.000）的二维直角坐标系，也被称为世界坐标系。CAXA CAD 电子图板 2020 以当前用户坐标系的原点为基准，水平方向为 X 轴方向，向右为正，向左为负；垂直方向为 Y 轴方向，向上为正，向下为负。在绘图区用鼠标拾取的点或用键盘输入的点，均以当前用户坐标系为基准。

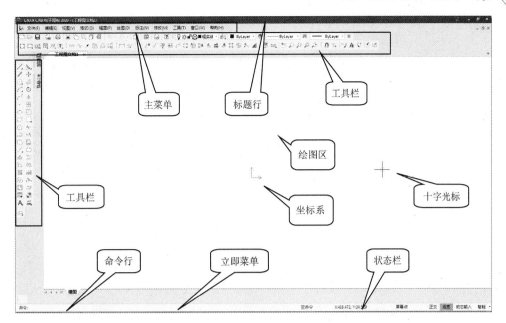

（a）经典模式界面

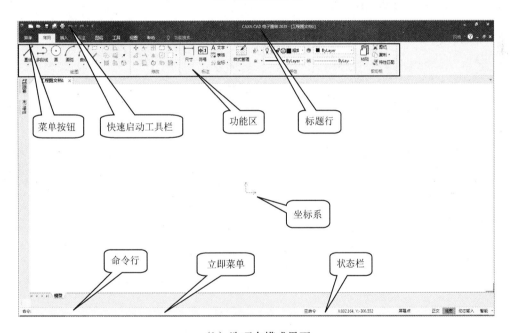

（b）选项卡模式界面

图 2-1　CAXA CAD 电子图板 2020 的界面

3. 主菜单

标题行下面一行为主菜单，由主菜单可产生下拉菜单；绘图区上方和左侧是由常用功能按钮组成的菜单，即工具栏；绘图区下面的一行为立即菜单。

4. 状态栏

状态栏位于界面的底部，是操作提示与状态显示区，包括"命令与数据输入区""操作信息提示区""命令提示区""当前点坐标提示区""正交状态切换按钮""线宽状态切换按钮""动态输入工具开关按钮""点捕捉方式设置区"，如图 2-2 所示。

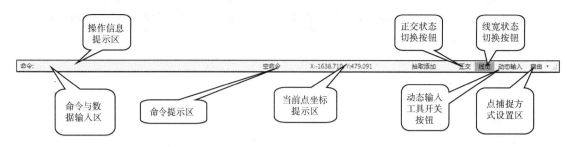

图 2-2　状态栏的组成

- 命令与数据输入区：位于状态栏的左侧，在没有执行任何命令时，操作提示为"命令："，表示系统正等待输入命令，也被称为命令状态。一旦输入了某种命令，便会出现相应的操作提示。
- 操作信息提示区：位于状态栏的左侧，用于提示当前命令的执行情况或提醒用户输入。
- 命令提示区：提示当前所执行的命令在键盘上的输入形式，便于用户快速掌握 CAXA CAD 电子图板 2020 的键盘命令。
- 当前点坐标提示区：显示当前光标点的坐标值，并且会随鼠标指针的移动而动态变化。
- 正交状态切换按钮：单击该按钮可以打开或关闭系统的"正交"状态。
- 线宽状态切换按钮：单击该按钮可以在"线宽"或"细线"状态间切换。
- 动态输入工具开关按钮：单击该按钮可以打开或关闭"动态输入"工具。
- 点捕捉方式设置区：在此区域内设置点的捕捉方式，包括"自由""智能""栅格""导航"4 种方式。

5. 菜单按钮

在选项卡模式界面中，可以使用菜单按钮调出主菜单。主菜单采用竖列布局，其组成及主要应用方式与经典模式界面的主菜单相同，如图 2-3（a）所示。

6. 快速启动工具栏

选项卡模式界面中的快速启动工具栏位于界面的左上方，用于组织经常使用的命令，具体如图 2-3（b）所示。该工具栏亦可根据用户的需要和喜好进行自定义。

7. 功能区

选项卡模式界面中最重要的界面元素为"功能区"。使用功能区时无须显示工具栏，通过单一紧凑的布局使各种命令组织得简洁有序、通俗易懂，同时使绘图区最大化。

功能区通常包括多个功能区选项卡，每个功能区选项卡由各种功能区面板组成。功能区的结构和布局如图 2-4 所示。

（a）主菜单　　　　　　　　　　　　　　　（b）快速启动工具栏

图 2-3　选项卡模式界面中的主菜单及快速启动工具栏

功能区选项卡　　　　　　　　　功能区面板

图 2-4　功能区的结构和布局

各种功能命令均根据使用频率、设计任务有序地排布在功能区选项卡和功能区面板中。例如，电子图板的功能区选项卡包括"常用""插入""标注""图幅""工具""视图"等；而"常用"选项卡又由"绘图""修改""标注""特性"等功能区面板组成，且每一个功能区面板中都包含一组具有某种相同特征的多个命令按钮。

功能区的使用方法如下。

- 当在不同的功能区选项卡间切换时，可以用鼠标左键单击要使用的功能区选项卡。当光标在功能区上时，也可以用鼠标滚轮切换不同的功能区选项卡。

- 双击当前功能区选项卡的标题，或者在功能区上单击鼠标右键，并在弹出的快捷菜单中选择"最小化功能区"选项，即可收起功能区选项卡。在功能区最小化状态下，若用鼠标左键单击功能区选项卡，则功能区向下扩展；若光标移出，则功能区选项卡自动收起。

- 在各种命令按钮上单击鼠标右键，即可在弹出的快捷菜单中打开或关闭功能区。

- 功能区面板中包含各种功能命令按钮和控件，使用方法与经典模式界面中主菜单或工具栏上按钮的使用方法相同。

提示：考虑两种模式界面设计的出发点不同，为方便叙述和便于初学者学习，本书的后续内容均以布局和条理较为清晰的经典模式界面为主，并适当兼顾选项卡模式界面的相关特征。待读者对经典模式界面中的命令和操作完全熟悉后，便可以很快适应以灵活性为特点的选项卡模式界面中的有关操作。

2.1.2 体验绘图

本书首先通过几个常用的命令，帮助读者初步了解和体验使用CAXA CAD 电子图板 2020 绘图的基本方法和具体操作。

1. 绘制直线

在经典模式界面中，选择主菜单中的"绘图"→"直线"→"直线"选项，即可启动"直线"命令，开始绘制直线的操作，如图 2-5 所示。这时在绘图区下方出现立即菜单 `1.两点线 ▾ 2.连续 ▾`，即可当前为"两点线–连续"方式，同时在界面左下角的提示区出现提示"第一点:"，利用鼠标移动十字光标至界面中间，单击鼠标左键即输入了一个点。这时，提示变为"第二点:"，在移动十字光标时，界面上出现一条以第一个点为定点，可以动态拖动着伸缩和旋转的"橡皮筋"。单击鼠标左键确定第二个点后，一条直线段就被绘制出来了。接下来，在提示区仍然提示"第二点:"，可以继续输入点以绘制连续的折线，直至单击鼠标右键，退出"直线"命令。

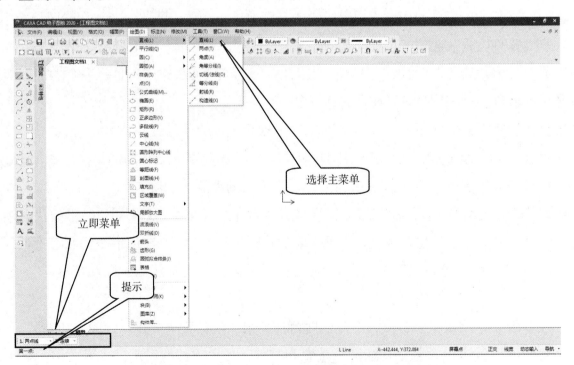

图 2-5　从主菜单中启动"直线"命令及相应提示

2. 绘制圆

移动鼠标，将屏幕上的光标移至左侧的工具栏区域，当光标变为一个空心箭头时，将其移至界面最左侧"绘图工具"工具栏的 ⊙ 按钮上，单击鼠标左键，启动"圆"命令，此时的立即菜单显示为 1. 圆心 半径 ▾ 2. 直径 ▾ 3. 无中心线 ▾ ，即按给定圆心和直径方式绘制圆。首先系统提示"*圆心点:*"，移动光标，当在绘图区的某处单击鼠标左键确定圆心后，系统提示变为"*输入直径或圆上一点:*"。此时，移动光标，拖动出一个圆心固定而大小动态变化着的圆，单击鼠标左键后即绘制出一个圆（也可以用键盘输入直径值后按 Enter 键）。之后在提示区仍然提示"*输入直径或圆上一点:*"，可连续绘制出一系列同心圆。单击鼠标右键，结束绘制同心圆的操作，提示区返回"*圆心点:*"提示状态，此时可另外设置圆心接着绘制圆，或者单击鼠标右键退出"圆"命令。

3. 删除

如果要将已绘制的图线删除，则可在界面左侧第二列"编辑工具"工具栏中单击最上方的橡皮擦状按钮 ✎ ，启动"删除"命令，即可执行删除操作。系统提示"*拾取添加:*"，用鼠标左键拾取一个或连续多个要删除的元素（拾取显示变为虚线），最后单击鼠标右键，则所选元素被删除。

由上可知，利用电子图板绘图是一个人机交互的操作过程。具体地讲，若要实现某种绘图操作，则首先需要输入命令，系统接收命令后，就会做出相应的反应，如出现提示、选项菜单、对话框，以及显示结果等；然后处于等待状态，这时用户应根据所处状态及提示进行相应的操作，如输入命令、输入一个点或一组数据、拾取元素、从选项菜单或对话框中进行选择等；最后系统在接收这些信息后会继续做出反应和提示，用户再根据新的状态和提示继续输入或选择，直至完成操作。

计算机绘图的基本操作主要是命令的输入、点和数据的输入，以及元素的拾取等，其操作状态分别被称作命令状态、输点状态、输数状态和拾取状态等。这些操作都是通过鼠标或键盘实现的。

在 CAXA CAD 电子图板 2020 中，移动鼠标会使屏幕上的光标随之移动。光标在绘图区时为十字线，中心带一小方框（也被称为拾取盒）；光标移到绘图区以外的区域时会变为一个空心箭头。移动光标至某处后，单击鼠标左键，可用于：

- 选择主菜单命令或单击按钮。
- 输入一个点。
- 拾取元素。

单击鼠标右键与按键盘上的 Enter 键功能相同，主要用于：

- 在命令执行过程中，跳出循环或退出命令。

- 在进行连续拾取操作时，确认拾取。

- 在命令状态下，重复上一条命令。

- 确认键盘输入的命令和数据。

2.1.3　经典模式界面中的菜单系统

CAXA CAD 电子图板 2020 经典模式界面中的菜单系统由以下几个部分组成。

1. 主菜单和下拉菜单

主菜单中包括"文件""编辑""视图""格式""幅面""绘图""标注""修改""工具""窗口""帮助"11 个菜单。选择其中一个菜单，即可弹出该菜单的下拉菜单，如果下拉菜单中的某个选项后面有向右的黑色三角标记，则表示其还有下一级的级联菜单，如图 2-6 所示。

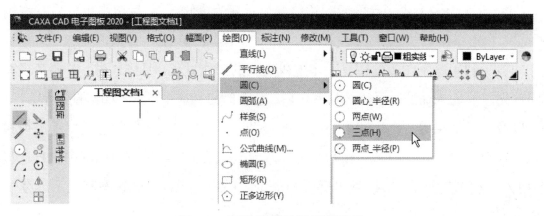

图 2-6　下拉菜单及其级联菜单

2. 工具栏

工具栏是绘图区上方和左侧由若干按钮组成的条状区域。

下拉菜单包含了系统中绝大多数的命令。但为了提高绘图效率，电子图板还将一些常用的命令以工具栏的形式直接布置在界面中，且每一个工具栏上都包括一组按钮，只需用鼠标左键单击某按钮，即可执行相应命令。若欲了解某一按钮的具体功能，则只需将光标移动到该按钮上停留片刻，即可在光标的下方显示按钮功能的文字说明。

CAXA CAD 电子图板 2020 经典模式界面提供的工具栏及其默认布局如图 2-7 所示。

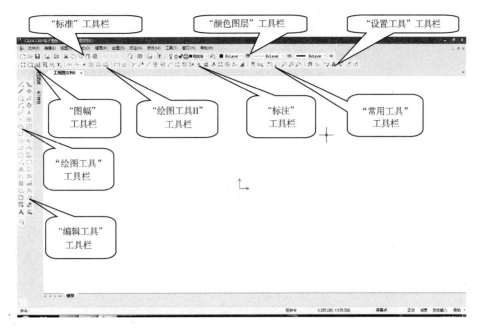

图 2-7　工具栏及其默认布局

（1）"标准"工具栏。

"标准"工具栏位于绘图区左上方，自左至右依次为"新建文件""打开文件""保存文件""另存文件""打印""剪切""复制""带基点复制""粘贴""选择性粘贴""撤销操作""恢复操作""清理""DWG 转换器""文件打包""帮助索引"等按钮，主要为"文件"菜单和"编辑"菜单中的常用命令，具体如图 2-8 所示。

图 2-8　"标准"工具栏

（2）"颜色图层"工具栏。

"颜色图层"工具栏位于"标准"工具栏右侧，自左至右依次为"图层""颜色""线型"及"线宽"按钮，具体如图 2-9 所示。

图 2-9　"颜色图层"工具栏

（3）"绘图工具"工具栏。

"绘图工具"工具栏位于界面最左侧的工具栏中，提供了一些常用的绘图命令，自上至下依次为"直线""平行线""圆""圆弧""样条""点""椭圆""矩形""正多边形""多段线""云线""中心线""等距线""公式曲线""剖面线""填充""擦除""插入表格""文字""创建块"等按钮，主要为"绘图"菜单中的基本曲线绘图命令，具体如图 2-10 所示（软件中为竖向排列）。

图 2-10　"绘图工具"工具栏

（4）"编辑工具"工具栏。

"编辑工具"工具栏位于"绘图工具"工具栏的右侧，提供了修改图形时常用的各种编辑命令，自上至下依次为"删除""平移""平移复制""旋转""镜像""阵列""缩放""过渡""裁剪""延伸""拉伸""打断""合并""分解""对齐""标注编辑""尺寸驱动""特性匹配刷""提取图符"等按钮，主要为下拉菜单"修改"中的主要图形编辑命令，具体如图 2-11 所示（软件中为竖向排列）。

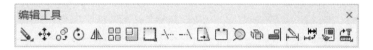

图 2-11　"编辑工具"工具栏

（5）"图幅"工具栏。

"图幅"工具栏位于"标准"工具栏的正下方，自左至右依次为"图幅设置""调入图框""填写标题栏""调入参数栏""生成序号""填写明细表"等按钮，主要为下拉菜单"幅面"中的有关命令，具体如图 2-12 所示。

（6）"绘图工具 II"工具栏。

"绘图工具 II"工具栏位于"图幅"工具栏的右侧，是对"绘图工具"工具栏的补充，自左至右依次为"波浪线""双折线""箭头""齿形""圆弧拟合样条""孔/轴"等按钮，主要为"绘图"菜单中的高级曲线绘图命令，具体如图 2-13 所示。

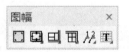

图 2-12　"图幅"工具栏

图 2-13　"绘图工具 II"工具栏

（7）"标注"工具栏。

"标注"工具栏位于"颜色图层"工具栏的左下方，提供了尺寸及各种符号标注的命令，自左至右依次为"尺寸标注""坐标标注""倒角标注""引出说明""粗糙度""基准代号""形位公差""焊接符号""剖切符号""局部放大""中心孔标注""向视符号""技术要求""标高""孔标注""圆孔标记""旋转符号"等按钮，主要为"标注"菜单中的主要命令，具体如图 2-14 所示。

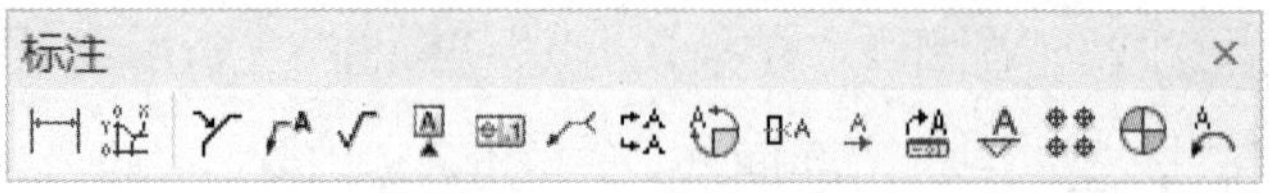

图 2-14　"标注"工具栏

（8）"常用工具"工具栏。

"常用工具"工具栏位于"颜色图层"工具栏的正下方，自左至右依次为"特性窗口""两点距离""动态平移""动态缩放""显示窗口""显示全部""显示上一步"等按钮，主要为"视图"菜单中的主要显示命令，具体如图 2-15 所示。

（9）"设置工具"工具栏。

"设置工具"工具栏位于"颜色图层"工具栏的右下方，自左至右依次为"捕捉设置""拾取设置""尺寸样式""文字样式""点样式""样式管理""标准管理"等按钮，主要为"格式"菜单中的主要命令，具体如图 2-16 所示。

图 2-15　"常用工具"工具栏

图 2-16　"设置工具"工具栏

> **提示**：除上述默认打开的工具栏外，CAXA CAD 电子图板 2020 还提供了多个针对不同类型和功能命令的工具栏，必要时可由用户激活后显示并使用。定制菜单的方法是：将光标移动到任意一个工具栏按钮上并单击鼠标右键，弹出如图 2-17（a）左侧所示的快捷菜单，选择其中的"工具条"选项，将显示如图 2-17（a）右侧所示的菜单（其中的菜单项为 CAXA CAD 电子图板 2020 提供的所有工具栏，菜单项前带"√"符号的为当前界面中已显示的工具栏），从中选择欲打开的工具栏名称，则所选工具栏将显示在绘图区中；反之，从菜单中选择菜单项前带"√"符号的菜单项，将关闭对应的已显示工具栏。

3. 立即菜单

一个命令在执行过程中往往有多种执行方式，需要用户进行选择。CAXA CAD 电子图板 2020 以立即菜单的方式，为用户提供了一种直观、简捷处理命令选项的操作方法。当系统执行某一命令时，大都会在绘图区左下方的立即菜单中出现由一个或多个编辑框构成的立即菜单，且每个编辑框前都标有数字序号。立即菜单显示当前的各种选项及有关数字。用户在绘图时应留意并审核立即菜单中所显示的各项是否符合自己的意图。

有两种方法可以改变某编辑框中的选项，一种方法是用鼠标左键单击该编辑框，另一种方法是按 Alt+"数字"（"数字"为该编辑框前的序号）组合键。若该编辑框只有两个选项，则直接切换；若该编辑框中的选项多于两个，则会在其上方弹出一个选项菜单，只需上下移动鼠标指针选择需要设置的选项，即可改变该编辑框中的内容。

4. 快捷菜单

当系统处于某种特定状态时，若按下特定键，则会在当前光标处出现一个快捷菜单。电子图板的快捷菜单主要有以下几种。

- 当光标位于任意一个菜单或工具栏区域（光标为空心箭头）时，单击鼠标右键，弹出在控制用户界面中菜单和工具栏显示与隐藏的右键定制菜单，如图 2-17（a）所示。用鼠标左键单击菜单中选项前的复选框可以在显示与隐藏之间切换。
- 在命令状态下，拾取元素并单击鼠标右键（或按 Enter 键），则会弹出面向所拾取图形对象的右键快捷菜单，如图 2-17（b）所示。根据拾取对象的不同，此右键快捷菜单的内容会略有不同。
- 在输入点状态下，按 Space 键会弹出空格键捕捉菜单，如图 2-17（c）所示。

（a）右键定制菜单　　　　　（b）右键快捷菜单　　　（c）空格键捕捉菜单

图 2-17　快捷菜单

5. 对话框

用户在执行某些命令时，会弹出对话框，可以在该对话框中进行参数设置、方式选择或数据的输入和编辑，从而完成相关操作。CAXA CAD 电子图板 2020 中的许多命令都是通过对话框操作来实现的。图 2-18 所示为"打开"图形文件对话框，通过它可以选择、预览欲打开的图形文件。

图 2-18 "打开"图形文件对话框

提示：选项卡模式界面中的菜单与经典模式界面中的菜单基本一致，其功能区面板中的按钮及功能与上面介绍的工具栏亦完全相同。

2.2 命令的输入与执行

电子图板提供了丰富的绘图、编辑、标注及辅助功能，这些功能都是通过执行相应的命令来实现的。

2.2.1 命令的输入

命令的输入方式分为键盘输入和鼠标选取两种。

1. 键盘输入

在命令行输入命令名并按 Enter 键：几乎电子图板中的每一条命令都有其命令名，在操作提示为"*命令:*"（命令状态）时，使用键盘直接输入命令名并按 Enter 键（或单击鼠标右键、按 Space 键），即可执行该命令。

2. 鼠标选取

屏幕上的鼠标指针在绘图区时为十字光标，当将鼠标指针移动到绘图区之外时，鼠标指针会变为一个空心箭头，即进入鼠标选取状态。电子图板将主菜单、屏幕菜单和工具栏中的命令以按钮的形式形象地布置在界面中，将鼠标指针移至某按钮处，单击鼠标左键，若该按钮凹下，则表示被选中。一般可以采用以下方法选择输入命令。

- 从下拉菜单中选择命令菜单选项：每个命令都有其对应的菜单，首先用鼠标指针在主菜单中选择某菜单选项,即可出现该选项的下拉菜单;然后上下移动鼠标指针,在下拉菜单中选择某选项,若无级联菜单则开始执行命令,若有级联菜单则弹出级联菜单,并在级联菜单中上下移动鼠标指针选择某选项,即可开始执行该命令。例如,从"绘图"菜单中选择"圆"→"三点"选项(见图2-6)。

- 从工具栏中选择命令按钮:CAXA CAD 电子图板 2020 为用户提供了较丰富的工具栏,所有在下拉菜单的命令选项前有图标标志的命令都可以在相应的工具栏或选项卡模式界面的功能区面板中找到。在输入命令时,只需将光标移至某个工具栏的某一个按钮上,单击鼠标左键,即可开始执行该命令。

3. 示例

例如,在绘制一条直线时,用户可以通过以下 3 种方法来输入"直线"命令,如图 2-19 所示。

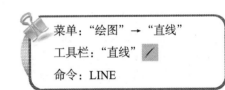

图 2-19 输入"直线"命令的方法

- 将鼠标指针移动到主菜单的"绘图"菜单处,用鼠标左键单击,弹出其下拉菜单;在下拉菜单中将鼠标指针移动到"直线"选项处,使该选项处于选中状态,这时只需用鼠标左键单击(或按 Enter 键),即可完成"直线"命令的输入。

- 移动鼠标指针,在"绘图工具"工具栏中单击 按钮,即可完成"直线"命令的输入。

- 在命令状态下,输入"LINE"(直线的命令名,大小写均可)命令,按 Enter 键(或单击鼠标右键、按 Space 键)。

综上所述,CAXA CAD 电子图板 2020 为用户提供了丰富、灵活的命令输入方法。在命令的输入方法中,用下拉菜单方式输入命令的方法最省心,无须记忆命令名的字母拼写或命令按钮的形状,只需依据所属大类从菜单选项中选取即可;用单击工具栏按钮方式输入命令的方法最方便,只需单击一次鼠标左键即可;用输入命令名方式输入命令的方法最简捷,CAXA CAD 电子图板 2020 中的所有命令均有其对应的命令名。

> **说明**:本书的后续章节在介绍各种命令时,均以上述 3 种输入方法为主。为节省篇幅,本书将它们集中放在位于段首的一个矩形框内,格式如图 2-19 所示,而不再逐一说明。

> **提示**:当用键盘输入命令时,必须在命令状态下进行,即只有命令行系统提示为"命令:"时,才有效。而选择主菜单则不受此限制,并且在某一命令的执行过程中,如果选择了主菜单,则系统会自动退出当前命令而执行新的命令。但在命令执行过程中,如果弹出对话框或输入数据窗口时,则不接收其他命令的输入。

2.2.2 命令的执行过程

CAXA CAD 电子图板 2020 中一条命令的执行过程，大致有以下几种情况。

（1）系统接收命令后直接执行直至结束该命令，而无须用户干预，如"存储文件""退出"等命令。

（2）在弹出对话框时，用户需要对对话框做出响应，确认后结束命令。

（3）在出现操作提示且同时出现立即菜单时，系统会显示命令的各种默认选项。

多数命令的执行过程属于第三种情况。因为命令的执行大多要分为若干个步骤，逐步地通过人机对话交互来执行，且多数命令在执行过程中有多种执行方式需用户选择。在这种情况下，一般的操作步骤如下。

（1）输入命令。

（2）对立即菜单进行操作，使其各选项均符合要求。

（3）根据系统提示进行相应的操作，如指定一个点、输入一个数、拾取元素等。当有些操作重复提示时，只需单击鼠标右键（或按 Enter 键），即可向下执行。

（4）继续根据新的提示和新的立即菜单进行操作，直至实现操作目的而结束命令（返回等待命令状态）。不少命令会循环执行，操作完成一次后，并不会退出当前命令，而是返回步骤（2）。对于循环执行的命令，只需单击鼠标右键（或按 Enter 键），即可退出当前命令。

在以上各步骤中，有时也会弹出对话框，用户只需做出响应并确认，即可向下执行。

2.3 命令的中止、重复和取消

1. 命令的中止

在命令的执行过程中，按 Esc 键可中止当前操作。在通常情况下，单击鼠标右键或按 Enter 键也可中止当前操作直至退出命令。此外，在一个命令的执行过程中，若通过选择主菜单或单击按钮又启动了其他命令，则系统将先中止当前命令，再执行新的命令。

2. 命令的重复

在执行完一条命令后，如果状态行又出现"*命令:*"提示，则单击鼠标右键或按 Enter 键，从而重复执行上一条命令。

3. 取消操作

单击"标准工具"工具栏中的 按钮，可取消最后一次所执行的命令，该方法常用于取消误操作。此操作具有多级回退功能，可直至取消已执行的全部命令。

4. 重复操作

重复操作是取消操作的逆过程。在执行了一次或连续数次取消操作后，单击"标准工具"工具栏中的"重复操作"按钮 ⤴，即可取消上一条的"取消操作"命令。

5. 命令的嵌套执行

电子图板中的某些命令可嵌套在其他命令中执行，被称为透明命令。显示、设置、帮助、存盘，以及某些编辑操作都属于透明命令。在一个命令的执行过程中，即提示区不是"*命令:*"状态时，如果输入透明命令，则前一条命令虽不中止但会被暂时中断，待执行完透明命令后再接着执行前一条命令。

例如，系统正在执行"直线"命令，且提示为"*第二点:*"时，处于输入点状态，这时如果单击"常用工具"工具栏上的 🔍 按钮，即可执行"显示窗口"命令，则系统会提示"*显示窗口第一角点:*""*显示窗口第二角点:*"，按给定两点所确定的窗口进行放大，单击鼠标右键结束窗口放大，从而恢复提示"*第二点:*"，返回绘制直线输入点状态，继续执行"直线"命令。

2.4 数据的输入

CAXA CAD 电子图板 2020 环境下需输入的数据主要有点（如直线的端点、圆心点等）、数值（如直线的长度、圆的半径等）、位移（如图形的移动量），以及文字和特殊字符等，下面分别对其进行介绍。

2.4.1 点的输入

图形元素大都需要通过输入点来确定大小和位置（也被称为输入点状态），如绘制两点线时提示"*第一点:*""*第二点:*"，绘制圆时提示"*圆心点:*"等。因此，点的输入是计算机绘图的一项基本操作。CAXA CAD 电子图板 2020 提供了多种点的输入方法。

1. 鼠标输入

利用鼠标移动屏幕上的十字光标，在绘图区选中位置后，用鼠标左键单击，该点的坐标即被输入。这种输入方法简单快捷，且动态拖动形象直观，但在按尺寸作图时准确性较差。

为了在用鼠标输入点时，除了能做到快捷，还能做到准确，CAXA CAD 电子图板 2020 提供了捕捉和导航等辅助绘图功能，此内容将在本书第 5 章做详细介绍。

2. 键盘输入

在输入点状态下，用键盘输入一个点的坐标并按 Enter 键，该点即被输入。工程制图中，每一图形元素的大小和位置都有严格的尺寸要求，因此常要用键盘输入坐标值。输入坐标值后，需按 Enter 键（或单击鼠标右键、按 Space 键）。

根据坐标系的不同，点的坐标分为直角坐标和极坐标，对同一坐标系而言，又有绝对坐标和相对坐标之分。为区别起见，CAXA CAD 电子图板 2020 中规定如下。

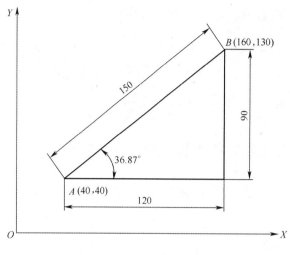

图 2-20 点的输入方式

- 直角坐标在 X、Y 坐标之间用逗号","（半角符号）分开。如图 2-20 所示，A 点的直角坐标为（40,40）。

- 极坐标以"$d<\alpha$"的形式输入。其中，"d"表示极径，即点到极坐标原点的距离；"α"表示极角，即原点至该点的连线与 X 轴正向（水平向右方向）的夹角。不难计算，图 2-20 中 A 点至坐标原点 O 的距离为 $\sqrt{40^2+40^2} \approx 56.59$，假想从 O 点到 A 点绘制一条连线，则 OA 连线与 X 轴正向的夹角为 45°，从而该点的极坐标表示为"56.59<45"。

- 相对坐标是在坐标数值前加上一个符号"@"。图 2-20 中 B 点对 A 点的相对直角坐标为"@120,90"；即 B 点相对于 A 点的 X 轴坐标差为 120，Y 轴坐标差为 90；B 点对 A 点的相对极坐标为"@150<36.87"，表示输入的点（B 点）相对于前一点（A 点）的极坐标极径（A、B 两点间距离）为 150，极角（A、B 连线方向与 X 轴正向的夹角）为 36.87°。

> 说明：
>
> CAXA CAD 电子图板中的 X、Y 坐标及线性尺寸的单位只是绘图单位，并无具体的物理量纲（如 m、cm、mm 等），一切取决于用户绘图时的自我设定。用户可以依具体绘图应用场景的需求，自我设定任何的线性尺寸单位，如 km、m、cm、mm、ft、in 等。
>
> 在初学阶段，为便于理解和直观把握，读者可以暂时将其单位视作"mm"。

2.4.2 数值的输入

在电子图板中，某些命令在执行过程中需要输入一个数值（如长度、高度、直径、半径、角度等），此时既可以直接输入一个具体数值，也允许以一个表达式的形式输入，如"50/31+（74-34）/3""sqrt（23）""sin（70*3.14159/180）"等。

在输入角度时，规定以度为单位，只输入角度数值，并且规定角度值以 X 轴正向为 0°、逆时针旋转为正、顺时针旋转为负。

2.4.3 位移的输入

位移是一个矢量，不但具有大小，而且具有方向。在某些编辑操作中（如平移、拉伸等），需输入位移。一般可采用"给定两点"和"给定偏移"两种方法。前者输入两个点，由两点的连线决定位移的方向，由两点间的距离决定位移的大小；后者以（ΔX，ΔY）的格式直接输入偏移量，而且规定当沿着当前光标指引线方向进行位移时，可以只输入偏移量。具体操作方法将在本书第 6 章中做详细介绍。

2.4.4 文字和特殊字符的输入

当需要在有些命令的对话框或编辑框中输入文字时，可直接用键盘输入。

输入汉字时，需启动 Windows 操作系统或系统外挂的汉字软件中的某一种汉字输入法（如智能 ABC、五笔字型输入法等）。

 提示：汉字输入完成后应及时切换回"英文"状态。否则，用键盘输入的命令名，以及全角的数字、字符等，都不能被 CAXA CAD 电子图板 2020 接收。

在绘图过程中，有时需要输入一些键盘上没有的特殊字符（如直径符号"ϕ"、角度单位"°"、"±"等），以及以某种特殊格式排列的字符（如上下偏差、配合代号、分数等），CAXA CAD 电子图板 2020 规定了特定的格式可以用于输入这些特殊字符和格式，具体如表 2-1 所示。

表 2-1 特殊字符和格式的输入

内容	输入符号	示例	键盘输入
ϕ	%%c	$\phi 20$	%%c20
°	%d	60°	60%d
±	%p	100 ± 0.1	100%p0.1
×	%x	$6\times\phi 10$	6%x%%c10
%	%%	60%	60%%
还原后缀	%b	36℃	36%d%bC
上偏差/下偏差	%上偏差%下偏差	$80^{+0.2}_{-0.1}$	80%+0.2%-0.1
分数/配合	%&分子/分母	$\phi30\dfrac{H7}{f6}$	%%c30%&H7/f6

关于文字和特殊字符的具体输入方法，将在本书第 8 章中做进一步介绍。

2.5 元素的拾取

在 CAXA CAD 电子图板 2020 中，我们将绘制的点、直线、圆、圆弧、椭圆、样条和公式曲线等统称为曲线。曲线和由曲线生成的图块（如剖面线、文字、尺寸、符号和图库中的图符等）统称为图形元素，简称元素。

在许多命令（特别是编辑命令）的执行过程中都需要拾取元素。例如，输入"删除"命令后，系统提示"*拾取添加:*"，这时就要先通过拾取以确定想要删除的对象。在拾取一个或一组元素后，单击鼠标右键或按 Enter 键，即可删除所选元素。

系统提示拾取元素时被称为拾取状态，元素被拾取后以点线显示。多数拾取操作允许连续进行，已选择元素的集合被称为选择集。

2.5.1　拾取元素的方法

拾取元素一般通过鼠标操作，单击鼠标左键用于拾取，单击鼠标右键用于确认。在拾取元素时，既可以单个拾取，也可以用窗口拾取。

1. 单个拾取

移动鼠标指针，将十字光标中心处的方框（也被称为拾取盒）移动到所要选择的元素上，单击鼠标左键，该元素即被拾取。

2. 窗口拾取

在屏幕空白处单击鼠标左键指定一点，系统提示"*另一角点:*"，通过移动鼠标指针拖出一个矩形，单击鼠标左键确定另一角点后，矩形区域中的元素即被拾取。

> 提示：窗口拾取的结果与指定角点的顺序有关：如果从左向右确定窗口（第一点在左，第二点在右），则只是完全位于窗口内的元素被拾取，不包括与窗口相交的元素；如果从右向左确定窗口（第一点在右，第二点在左），则被拾取的不仅包括完全位于窗口内的元素，还包括与窗口相交的元素。如图 2-21 所示，图中双点画线表示窗口，虚线表示被拾取的元素。

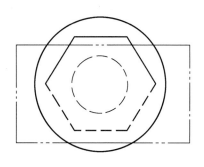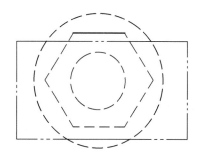

（a）从左向右确定窗口　　　　　　　（b）从右向左确定窗口

图 2-21　窗口拾取

单个拾取和窗口拾取在操作上的区别在于第一点是否选择元素，如果第一点定位在元素上，则按单点拾取处理；如果第一点定位在屏幕空白处，且未选择元素，则系统提示"*另一角点：*"，按窗口拾取处理。

3. 全部拾取

全部拾取是指拾取当前图形文件中显示的所有元素（不包括拾取设置中被过滤掉的元素及已关闭图层中的元素），具体方法是使用 Ctrl+A 快捷键。

拾取操作大多重复提示，即可多次拾取，直至单击鼠标右键（或按 Enter 键）确认后，方可结束拾取状态。

2.5.2 拾取设置

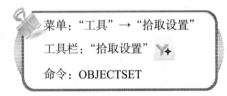
菜单："工具" → "拾取设置"
工具栏："拾取设置"
命令：OBJECTSET

启动"拾取设置"命令，弹出如图 2-22 所示的"拾取过滤设置"对话框。在该对话框中可设置被拾取的元素、图层、颜色及线型等参数。若某项未被选择，则在拾取操作时该项不能被拾取，从而起到过滤的作用。

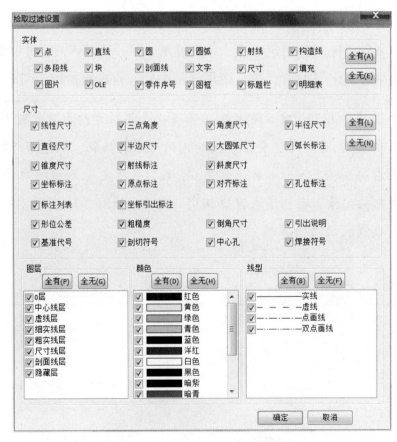

图 2-22 "拾取过滤设置"对话框

2.6　图形文件的操作

计算机绘图操作中，经常需要将绘制出的图形存盘，这时就需要新建一个图形文件或打开一个已存盘的图形文件。电子图板提供了方便、灵活的文件管理功能，并将其集中放在"文件"菜单中，将最为常用的"新建文件""打开文件""存储文件"以按钮的形式放在"标准工具"工具栏中。在"打开"图形文件对话框中，可选择、预览欲打开的图形文件。CAXA CAD 电子图板 2020 的图形文件的扩展名为"exb"，同时该软件也支持打开和存储其他常用图形软件制作的图形文件格式（如 AutoCAD 图形文件"*.dwg"等）。图形文件的基本操作方式及系统退出方式与其他 Windows 应用程序完全相同，此处不再赘述。

2.7　排版及绘图输出

图形绘制完成后，通常需要利用图形输出设备（如绘图机、打印机等）将图形输出到图纸上，用来指导工程施工、零件加工、部件装配，以及进行技术交流。当需要同时输出大小不一的多张图纸时，可利用 CAXA CAD 电子图板 2020 提供的排版和绘图输出功能，从而充分利用图纸的幅面并提高绘图输出的效率。图 2-23 所示为预览多张图纸一次性打印输出时的排版效果。

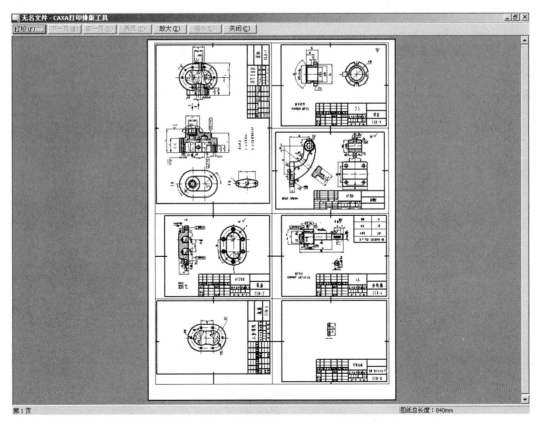

图 2-23　预览打印排版效果

2.8 使用帮助

菜单："帮助"→"帮助"

工具栏："帮助" ❓

命令：HELP

CAXA CAD 电子图板 2020 的电子文档帮助功能为用户的在线学习，以及命令与功能的查询提供了极大的方便。图 2-24 所示为 CAXA CAD 电子图板 2020 的"直线"命令帮助界面。

图 2-24　CAXA CAD 电子图板 2020 的"直线"命令帮助界面

2.9 快速入门示例

以图 2-25 所示的简单机械平面图形——"法兰盘"为例，介绍利用 CAXA CAD 电子图板 2020 进行工程绘图的大致过程，以便读者对软件的使用有一个初步的了解。

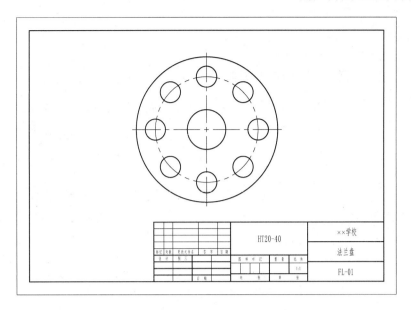

图 2-25　"法兰盘"

2.9.1　启动系统并设置环境

1. 启动 CAXA CAD 电子图板 2020

在计算机桌面上双击 CAXA CAD 电子图板 2020 的快捷图标。

2. 设置图纸幅面、图框和标题栏

从菜单中选择"幅面"→"图幅设置"选项，弹出"图幅设置"对话框，如图 2-26 所示。在该对话框中将"图纸幅面"设置为"A4"；"绘图比例"设置为"1∶1"；"图纸方向"设置为"横放"；"调入图框"设置为"A4A-A-Normal(CHS)"；"标题"设置为"GB-A(CHS)"。单击"确定"按钮，插入标题栏后的作图环境，如图 2-27 所示。

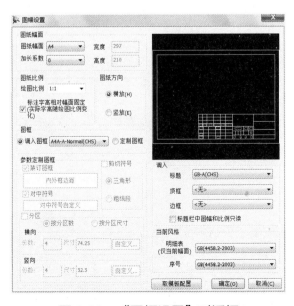

图 2-26　"图幅设置"对话框

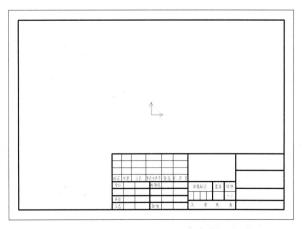

图 2-27　插入标题栏后的作图环境

2.9.2 绘图操作

1. 绘制"法兰盘"的内外轮廓圆（粗实线）

将鼠标指针移至屏幕最左侧的"绘图工具"工具栏的⊙按钮上，单击鼠标左键，启动"圆"命令。将屏幕左下角的立即菜单设置为 1.圆心 半径 ▼ 2.半径 ▼ 3.无中心线 ▼，并在屏幕左下角的命令行提示"*圆心点:*"的后面，通过键盘输入圆心点的直角坐标（0,30）。此时，系统提示"*输入半径或圆上一点:*"，用键盘输入外轮廓圆的半径值"55"，并在后续提示"*输入半径或圆上一点:*"下，输入内轮廓圆的半径值"15"。单击鼠标右键，结束内外轮廓圆的绘制。此时的屏幕显示出绘制的内外轮廓圆，如图 2-28 所示。

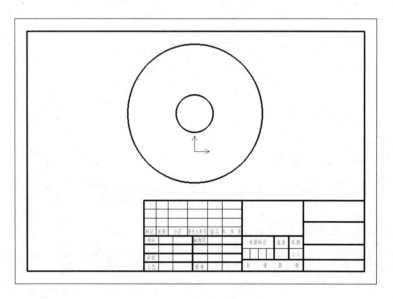

图 2-28　绘制的内外轮廓圆

2. 绘制中心线（点画线）

（1）在绘图区正上方的"颜色图层"工具栏中，单击"粗实线层"右侧的下拉按钮，弹出系统已设置好的各图层的层名，将当前图层设置为"中心线层"，如图 2-29 所示。

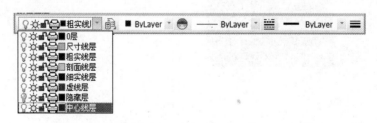

图 2-29　将当前图层设置为"中心线层"

（2）选择"绘图"→"中心线"选项，在提示"*拾取圆（弧、椭圆）或第一条直线:*"下，将鼠标指针移动到刚绘制的外轮廓圆上并单击，系统将自动绘制出该圆的两条互相垂直的中心线；单击"圆"按钮⊙，再次启动"圆"命令，依次输入"*圆心点:*"坐标（0,30）和"*半径:*"值"40"，单击鼠标右键，结束"圆"命令。此时的屏幕显示出绘制的中心线，如图 2-30 所示。

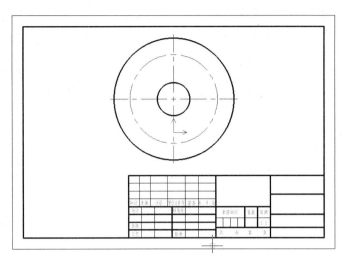

图 2-30 绘制的中心线

3. 绘制均匀分布的 8 个圆孔

（1）将当前图层切换回"粗实线层"。

采用前面的方法在图 2-29 所示的图层列表中，选择"粗实线层"选项，并将其作为当前图层。

（2）绘制最右侧的一个圆孔。

采用前面的方法启动"圆"命令，在提示"*圆心点:*"下按一下 Space 键，在弹出的如图 2-31 所示的空格键捕捉菜单中选择"交点"选项。此时屏幕出现一个光标框，移动鼠标指针使光标框套中水平中心线与点画线圆的交点，单击鼠标左键，即以此交点为所绘圆的圆心；在提示"半径:"下，输入圆孔半径值"8"，按 Enter 键，结束"圆"命令。此时的屏幕显示出绘制的小圆，如图 2-32 所示。

图 2-31 空格键捕捉菜单

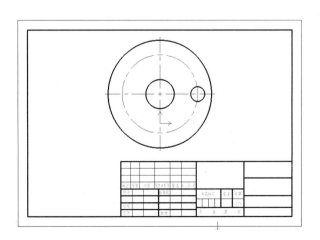

图 2-32 绘制的小圆

（3）将所绘小圆阵列为 8 个。

如图 2-33 所示，选择"修改"→"阵列"选项，启动"阵列"命令。在此时的立即菜单

中单击最右侧的"份数"编辑框，输入"8"。在提示"*拾取元素:*"下，移动鼠标指针，用鼠标左键单击新绘制的小圆，再单击鼠标右键，在提示"*中心点:*"下，按一下 Space 键。在弹出的空格键捕捉菜单中，先选择"圆心"选项，再将鼠标指针移至轮廓大圆上，使圆心处出现一红色的小圆，意为已捕捉为圆心。单击鼠标左键，系统将此圆的圆心作为圆形阵列的中心点，自动将小圆阵列为 8 个，按 Enter 键结束"阵列"命令。此时的屏幕显示出绘制的阵列小圆，如图 2-34 所示。

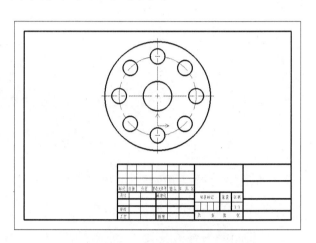

图 2-33　选择"阵列"选项　　　　　图 2-34　绘制的阵列小圆

2.9.3　填写标题栏

选择"幅面"→"标题栏"→"填写"选项，在弹出的如图 2-35 所示的"填写标题栏"对话框中，按提示填入各项相关内容，单击"确定"按钮，系统将自动把已输入的各项内容填入标题栏中。绘制完成的"法兰盘"图形如图 2-36 所示。

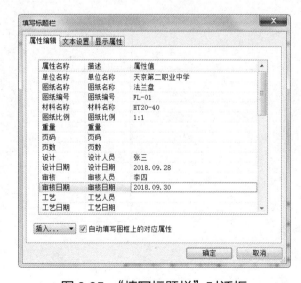

图 2-35　"填写标题栏"对话框

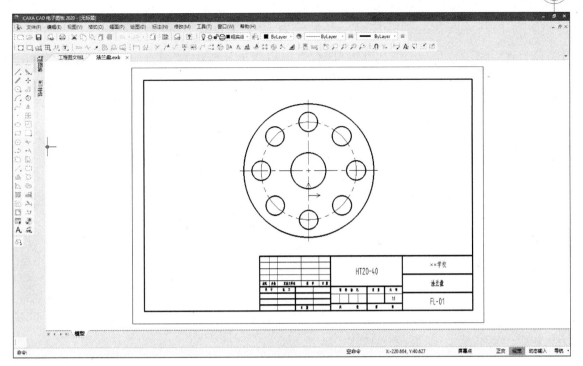

图 2-36　绘制完成的"法兰盘"图形

2.9.4　保存所绘图形

　　选择"文件"→"另存文件"选项，在弹出的"另存文件"对话框中，单击"保存"按钮，系统将自动按照图 2-35 所示的"填写标题栏"对话框中所填写的图纸名称"法兰盘"作为默认的图形文件名（"法兰盘.dwg"），存入磁盘上用户指定的文件夹中。

　　关闭 CAXA CAD 电子图板 2020，结束绘图。

习　　题

1. 选择题

　　（1）在 CAXA CAD 电子图板 2020 的经典模式界面中，默认打开的工具栏有（　　）。

① "标准"工具栏　　　　　　② "颜色图层"工具栏

③ "常用工具"工具栏　　　　④ "编辑工具"工具栏

⑤ "绘图工具"工具栏　　　　⑥ "绘图工具Ⅱ"工具栏

⑦ "图幅"工具栏　　　　　　⑧ "设置工具"工具栏

⑨ "标注"工具栏　　　　　　⑩ 以上全部

　　（2）对于工具栏中不熟悉的按钮，最便捷地了解其命令和功能的方法是（　　）。

① 查看用户手册

② 使用在线帮助

③ 把光标移动到按钮上稍停片刻，然后观看其伴随的提示

（3）在 CAXA CAD 电子图板 2020 中，调用命令的主要方法有（　　　　），其中较为好用的 3 种方法有（　　　　）、（　　　　）和（　　　　）。

① 在命令行中输入命令名

② 在命令行中输入命令缩写字

③ 选择下拉菜单中的菜单选项

④ 单击工具栏中的对应按钮

⑤ 在选项卡模式界面中单击功能区域中面板上的对应按钮

⑥ 以上全部

2. 填空题

（1）CAXA CAD 电子图板 2020 有经典和选项卡两种模式的用户界面，若要将界面由一种模式切换为另一种模式，则可以随时按_____键。

（2）CAXA CAD 电子图板 2020 的图形文件的扩展名是_____。

（3）在绘图过程中，若想中途结束某一绘图命令，则可以随时按_____键。

（4）若要重复执行上一条命令，则可以在命令行中的系统提示"*命令:*"下直接按_____键。

3. 简答题

（1）请列出在 CAXA CAD 电子图板 2020 中 3 种调用"直线"命令的方法。

（2）在 CAXA CAD 电子图板 2020 中，有哪些方法可以输入一个点？

（3）如何显示当前界面中某一未显示的工具栏（如"标题栏"工具栏）？如何关闭某一已显示的工具栏？

4. 分析题

采用"两点线-连续-非正交"方式绘制直线，提示内容和输入内容如下（其中，用斜体编排部分为 CAXA CAD 电子图板 2020 的系统提示内容，用黑体编排部分为键盘输入内容，符号✓表示回车）。

第一点: **0,0**✓

第二点: **30,20**✓

第二点: **@0,-40**✓

第二点: **@-60,0**✓

第二点: **@40<90**✓

第二点: **@30,-20**✓

第二点: ✓

请分析此操作的绘图结果。

上机指导与练习

【上机目的】

熟悉 CAXA CAD 电子图板 2020 的用户界面与基本操作, 初步了解绘图的全过程, 为后续学习打下基础。

【上机内容】

（1）熟悉用户界面。指出 CAXA CAD 电子图板 2020 经典模式界面中, 主菜单、工具栏、绘图区、状态栏及立即菜单的位置、功能, 并练习它们的基本操作; 指出 CAXA CAD 电子图板 2020 选项卡模式界面下, 菜单按钮、快速启动工具栏及功能区的位置、功能, 并练习它们的基本操作; 使用 F9 快捷键在两种模式界面之间进行切换。

（2）熟悉绘图命令的多种输入方法及其基本操作。

① 用选择下拉菜单选项、单击工具栏按钮、输入命令名等不同的命令输入方法启动"直线"和"圆"命令, 随意绘制一些直线和圆, 尺寸自定。

② 分别用单个拾取, 以及从左到右和从右到左两种窗口拾取方法删除所绘制的内容。

（3）熟悉存储文件、打开文件及退出系统的操作方法。

（4）熟悉 CAXA CAD 电子图板 2020 "帮助"命令的调用及其主要功能。

（5）上机实现并验证本章习题 4（分析题）的绘图结果。

（6）使用"直线"命令绘制两个 100×80 的矩形, 左下角分别用绝对直角坐标和鼠标拾取给定, 其他点分别用相对直角坐标和相对极坐标给定。

（7）按照 2.9 节所述的方法和步骤, 完成"法兰盘"工程图的绘制并存盘。

（8）分别以输入直角坐标和输入极坐标的方式, 使用"直线"命令绘制如图 2-37 所示的带孔线图和正六边形（只按照尺寸绘制图形, 不标注尺寸）。

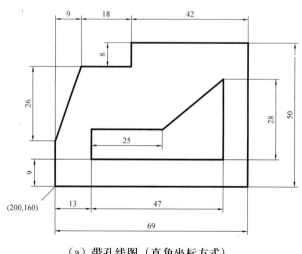

（a）带孔线图（直角坐标方式）　　　（b）正六边形（极坐标方式）

图 2-37　上机练习

第 ③ 章　图形的绘制

图形的绘制是计算机绘图软件最主要的功能，CAXA CAD 电子图板 2020 提供了功能齐全的作图方式。本章主要介绍基本曲线和高级曲线的绘制方法。

在 CAXA CAD 电子图板 2020 的经典模式界面中，所有的绘图命令都被放在了"绘图"菜单中。为了操作的方便，同时将一些常用的绘图命令放入"绘图工具"工具栏中，另一些绘图命令放入"绘图工具 II"工具栏中，如图 3-1 所示。选择下拉菜单中的某个命令或直接单击工具栏中的绘图按钮，即可执行相应的绘图命令。在选项卡模式界面中，绘图命令则集中于功能区"常用"选项卡下的"绘图"功能区面板中，如图 3-2 所示。

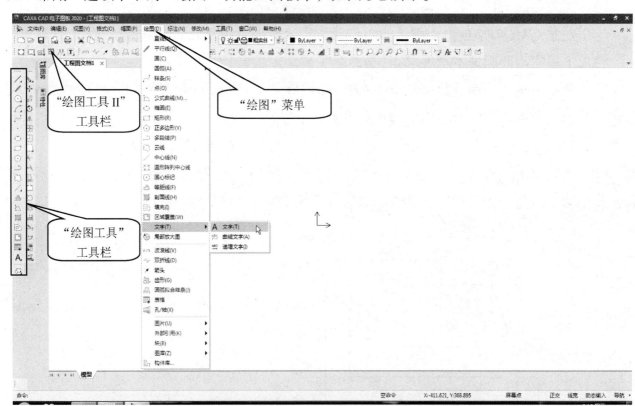

图 3-1　经典模式界面中的"绘图"菜单和工具栏

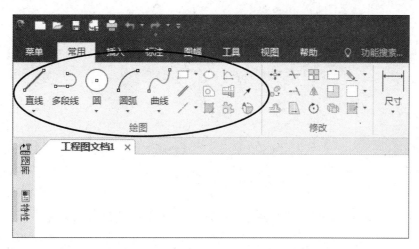

图 3-2　选项卡模式界面中的"绘图"功能区面板

3.1　绘制直线

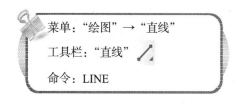

菜单："绘图"→"直线"

工具栏："直线"

命令：LINE

启动"直线"命令后，将在绘图区左下角弹出绘制直线的立即菜单。CAXA CAD 电子图板 2020 提供了"两点线""角度线""角等分线""等分线""切线/法线" 5 种绘制直线的方式。下面分别对其进行介绍。

1. 两点线

【功能】按给定两点绘制一条直线，或者按给定的条件绘制连续的直线。

【步骤】

（1）单击立即菜单"1."，在其上方弹出直线绘制方式的选项菜单，从该菜单中选择"两点线"方式。

（2）单击立即菜单"2."，选择"连续"或"单根"方式。其中，"连续"表示直线段间相互连接，而实际绘制出的是一条折线；"单根"表示每次绘制的直线相互独立。

（3）按立即菜单的条件和提示要求，用鼠标左键单击以拾取两点，一条直线段就被绘制出来了，若要准确地绘制出直线段，最好使用键盘输入两点的坐标。

此命令可以重复使用，单击鼠标右键，结束此命令。

提示：当欲绘制水平或垂直的直线时，按 F8 快捷键，即可切换为"正交"状态。

【示例】绘制如图 3-3 所示的五角星图形（顶点处标注的值为其坐标值）。

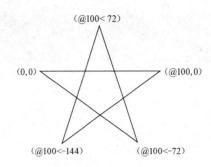

图 3-3　五角星图形

（1）启动"直线"命令，进入"两点线"绘制方式，单击立即菜单"2."，选择"连续"方式。

（2）依次输入五角星 5 个顶点的坐标值。首先在系统提示"**输入第一点：**"时，通过键盘输入第一个顶点的直角坐标（0,0）；然后在系统提示下用相对直角坐标输入方法输入第二个顶点（@100,0），用相对极坐标输入方法依次输入第三个顶点（@100<-144）、第四个顶点（@100<72）、第五个顶点（@100<-72）；最后输入绝对直角坐标（0,0），返回第一个顶点，单击鼠标右键，结束绘制线操作，五角星绘制完成。

2．角度线

【功能】按给定角度、给定长度绘制一条直线段。

【步骤】

（1）单击立即菜单"1."，选择"角度线"方式。

（2）单击立即菜单"2."，可以选择"X 轴夹角"方式、"Y 轴夹角"方式或"直线夹角"方式。它们分别表示绘制与 X 轴、Y 轴或已知直线的夹角为指定角度的直线段，如图 3-4 所示。当选择"直线夹角"方式时，需要根据系统提示拾取一条已知直线段。

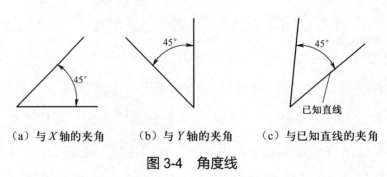

（a）与 X 轴的夹角　　　（b）与 Y 轴的夹角　　　（c）与已知直线的夹角

图 3-4　角度线

（3）单击立即菜单"3."，选择"到点"或"到线上"方式，即指定终点位置是在选定点上，还是在选定直线上。

（4）分别单击立即菜单"4.""5.""6."，在操作区出现数据编辑窗口，可在-360～360 范围内输入所需角度的"度""分""秒"值。编辑框中的数值为当前立即菜单所选角度的默认值。

（5）按提示要求输入第一个顶点后，系统提示变为"**第二点或长度：**"，拖动鼠标指针将出现一条浅绿色的角度线，在适当位置单击鼠标左键，绘制出一条给定长度和角度的直线段。同理，用户也可以采用到线上或输入长度的方法确定终点。

3. 角等分线

【功能】按给定等分份数和给定长度绘制角的等分线。

【步骤】

（1）单击立即菜单"1."，选择"角等分线"方式。

（2）单击立即菜单"2."，输入等分份数。

（3）单击立即菜单"3."，输入角等分线的长度。

分别按系统提示"*拾取第一条直线:*"和"*拾取第二条直线:*"，即可按所设的等分份数和长度绘制出所选角的等分线。图 3-5（a）与图 3-5（b）所示为将 60° 的角等分为 3 份、长度为 100 的角等分线操作。

4. 等分线

【功能】按给定的等分份数 n，在指定的两条直线之间生成一系列的直线，这些线将两条线之间的部分等分成 n 份。

【步骤】

（1）单击立即菜单"1."，选择"等分线"方式。

（2）单击立即菜单"2."，输入等分量。

（3）分别按系统提示"*拾取第一条直线:*"和"*拾取第二条直线:*"，即可按所设的等分份数在两条直线间绘制出等分线。图 3-5（d）所示为在图 3-5（c）所示的两条平行线间做 3 等分线；图 3-5（f）所示为在图 3-5（e）所示的两条共端线间做 3 等分线；图 3-5（h）所示为在图 3-5（g）所示的两条相离线间做 3 等分线。

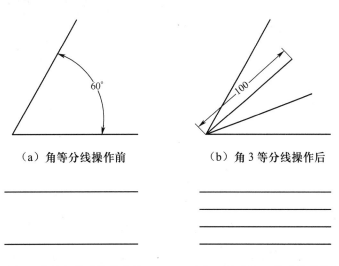

（a）角等分线操作前　　　　　（b）角 3 等分线操作后

（c）平行线间等分线操作前　　　（d）平行线间 3 等分线操作后

图 3-5　角等分线和等分线

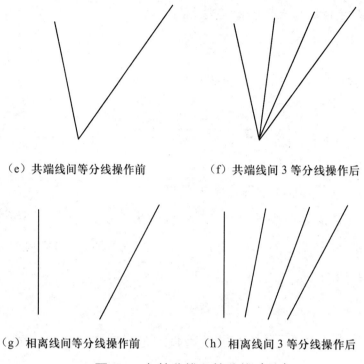

（e）共端线间等分线操作前　　　　（f）共端线间3等分线操作后

（g）相离线间等分线操作前　　　　（h）相离线间3等分线操作后

图 3-5　角等分线和等分线（续）

技巧：使用"直线"命令的"等分线"方式可以方便地在一个矩形内绘制表格。

5. 切线/法线

【功能】过给定点绘制已知曲线的切线、法线或已知直线的平行线、垂直线。

（1）单击立即菜单"1."，选择"切线/法线"方式。

（2）单击立即菜单"2."，选择"切线"或"法线"方式，将分别绘制已知曲线的切线（已知直线的平行线）或已知曲线的法线（已知直线的垂线）。

（3）单击立即菜单"3."，选择"对称"或"非对称"方式，其中"对称"方式表示选择的第一点为所要绘制直线的中点，第二点为直线的一个端点，如图 3-6（a）所示；"非对称"方式表示选择的第一点为所要绘制直线的其中一个端点，选择的第二点为直线的另一个端点，如图 3-6（b）所示。

（4）单击立即菜单"4."，选择"到点"或"到线上"方式，意义同上。图 3-6（c）与图 3-6（d）所示分别为"到点"和"到线上"方式。

（5）按提示要求在拾取一条已知曲线或直线后，系统提示变为"*输入点：*"，在绘图区适当位置单击鼠标左键指定一点，此时系统提示又变为"*第二点或长度：*"，将鼠标指针移动到适当位置，单击鼠标左键确定直线长度，或者用键盘输入直线长度。

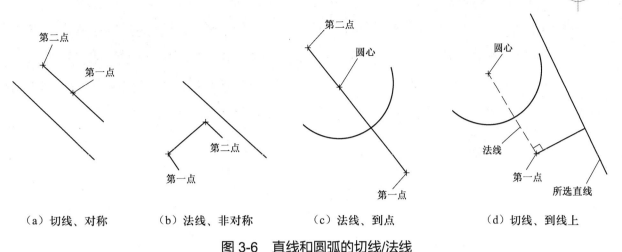

（a）切线、对称　　　（b）法线、非对称　　　（c）法线、到点　　　（d）切线、到线上

图 3-6　直线和圆弧的切线/法线

提示：如果要绘制圆或圆弧的法线，则所选第一点为所作法线上的一点，如图 3-6（c）所示；在 CAXA CAD 电子图板 2020 环境下，"直线"命令中的切线是指与过所选点法线相垂直的直线，如果要绘制圆或圆弧的切线，则所选第一点也为所作切线上的一点，如图 3-6（d）所示。真正意义上圆的切线的绘制方法请参见 3.3 节中的【示例】。

说明：使用"直线"命令还可以绘制"射线"（直线的一端无限长）及"构造线"（直线的两端均无限长）。

3.2　绘制平行线

菜单："绘图"→"平行线"
工具栏："平行线"
命令：LL

　　启动"平行线"命令后，将在绘图区左下角弹出绘制平行线的立即菜单。CAXA CAD 电子图板 2020 提供了"偏移方式"和"两点方式"两种绘制方式。

【功能】按给定距离绘制与已知线段平行且长度相等的单向或双向平行线段，或者绘制直线长度不等的平行线，其长度值通过给定两点确定。

【步骤】

（1）单击立即菜单"1."，选择"偏移方式"或"两点方式"，其中"偏移方式"表示以给定偏距（偏移距离）方式生成平行线；"两点方式"表示以指定两点方式生成平行线。

（2）当选择立即菜单"1."中的"偏移方式"时，单击立即菜单"2."，选择"单向"或"双向"方式，其中"单向"方式将根据给定的偏距和十字光标在所选直线的哪一侧来绘制平行线，如图 3-7（a）所示；"双向"方式将根据给定的偏距绘制与已知直线平行且长度相等的双向平行线，如图 3-7（b）所示。

当选择立即菜单 "1." 中的 "两点方式" 时，单击立即菜单 "2."，选择 "点方式" 或 "距离方式"（在其后需指定距离的具体数值），单击立即菜单 "3."，选择 "到点" 或 "到线上" 方式，其中 "到点" 方式表示在适当位置单击鼠标左键来确定平行线的终点，如图 3-7（c）所示；"到线上" 方式表示平行线的终点在选定的直线或曲线上，如图 3-7（d）所示。

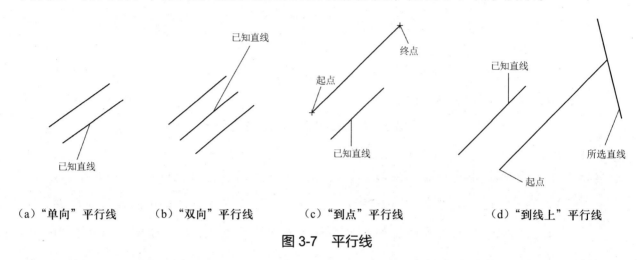

（a）"单向" 平行线　　（b）"双向" 平行线　　（c）"到点" 平行线　　（d）"到线上" 平行线

图 3-7　平行线

（3）按立即菜单的条件和提示要求，用鼠标拾取一条已知线段。拾取后，提示变为 *"输入距离或点："*，在移动鼠标指针时，一条与已知线段平行且长度相等的线段也会随之移动。在适当位置单击鼠标左键，一条平行线段绘制完成。当然，用户也可以用键盘输入一个距离值来绘制平行线。

此命令可以重复使用，单击鼠标右键，结束此命令。

3.3　绘制圆

菜单："绘图" → "圆"

工具栏："圆"

命令：CIRCLE

启动 "圆" 命令后，将在绘图区左下角弹出绘制圆的立即菜单。CAXA CAD 电子图板 2020 提供了 "圆心-半径" "两点" "三点" "两点-半径" 4 种绘制圆的方式。下面分别对其进行介绍。

1. "圆心-半径" 方式

【功能】已知圆心和半径绘制圆。

【步骤】

（1）单击立即菜单 "1."，在其上方弹出圆绘制方式的选项菜单，从中选择 "圆心-半径" 方式。

（2）单击立即菜单 "2."，选择 "半径" 或 "直径" 方式，表示需要给定圆的半径值或直径值。

（3）单击立即菜单"3."，选择"有中心线"或"无中心线"方式。如果选择"有中心线"方式，则圆绘制完成后将自动生成中心线；后同。

（4）按提示要求，用键盘或鼠标确定圆心。当提示变为"*输入半径或圆上一点:*"时，可以直接输入半径值（如果在立即菜单"2."中选择的是"直径"方式，则需要输入直径值），也可以拖动鼠标指针，在适当位置单击鼠标左键以确定圆上一点，从而完成一个圆的绘制。

此命令可以重复使用，单击鼠标右键，结束此命令。

2. "两点"方式

【功能】通过两个已知点绘制圆，且这两个已知点之间的距离为直径。

【步骤】

（1）单击立即菜单"1."，选择"两点"方式。

（2）按提示要求，用键盘或鼠标分别确定第一点和第二点，即可绘制一个圆。

3. "三点"方式

【功能】过给定的三点绘制圆。

【步骤】

（1）单击立即菜单"1."，选择"三点"方式。

（2）按提示要求，用键盘或鼠标分别确定第一点、第二点和第三点，即可绘制一个圆。

4. "两点-半径"方式

【功能】过两个已知点和给定半径值绘制圆。

【步骤】

（1）单击立即菜单"1."，选择"两点-半径"方式。

（2）按提示要求，用键盘或鼠标分别确定第一点和第二点后，系统提示将变为"*第三点或半径:*"，用鼠标或键盘确定第三点，或者用键盘输入一个半径值，即可绘制一个圆。

【示例】圆及其公切线的绘制。

本示例介绍了两圆公切线的绘制方法，如图 3-8 所示，其中用到了前面介绍的"直线"命令及在第 4 章中介绍的特征点捕捉。

（1）用"圆"命令绘制出如图 3-8 所示的两个圆。

（2）单击"绘图工具"工具栏中的"直线"按钮，启动"直线"命令，单击立即菜单"1."选择"两点线"方式，单击立即菜单"2."，选择"单个"方式。

（3）当系统提示"*第一点（切点，垂足点）:*"时，按 Space 键，弹出空格键捕捉菜单 [见图 2-17（c）]，选择"切点"选项，按系统提示拾取第一个点，拾取位置为图 3-8（a）中点 1 所指的位置。

（4）按提示拾取第二个点（方法同第一个点）。在拾取点时，拾取位置不同，则切线绘制的位置也不同。如图 3-8 所示，若拾取位置分别为图 3-8（a）及图 3-8（b）中点 2 所指位置，则结果是分别绘制出了两个圆的外公切线与内公切线。

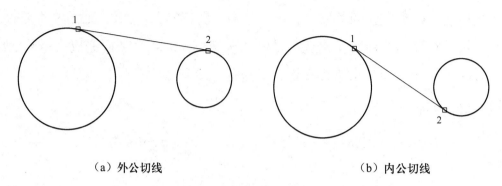

（a）外公切线   （b）内公切线

图 3-8 两个圆的公切线

3.4 绘制圆弧

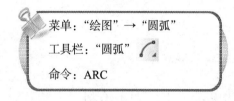

菜单："绘图" → "圆弧"

工具栏："圆弧"

命令：ARC

启动"圆弧"命令后，将在绘图区左下角弹出绘制圆弧的立即菜单。CAXA CAD 电子图板 2020 提供了"三点圆弧""圆心-起点-圆心角""两点-半径""圆心-半径-起终角""起点-终点-圆心角""起点-半径-起终角"6 种绘制圆弧的方式。下面分别对其进行介绍。

1. 三点圆弧

【功能】过三点绘制圆弧，其中第一点为起点，第三点为终点，第二点决定圆弧的位置和方向。

【步骤】

（1）单击立即菜单"1."，在其上方弹出圆弧绘制方式的选项菜单，选择"三点圆弧"方式。

（2）按提示要求输入第一点和第二点，屏幕上会生成一段过这两点及光标所在位置的三点动态圆弧，在适当位置单击鼠标左键，则一条圆弧线绘制完成（用户也可以灵活运用工具点、智能点、导航点、栅格点等功能，或者直接利用键盘输入点的坐标来确定这三个点）。

2. 圆心-起点-圆心角

【功能】已知圆心、起点及圆心角或终点绘制圆弧。

【步骤】

（1）单击立即菜单"1."，选择"圆心-起点-圆心角"方式。

（2）按提示要求输入圆心和圆弧起点，生成一个弧长可拖动的动态圆弧，此时系统提示变为"*圆心角或终点:*",利用键盘输入圆心角值或终点,或者在适当位置单击鼠标左键,则一条圆弧线绘制完成。

3. 两点-半径

【功能】已知两点及圆弧半径绘制圆弧。

【步骤】

(1)单击立即菜单"1.",选择"两点-半径"方式。

(2)在按提示要求输入完第一点和第二点后,系统提示变为"*第三点或(切点)半径:*"。此时,如果输入一个半径值,则系统会根据十字光标当前的位置来判断绘制圆弧的方向。判定规则为:十字光标处在第一点和第二点两点连线的哪一侧,圆弧就绘制在哪一侧,如图 3-9(a)和图 3-9(b)所示。同样地,点 1 和点 2,由于光标位置不同,绘制出的圆弧方向也不同。系统根据两个点的位置、半径值及圆弧的绘制方向来绘制圆弧。如果在输入第二点后移动鼠标指针,则在屏幕上出现一段由输入的两点及鼠标指针所在位置点构成的三点圆弧,在适当位置单击鼠标左键,一条圆弧线绘制完成,如图 3-9(c)所示。

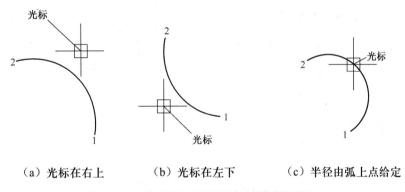

(a)光标在右上　　　　(b)光标在左下　　　　(c)半径由弧上点给定

图 3-9　已知两点及圆弧半径绘制圆弧

4. 圆心-半径-起终角

【功能】已知圆心、半径、起终角绘制圆弧。

【步骤】

(1)单击立即菜单"1.",选择"圆心-半径-起终角"方式。

(2)单击立即菜单"2.",系统提示变为"*输入实数:*",此时可输入圆弧的半径(其中的编辑框内的数值为默认值)。

(3)单击立即菜单"3."和立即菜单"4.",按系统提示分别输入圆弧的起始角和终止角,其范围为-360°～360°,均从 X 轴正向开始(逆时针旋转为正)。此时,屏幕上生成一段按给定条件绘制出的圆弧,在适当位置单击鼠标左键,或者利用键盘输入圆心点的坐标值,则一条圆弧线绘制完成。

5. 起点-终点-圆心角

【功能】已知起点、终点和圆心角绘制圆弧。

【步骤】

（1）单击立即菜单"1."，选择"起点-终点-圆心角"方式。

（2）单击立即菜单"2."，按系统提示输入圆心角的数值。

（3）按提示要求用鼠标选择圆弧的起点，或者用键盘输入圆弧的起点，此时屏幕上生成一段起点固定、圆心角固定的圆弧，用鼠标拖动圆弧的终点到适当的位置，或者利用键盘输入终点的坐标值，则一条圆弧线绘制完成。

6. 起点-半径-起终角

【功能】已知起点、半径和起终角绘制圆弧。

【步骤】

（1）单击立即菜单"1."，选择"起点-半径-起终角"方式。

（2）单击立即菜单"2."，输入圆弧的半径值。

（3）单击立即菜单"3."和立即菜单"4."，按系统提示分别输入圆弧的起始角和终止角的数值，此时屏幕上生成一段按给定条件绘制出的圆弧，在适当位置单击鼠标左键，或者利用键盘输入圆弧起点和终点的坐标值，则一条圆弧线绘制完成。

3.5 绘制样条曲线

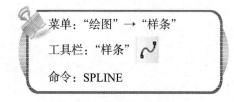

菜单："绘图"→"样条"

工具栏："样条"

命令：SPLINE

样条曲线是自由曲线的一种描述方式，常用于绘制通过一系列已知点拟合出的一条曲线。

启动"样条"命令后，将在绘图区左下角弹出绘制样条曲线的立即菜单。CAXA CAD 电子图板 2020 提供了"直接作图"和"从文件读入"两种绘制样条曲线的方式。下面分别对其进行介绍。

1. 直接作图

【功能】生成过给定顶点的样条曲线。

【步骤】

（1）单击立即菜单"1."，选择"直接作图"方式。

（2）单击立即菜单"2."，选择"给定切矢"或"缺省切矢"方式，其中"给定切矢"表示当结束输入插值点后，还需要通过鼠标选择或键盘输入的方式来决定起点方向和终点方向的两点，并用这两点分别与起点和终点形成的矢量作为给定端点的切矢；"缺省切矢"表示系统将根据数据点的性质，自动确定端点的切矢。

（3）单击立即菜单"3."，选择"开曲线"或"闭曲线"方式，表示绘制非闭合或闭合的样条曲线（如果选择"闭曲线"方式，则最后一点与第一点将自动连接），如图3-10所示。

（a）"开曲线"方式　　　　　　（b）"闭曲线"方式

图3-10　样条曲线

（4）按提示要求，用鼠标依次选择或用键盘依次输入各个插值点，单击鼠标右键，结束输入。

2. 从文件读入

【功能】通过从外部样条曲线数据文本文件中读取样条插值点的数据来绘制样条曲线。

【步骤】

单击立即菜单"1."，选择"从文件读入"方式，弹出"打开样条数据文件"对话框，系统将根据所选数据文件中的数据绘制样条曲线。

数据文件的扩展名应为"*.dat"，可用任何一种文本编辑器生成，其结构示例如下：

5

0,0

100,30

40,60

30,-40

-90,-40

第一行为插值点的个数，以下各行分别为各个插值点的坐标。

3.6　绘制点

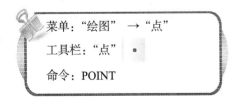

菜单："绘图" → "点"

工具栏："点"

命令：POINT

启动"点"命令后，将在绘图区左下角弹出绘制点的立即菜单。CAXA CAD 电子图板 2020 提供了"孤立点""等分点""等距点"3 种绘制点的方式。下面分别对其进行介绍。

1. 孤立点

【功能】在指定位置绘制一个孤立点。

【步骤】

（1）单击立即菜单"1."，在其上方弹出点绘制方式的选项菜单，从中选择"孤立点"方式。

（2）按提示要求，单击鼠标左键选择或用键盘输入点的坐标，即可绘制出孤立点。当然，用户也可以利用空格键捕捉菜单绘制中心点、圆点、端点等特征点。

此命令可以重复使用，单击鼠标右键，结束此命令。

2. 等分点

【功能】给定等分份数，绘制已知曲线的等分点。

【步骤】

（1）单击立即菜单"1."，选择"等分点"方式。

（2）单击立即菜单"2.等分数"，按系统提示"*输入整数:*"，输入等分份数。

（3）按提示要求，用鼠标拾取要等分的曲线，即可绘制出拾取直线或曲线的等分点，如图 3-11 所示。

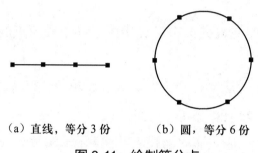

（a）直线，等分 3 份　　　　（b）圆，等分 6 份

图 3-11　绘制等分点

3. 等距点

【功能】给定弧长和等分份数，绘制已知曲线的等弧长点。

【步骤】

（1）单击立即菜单"1."，选择"等距点"方式。

（2）单击立即菜单"2."，选择"两点确定弧长"或"指定弧长"方式，其中"两点确定弧长"表示需要在拾取的曲线上指定两点来确定等分的弧长；如果选择"指定弧长"方式，则出现立即菜单"4.弧长"，并在该立即菜单中输入等分的弧长。

（3）单击立即菜单"3.等分数"，输入等分份数。

（4）按提示要求用鼠标拾取要等分弧长的曲线后，系统提示变为"*拾取起始点:*"。在拾取的曲线上单击鼠标左键以确定等分的起始点，系统提示变为"*选取方向:*"，此时在拾取的起始点上出现一个双向箭头，在曲线上单击鼠标左键以确定等分的方向，如图 3-12 所示。

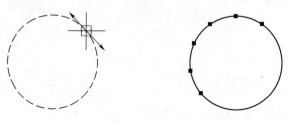

（a）选取方向　　　　（b）圆的等弧长点，弧长为 30，等分数为 5

图 3-12　绘制等弧长点

3.7 绘制椭圆/椭圆弧

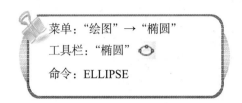

菜单："绘图" → "椭圆"

工具栏："椭圆"

命令：ELLIPSE

启动"椭圆"命令后，将在绘图区左下角弹出绘制椭圆的立即菜单。CAXA CAD 电子图板 2020 提供了"给定长短轴""轴上两点""中心点-起点"3 种绘制椭圆的方式。下面分别对其进行介绍。

1. 给定长短轴

【功能】以椭圆的中心为基准点，通过给定椭圆长、短轴的半径绘制任意方向的椭圆或椭圆弧。

【步骤】

（1）单击立即菜单"1."，在其上方弹出椭圆绘制方式的选项菜单，从中选择"给定长短轴"方式。

（2）依次单击立即菜单"2.长半轴"、立即菜单"3.短半轴"、立即菜单"4.旋转角"，按提示要求分别输入待绘制的椭圆的长轴半径值、短轴半径值及旋转角。

（3）依次单击立即菜单"5.起始角"、立即菜单"6.终止角"，按提示要求分别输入待绘制的椭圆的起始角和终止角。当起始角为 0°，终止角为 360° 时，将绘制整个椭圆；当将起始角、终止角改为 260° 时，将绘制一段从起始角开始，到终止角结束的椭圆弧，如图 3-13 所示。

（4）拖动鼠标指针，在适当位置单击鼠标左键（或利用键盘输入基准点的坐标值），则一个椭圆绘制完成。

（a）椭圆，起始角为 0°，终止角为 360° （b）椭圆弧，起始角为 0°，终止角为 260°

图 3-13　绘制椭圆/椭圆弧

2. 轴上两点

【功能】已知椭圆一个轴的两个端点和另一个轴的长度绘制椭圆。

【步骤】

（1）单击立即菜单"1."，选择"轴上两点"方式。

（2）按提示要求分别单击鼠标左键选择或利用键盘输入椭圆轴的两个端点，此时会生成一段一轴固定，另一轴会生成一个随鼠标指针的移动而改变的动态椭圆。拖动椭圆的未定轴到适当的长度，单击鼠标左键确定（或利用键盘输入未定轴的半轴长度），则一个椭圆绘制完成。

3. 中心点-起点

【功能】已知椭圆中心点、轴的一个端点和另一个轴的长度绘制椭圆。

【步骤】

（1）单击立即菜单"1."，选择"中心点-起点"方式。

（2）按提示要求分别单击鼠标左键选择或利用键盘输入椭圆的中心点及一个轴的起点，此时会生成一段一轴固定、另一轴随鼠标指针的移动而改变的动态椭圆，拖动椭圆的未定轴到适当的长度，单击鼠标左键确定（或利用键盘输入未定轴的半轴长度），则一个椭圆绘制完成。

3.8 绘制矩形

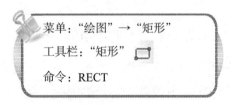

菜单："绘图" → "矩形"
工具栏："矩形"
命令：RECT

启动"矩形"命令后，将在绘图区左下角弹出绘制矩形的立即菜单。CAXA CAD 电子图板 2020 提供了"两角点"和"长度和宽度"两种绘制矩形的方式。下面分别对其进行介绍。

1. 两角点

【功能】通过给定矩形的两个角点绘制矩形。

【步骤】

（1）单击立即菜单"1."，选择"两角点"方式。

（2）单击立即菜单"2."，用于确定所绘矩形是否有中心线，此处将"无中心线"切换为"有中心线"。此时又弹出立即菜单"3.中心线延长长度"，可在其中输入矩形中心线的延伸长度。

（3）按提示要求，单击鼠标左键选择或利用键盘输入第一角点后，系统提示变为"*另一角点:*"，此时可拖动鼠标指针，在适当位置单击鼠标左键以确定第二角点，则一个矩形绘制完成。如果已知矩形的长度和宽度，则可以利用键盘输入第二角点的相对坐标值来确定第二角点。例如，已知矩形的长度为50，宽度为30，则第二角点的相对坐标为（@50,30）。

2. 长度和宽度

【功能】已知矩形的长度和宽度绘制矩形。

【步骤】

（1）单击立即菜单"1."，选择"长度和宽度"方式。

（2）单击立即菜单"2."，可以分别选择"中心定位"方式、"顶边中点"方式或"左上角点定位"方式。其中，"中心定位"方式表示以矩形的中心为定位点绘制矩形，如图3-14（a）

所示；"顶边中点"方式表示以矩形顶边的中点为定位点绘制矩形，如图 3-14（b）所示；"左上角点定位"方式表示以矩形的左上角顶点为定位点绘制矩形，如图 3-14（c）所示。

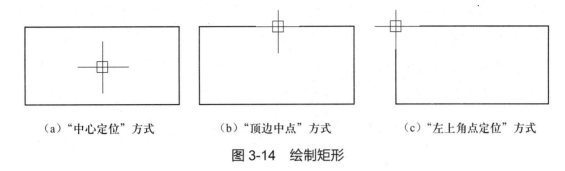

（a）"中心定位"方式　　　（b）"顶边中点"方式　　　（c）"左上角点定位"方式

图 3-14　绘制矩形

（3）分别单击立即菜单"3.角度"、立即菜单"4.长度"、立即菜单"5.宽度"，以分别输入矩形的倾斜角度、长度和宽度的值。

（4）单击立即菜单"6."，选择"有中心线"或"无中心线"方式，同上。

（5）拖动鼠标指针，出现一个按立即菜单的给定条件绘制的矩形，按提示要求在适当位置单击鼠标左键以确定定位点（或利用键盘输入定位点），则一个矩形绘制完成。

3.9　绘制正多边形

菜单："绘图"→"正多边形"
工具栏："正多边形"
命令：POLYGON

启动"正多边形"命令后，将在绘图区左下角弹出绘制正多边形的立即菜单。CAXA CAD 电子图板 2020 提供了"中心定位"和"底边定位"两种绘制正多边形的方式。下面分别对其进行介绍。

1．中心定位

【功能】以正多边形中心为定位基准，按内接或外切圆的半径或圆上的点，绘制圆的内接或外切正多边形。

【步骤】

（1）单击立即菜单"1."，选择"中心定位"方式。

（2）单击立即菜单"2."，选择"给定半径"或"给定边长"方式，其中"给定半径"方式表示需要输入正多边形内接或外切圆的半径值；"给定边长"方式表示需要输入正多边形的边长。

（3）单击立即菜单"3."，选择"内接"或"外切"方式，分别表示所绘制正多边形为某个圆的内接或外切正多边形。

（4）单击立即菜单"4.边数"，按系统提示"*输入整数:*"，输入待绘制正多边形的边数，要求边数是 3～36 的整数。

（5）单击立即菜单"5.旋转角"，按系统提示"*输入实数:*"，输入正多边形的旋转角度，要求角度范围是-360～360。

（6）单击立即菜单"6."，用于确定所绘正多边形是否有中心线。单击立即菜单"6."，将"无中心线"切换为"有中心线"，此时弹出立即菜单"7.中心线延长长度"，可在其中输入中心线的矩形轮廓线的长度。

（7）按系统提示"*中心点:*"，单击鼠标左键选择或利用键盘输入一个中心点后，提示变为"*圆上点或外接圆半径:*"，拖动鼠标指针，在适当位置单击鼠标左键（或利用键盘输入一个半径值或圆上的一个点），则一个正多边形绘制完成。

2. 底边定位

【功能】以正多边形底边为定位基准，按正多边形的边长绘制正多边形。

【步骤】

（1）单击立即菜单"1."，选择"底边定位"方式。

（2）分别单击立即菜单"2.边数"、立即菜单"3.旋转角"、立即菜单"4.无中心线"，以分别确定正多边形的边数、旋转角和有无中心线。

（3）按系统提示"*第一点:*"，单击鼠标左键选择或利用键盘输入正多边形的第一点，提示变为"*第二点或边长:*"，拖动鼠标指针，在适当位置单击鼠标左键（或利用键盘输入边长或第二点），则一个正多边形绘制完成。

3.10 绘制多段线

菜单："绘图" → "多段线"

工具栏："多段线" ↝

命令：PLINE

启动"多段线"命令后，将在绘图区左下角弹出绘制多段线的立即菜单。

【功能】生成由直线和圆弧构成的首尾相接的一条多段线。

【步骤】

（1）单击立即菜单"1."，选择"直线"或"圆弧"方式，将分别绘制直线或圆弧多段线。

（2）单击立即菜单"2."，选择"封闭"或"不封闭"方式，将分别绘制封闭或不封闭的多段线。

（3）若有需要，分别单击立即菜单"3."和立即菜单"4."，将线段首末两端设置为不同的宽度。

（4）按提示要求依次单击鼠标左键选择或利用键盘输入多段线上的各点，单击鼠标右键，结束输入。

此命令可以重复使用，单击鼠标右键，结束此命令。

图 3-15 所示为不同多段线的绘制示例。

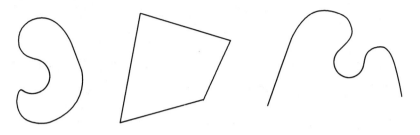

图 3-15　不同多段线的绘制示例

3.11　绘制中心线

菜单："绘图" → "中心线"

工具栏："中心线"

命令：CENTERL

启动"中心线"命令后，将在绘图区左下角弹出绘制中心线的立即菜单。

【功能】绘制回转体的中心线或对称图形的对称线。

【步骤】

（1）单击立即菜单"1.指定延长线长度"（延伸长度是指中心线超过轮廓线部分的长度），若有必要，则可在立即菜单"3."中输入具体的延伸长度值。

（2）按提示要求拾取第一条曲线，若拾取的是一个圆或一段圆弧，则直接生成一对互相垂直且超出其轮廓线一定长度的中心线，如图 3-16（a）所示；如果拾取的是一条直线，则系统将继续提示拾取另一条与第一条直线平行或对称的直线，拾取完成后，将生成两条直线的对称中心线，如图 3-16（b）和图 3-16（c）所示。若选定的两条直线在与其平行或垂直方向均可绘制对称中心线，则命令行中的提示为"*左键切换，右键确认：*"，此时单击鼠标左键可实现中心线方向（水平方向和垂直方向）的切换，单击鼠标右键可确认绘制当前方向的中心线。

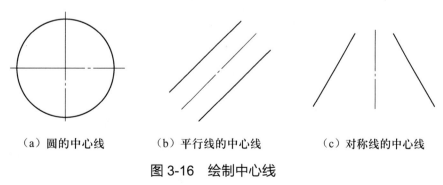

（a）圆的中心线　　　　（b）平行线的中心线　　　　（c）对称线的中心线

图 3-16　绘制中心线

此命令可以重复使用，单击鼠标右键，结束此命令。

3.12 绘制等距线

菜单："绘图" → "等距线"

工具栏："等距线"

命令：OFFSET

启动"等距线"命令后，将在绘图区左下角弹出绘制等距线的立即菜单。CAXA CAD 电子图板 2020 提供了"链拾取"和"单个拾取"两种绘制等距线的方式。下面分别对其进行介绍。

【功能】以等距方式生成一条或多条给定曲线的等距线。

1. 链拾取

【步骤】

（1）单击立即菜单"1."，选择"链拾取"方式，表示将首尾相连的图形元素作为一个整体进行等距处理。

（2）单击立即菜单"2."，选择"过点方式"或"指定距离"方式，其中"过点方式"表示绘制的等距线通过指定的点；"指定距离"表示按选择箭头的方向来确定等距方向，按给定距离的数值来生成等距线。如果选择"指定距离"方式，则会出现立即菜单"5.距离"，需要输入等距线距离所选曲线的距离值。

（3）单击立即菜单"3."，选择"单向"或"双向"方式，其中"单向"表示只在所选曲线的一侧绘制等距线，此时需要选择等距线绘制的方向，如图 3-17（a）所示；"双向"表示在所选曲线的两侧均绘制等距线，如图 3-17（c）所示。

（4）单击立即菜单"4."，选择"空心"或"实心"方式，其中"实心"表示将在所选曲线及其等距线之间进行填充，如图 3-17（b）所示；"空心"则表示只绘制等距线，不进行填充，如图 3-17（a）和图 3-17（c）所示。

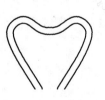  

（a）单向空心　　　　（b）单向实心　　　　（c）双向空心

图 3-17 "链拾取"方式绘制等距线

（5）在后续立即菜单中分别指定等距距离值和份数。

（6）按系统提示"*拾取首尾相连的曲线:*"，用鼠标左键单击要拾取的曲线，则曲线变为红色的虚线，提示变为"*请拾取所需的方向:*"，用鼠标左键单击欲使等距线通过的一个方向，则所选曲线的等距线绘制完成。

此命令可以重复使用，单击鼠标右键，结束此命令。

2. 单个拾取

【步骤】

（1）单击立即菜单"1."，选择"单个拾取"方式，表示仅绘制选中的一个元素的等距线。

（2）立即菜单"2."、立即菜单"3."、立即菜单"4."的选择意义及等距线绘制的过程与"链拾取"方式基本相同。不同的是，如果在立即菜单"4."中选择了"空心"方式，则出现立即菜单"5.份数"，用以输入等距线的数目。

使用"单个拾取"方式绘制等距线，如图 3-18 所示。

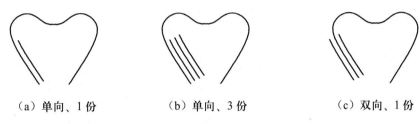

（a）单向、1 份　　　　（b）单向、3 份　　　　（c）双向、1 份

图 3-18　使用"单个拾取"方式绘制等距线

3.13　绘制公式曲线

菜单："绘图"→"公式曲线"

工具栏："公式曲线" ⎿

命令：FORMUL

启动"公式曲线"命令后，将弹出"公式曲线"对话框，如图 3-19 所示。

【功能】公式曲线既是数学表达式的曲线图形，也是根据数学公式（或参数表达式）绘制出的相应数学曲线。给出的公式既可以是直角坐标形式的，也可以是极坐标形式的。公式曲线为用户提供了一种更为方便和精确的作图手段，以适应某些型腔、轨迹线形的作图设计。

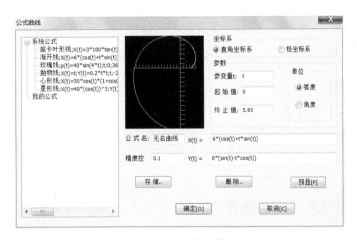

图 3-19　"公式曲线"对话框

【步骤】

（1）在弹出的"公式曲线"对话框中，选择在"直角坐标系"下或在"极坐标系"下输入

公式。

（2）填写需要给定的参数，包括参变量 t、起始值与终止值，并以给定变量范围，选择变量的单位。

（3）在编辑框中输入公式名、公式及精度控。如果单击"预显"按钮，则可以在左上角的预览框中看到设定的曲线。

（4）该对话框中还有"存储"和"删除"这两个按钮，单击"存储"按钮，可保存当前曲线；单击"删除"按钮，则会列出所有已保存在公式曲线库中的曲线，从中选取欲删除的曲线。

（5）设定完曲线后，单击"确定"按钮，按提示要求输入定位点，则一条公式曲线绘制完成。

3.14　绘制剖面线

菜单："绘图" → "剖面线"

工具栏："剖面线"

命令：HATCH

启动"剖面线"命令后，将在绘图区左下角弹出绘制剖面线的立即菜单。CAXA CAD 电子图板 2020 提供了"拾取点"和"拾取边界"两种绘制剖面线的方式。下面分别对其进行介绍。

1.　拾取点

【功能】使用填充图案对封闭环内区域或选定对象进行填充，从而生成剖面线。

【步骤】

（1）单击立即菜单"1."，选择"拾取点"方式。

（2）单击立即菜单"2."，选择"不选择剖面图案"方式。默认图案为倾斜 45° 的斜线或上次操作所使用的剖面图案。

（3）单击立即菜单"4.比例"，可以改变剖面线的间距；单击立即菜单"5.角度"，可以改变剖面线的旋转角度；单击立即菜单"6.间距错开"，可以输入与前面所绘制的剖面线间距错开的剖面线，如图 3-20 所示。

（4）按系统提示"*拾取环内一点:*"，用鼠标左键单击封闭区域内任意一点，系统将搜索封闭环上的各条曲线并将其变为虚线；再次单击鼠标左键，系统将在封闭环内区域绘制出剖面线。

> **提示**：拾取封闭环内的点后，系统首先从拾取点开始，从右向左搜索最小封闭环。如图 3-21 所示，若拾取点为点 1，则从点 1 向左搜索到的最小封闭环是矩形，点 1 在封闭环（矩形）内，可以绘制出剖面线；若拾取点为点 2，则搜索到的最小封闭环是圆，由于点 2 在封闭环（圆）外，因此不能绘制出剖面线。

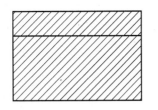
图 3-20　间距错开的剖面线

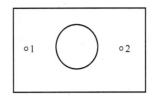
图 3-21　不同拾取点绘制的剖面线

【示例】绘制如图 3-22 所示的多个封闭环的剖面线。

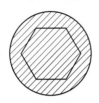
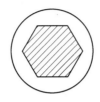
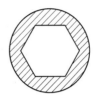

（a）忽略内边界　　（b）忽略外边界　　（c）同时考虑内、外边界

图 3-22　多个封闭环的剖面线

（1）单击"绘图工具"工具栏中的"剖面线"按钮▨，进入"剖面线"绘制方式，单击立即菜单"1."选择"拾取点"方式。

（2）分别单击立即菜单"2.比例"、立即菜单"3.角度"，按系统提示"*输入实数：*"分别输入剖面线的间距及角度。

（3）按系统提示"*拾取环内点：*"，用鼠标左键单击点 1，则绘制如图 3.22（a）所示的剖面线；单击点 2，则绘制如图 3.22（b）所示的剖面线；如果先选择点 1，再选择点 2，则绘制如图 3.22（c）所示的剖面线。拾取点的位置如图 3-23 所示。

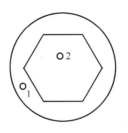

图 3-23　拾取点的位置

2. 拾取边界

【功能】根据拾取的曲线搜索环生成剖面线。

【步骤】

（1）单击立即菜单"1."，选择"拾取边界"方式。

（2）分别单击立即菜单"2.比例"、立即菜单"3.角度"、立即菜单"4.间距错开"，以分别改变剖面线的间距、角度，以及与前面所绘制剖面线间距错开的值。

（3）按系统提示"*拾取边界曲线：*"，用鼠标左键拾取构成封闭环的若干曲线，可以用窗口拾取，也可以单个拾取每一条曲线。如果拾取的曲线能够生成互不相交的封闭环，则只需单击鼠标右键，即可绘制出剖面线；如果拾取的曲线不能生成互不相交的封闭环，则系统认为操作无效，不能绘制出剖面线。使用"拾取边界"方式绘制的剖面线如图 3-24 所示，其中图 3-24 （b）为错误的边界，应使用"拾取点"方式来绘制重叠区域的剖面线。

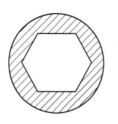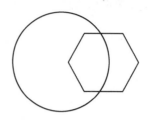

（a）正确的边界　　　　　　（b）错误的边界

图 3-24　使用"拾取边界"方式绘制的剖面线

> **提示**：在绘制剖面线时所定的绘图区域必须是封闭的，否则操作无效。

在默认情况下，剖面填充图案为表示金属材料的剖面线（倾斜 45°的细实线，图案名称为"ANSI31"）。如果所绘零件为非金属材料，则需要改变剖面图案。方法为：将立即菜单"2."设置为"选择剖面图案"，即可在指定填充区域后弹出如图 3-25（a）所示的"剖面图案"对话框（该对话框亦可通过选择"格式"→"剖面图案"选项调出）。在该对话框左侧的"图案列表"列表框中，用鼠标左键单击要选取的剖面图案名称，使该剖面图案显示在右侧的预览框中。单击该对话框左下部的"高级浏览"按钮，从弹出的如图 3-25（b）所示的"浏览剖面图案"对话框中直观地选择填充图案，用户还可以通过改变"剖面图案"对话框底部的"比例"及"旋转角"编辑框中的数值来对剖面图案进行设置。

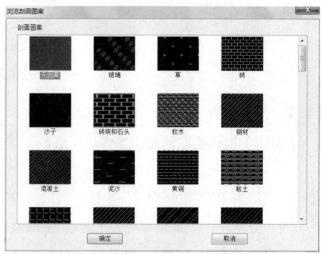

（a）"剖面图案"对话框　　　　　　　　　　（b）"浏览剖面图案"对话框

图 3-25　选择剖面图案

3.15 绘制填充

菜单："绘图" → "填充"

工具栏："填充" ◎

命令：SOLID

启动"填充"命令后，即可根据系统提示要求进行填充。

【功能】填充实际上是一种图形类型，可对封闭区域的内部进行填充，如某些零件剖面需要涂黑时可用此功能。

【步骤】

按系统提示"*拾取环内一点:*"，先单击鼠标左键，拾取要填充的封闭区域内任意一点，再单击鼠标右键，即可完成填充操作，如图 3-26 所示。

图 3-26　填充

提示：填充操作类似剖面线的操作，被填充的区域必须是封闭的。

高级曲线是指由基本元素组成的一些特定的图形或特定的曲线。这些曲线都能完成绘图设计的某些特殊要求。本节将主要介绍"绘图工具 II"工具栏中高级曲线的功能和操作方法。

3.16 绘制波浪线

菜单："绘图" → "波浪线"

工具栏："波浪线" ∿

命令：WAVEL

启动"波浪线"命令后，将在绘图区左下角弹出绘制波浪线的立即菜单。

【功能】按给定方式生成波浪曲线。改变波峰高度可以调整波浪曲线各曲线段的曲率和方向。

【步骤】

（1）单击立即菜单"1.波峰"，按系统提示"*输入实数:*"，输入波峰的数值，以确定波峰的高度。

（2）按提示要求，用鼠标连续选取几个点，则一条波浪线随即显示出来，在每两点之间绘制出一个波峰和一个波谷，单击鼠标右键，结束操作。

3.17　绘制双折线

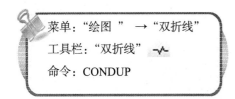

启动"双折线"命令后,将在绘图区左下角弹出绘制双折线的立即菜单。

【功能】绘制表示工程图上折断部分的双折线。

【步骤】

（1）单击立即菜单"1.",在"折点距离"方式和"折点个数"方式之间切换。如果选择"折点距离"方式,则立即菜单"2."为"长度",单击可以输入相邻折点之间的距离;如果选择"折点个数"方式,则立即菜单"2."为"个数",单击可以输入一条双折线上折点的个数。

（2）按提示要求可以通过单击鼠标左键选择或利用键盘输入来确定两点,从而绘制出一条双折线,也可以拾取现有的一条直线,将其改为双折线,如图 3-27 所示。

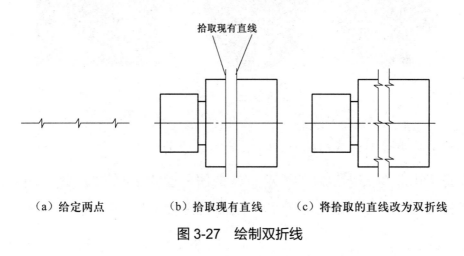

拾取现有直线

（a）给定两点　　　（b）拾取现有直线　　　（c）将拾取的直线改为双折线

图 3-27　绘制双折线

3.18　绘制箭头

启动"箭头"命令后,将在绘图区左下角弹出绘制箭头的立即菜单。

【功能】在直线、圆弧或某点处,按指定的正方向或反方向绘制一个实心箭头。

【步骤】

（1）单击立即菜单"1.",进行"正向"方式和"反向"方式的切换,这表示将分别在直线、圆弧或某一点处绘制一个正向或反向的箭头。

（2）单击立即菜单"2.",设置箭头的大小。

（3）按提示要求,用鼠标拾取直线、圆弧、样条或某一点后,拖动鼠标指针,则出现一个在直线或圆弧上滑动的箭头,在适当位置单击鼠标左键,则一个箭头绘制完成。

系统对箭头方向的规定：如果拾取的是直线，则箭头指向与 X 正半轴的夹角大于或等于 0° 且小于 180° 时为正向，大于或等于 180° 且小于 360° 时为反向；如果拾取的是圆弧，则逆时针方向为正向，顺时针方向为反向；如果拾取的是一点，则箭头没有正、反向之分，总是指向该点，如图 3-28 所示。

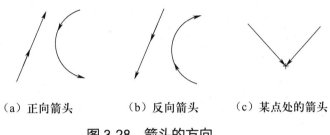

（a）正向箭头　　（b）反向箭头　　（c）某点处的箭头

图 3-28　箭头的方向

（4）用户也可以按提示要求，利用键盘或鼠标确定两点，像绘制两点线一样绘制带箭头的直线。如果选择"正向"方式，则箭头由点 1 指向点 2；如果选择"反向"方式，则箭头由点 2 指向点 1，如图 3-29 所示。

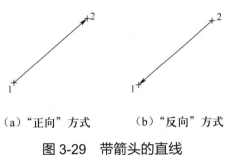

（a）"正向"方式　　（b）"反向"方式

图 3-29　带箭头的直线

3.19　绘制齿形

菜单："绘图"→"齿形"
工具栏："齿形"
命令：GEAR

启动"齿形"命令后，将弹出"渐开线齿轮齿形参数"对话框，如图 3-30（a）所示。

【功能】按给定的参数生成齿轮或生成给定个数的齿形。

【步骤】

（1）在弹出的"渐开线齿轮齿形参数"对话框中设置齿形的齿数、模数、压力角、变位系数等，并且可以通过改变齿形的齿顶高系数和齿顶隙系数来改变齿形的齿顶圆半径和齿根圆半径，也可以直接指定齿形的齿顶圆直径和齿根圆直径。

（2）设置完齿形的参数后，单击"下一步"按钮，弹出"渐开线齿轮齿形预显"对话框，如图 3-30（b）所示。在该对话框中可以设置齿形的齿顶过渡圆角半径和齿根过渡圆角半径及齿形的精度，并且可以确定要生成的齿数和起始齿相对于齿轮圆心的角度。输入完成后，单击"预显"按钮可以观察生成的齿形。

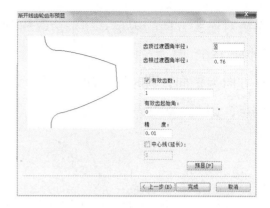

（a）"渐开线齿轮齿形参数"对话框 　　　（b）"渐开线齿轮齿形预显"对话框

图 3-30　绘制齿形对话框

（3）单击"完成"按钮，结束齿形的生成。如果需要改变前面的参数，则单击"上一步"按钮，返回前一对话框。

（4）按提示要求，通过单击鼠标左键选择或利用键盘输入来确定齿形的定位点，则一个齿形绘制完成。

按照齿轮的齿数对所绘齿形进行圆形阵列，从而生成齿轮轮齿图形，如图 3-31 所示。

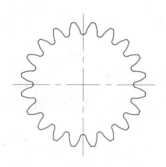

图 3-31　齿轮轮齿图形

3.20　绘制圆弧拟合样条

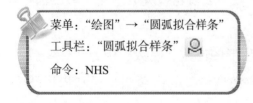

菜单："绘图"→"圆弧拟合样条"
工具栏："圆弧拟合样条"
命令：NHS

启动"圆弧拟合样条"命令后，将在绘图区左下角弹出绘制圆弧拟合样条的立即菜单。

【功能】将样条曲线分解为多段圆弧，并且可以指定拟合的精度。配合查询功能使用，可以使加工代码编程更为方便。

【步骤】

（1）单击立即菜单"1."，选择"不光滑连续"或"光滑连续"方式。

（2）单击立即菜单"2."，选择"保留原曲线"或"删除原曲线"方式。

（3）若有必要，可分别单击立即菜单"3."和立即菜单"4."，完成拟合误差及拟合最大半径的设置。

（4）按系统提示拾取需要拟合的样条线，完成操作。

3.21 绘制孔/轴

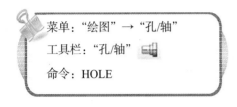

菜单："绘图" → "孔/轴"

工具栏："孔/轴"

命令：HOLE

启动"孔/轴"命令后，将在绘图区左下角弹出绘制孔/轴的立即菜单。

【功能】在给定位置绘制出带有中心线的轴和孔，或者绘制出带有中心线的圆锥孔和圆锥轴。

【步骤】

（1）单击立即菜单"1."，进行"孔"方式和"轴"方式的切换，无论是绘制孔还是轴，后续的操作方法都完全相同。孔与轴的区别仅在于绘制孔时省略两端的端面线。绘制孔/轴如图3-32所示。

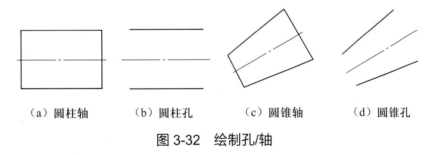

（a）圆柱轴　　　（b）圆柱孔　　　（c）圆锥轴　　　（d）圆锥孔

图3-32　绘制孔/轴

（2）单击立即菜单"2."，选择"直接给出角度"或"两点确定角度"方式。如果选择"直接给出角度"方式，则出现立即菜单"3.中心线角度"，单击可以输入中心线的角度；如果选择"两点确定角度"方式，则需要输入两点，以确定孔或轴的倾斜角度。

（3）按系统提示"插入点:"，通过单击鼠标左键选择或利用键盘输入来确定孔或轴上一点，此时出现立即菜单"2.起始直径"、立即菜单"3.终止直径"，分别单击可以输入孔或轴的两端直径，如果起始直径与终止直径不同，则绘制出的是圆锥轴[见图3-32（c）]或圆锥孔[见图3-32（d）]。单击立即菜单"4."，选择"有中心线"或"无中心线"方式，分别表示在孔或轴绘制完成后，添加或不添加中心线。若选择"有中心线"方式，则可在立即菜单"5."中进一步设置中心线延伸长度的具体数值。

（4）按提示要求利用键盘或鼠标确定孔或轴上一点，或者利用键盘输入孔或轴的长度，则一个孔或轴绘制完成。

此命令可以重复使用，单击鼠标右键，结束此命令。

3.22 局部放大图

菜单："绘图" → "局部放大图"

工具栏："局部放大图"

命令：ENLARGE

启动"局部放大图"命令后，将在绘图区左下角弹出局部放大操作的立即菜单。CAXA CAD 电子图板 2020 提供了"圆形边界"和"矩形边界"两种局部放大的方式。下面分别对其进行介绍。

1. 圆形边界

【功能】用一个圆形窗口将图形的任意一个局部图形进行放大。

【步骤】

（1）单击立即菜单"1."，在其上方弹出局部放大方式的选项菜单，从中选择"圆形边界"方式。

（2）单击立即菜单"2."，选择是否加引线。

（3）单击立即菜单"3.放大倍数"，输入放大的比例。

（4）单击立即菜单"4.符号"，按提示输入该局部视图的名称。

（5）按系统提示"*中心点:*"，利用键盘或鼠标确定一个点，并将其作为圆形边界的中心点。在提示变为"*输入半径或圆上一点:*"时，拖动鼠标指针，在适当位置单击鼠标左键确认（或利用键盘输入圆形边界的半径值或边界上一点）。

（6）按系统提示"*符号插入点:*"，拖动鼠标指针，选择合适的插入符号文字的位置，单击鼠标左键，即可在该位置插入符号文字。如果不需要标注符号文字，则单击鼠标右键。

（7）此时，提示变为"*实体插入点:*"，拖动鼠标指针，出现一个随鼠标指针的移动而动态显示的局部放大图，在适当位置单击鼠标左键，即可在该位置上生成一个局部放大图。

（8）此时，提示变为"*符号插入点:*"，在适当位置单击鼠标左键，显示局部放大图上方的符号文字，完成局部放大的操作，如图 3-33 所示。

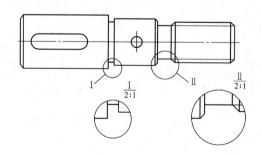

图 3-33 "圆形边界"方式

2. 矩形边界

【功能】用一个矩形窗口将任意一个局部图形进行放大。

【步骤】

（1）单击立即菜单"1."，切换为"矩形边界"方式。

（2）单击立即菜单"2."，在"边框可见"与"边框不可见"方式间切换。

（3）单击立即菜单"3.放大倍数"、立即菜单"4.符号"，分别输入放大的比例和该局部视图的名称。

（4）按提示要求，分别利用键盘输入或鼠标拾取矩形边界的两个角点，剩余的步骤与"圆形边界"方式的操作相同，如图 3-34 所示。

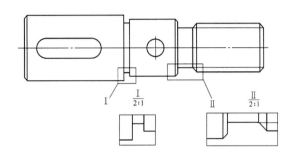

图 3-34 "矩形边界"方式

3.23 应用示例

3.23.1 轴的主视图

利用本章所学的图形绘制命令，绘制如图 3-35 所示的轴的主视图（绘制的图形不要求标注尺寸）。

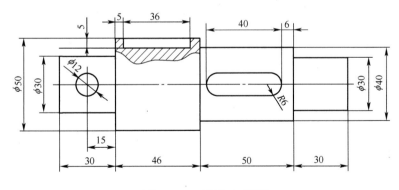

图 3-35 轴的主视图

【分析】

该图表现了一个带有圆孔和键槽的轴，因此可以使用"孔/轴"命令绘制出轴的主要轮廓线；使用"圆"命令绘制出"$\phi 30$"轴径上的小圆；使用"多段线"命令绘制出"$\phi 40$"轴径上部的键槽；使用"直线"命令绘制出"$\phi 50$"轴径上的键槽。由于该键槽是采用局部剖视表示的，因此需要使用"波浪线"命令绘制出局部剖视中的波浪线，使用"剖面线"命令绘制出剖面线。

绘制该图时，将坐标原点选在"$\phi 50$"轴的左端面投影竖直线与中心线的交点处，根据图中所标尺寸，从而计算出绘制各部分图形所需的尺寸。下面为具体的绘图步骤。

【步骤】

（1）使用"孔/轴"命令绘制出轴的主要轮廓线。

① 单击"绘图工具 II"工具栏中的"孔/轴"按钮 ⊞，将出现的立即菜单设置为

| 1:轴 ▼ | 2:直接给出角度 ▼ | 3:中心线角度 | 0 |

② 据提示要求，用键盘输入插入点的坐标（-30,0），单击鼠标右键或按 Enter 键，将出现的立即菜单设置为

| 1.轴 ▼ | 2.起始直径 | 30 | 3.终止直径 | 30 | 4.有中心线 ▼ | 5.中心线延伸长度 | 3 |

按系统提示"*轴上一点或轴的长度：*"，向右拖动鼠标指针，利用键盘输入该轴径的长度"30"，即可完成第一段轴的绘制。

③ 方法同上，分别将起始直径设置为"50""40""30"（终止直径将自动改变），相应轴径的长度设置为"46""50""30"，即可完成轴的主要轮廓线的绘制，如图3-36所示。单击鼠标右键，结束该命令。

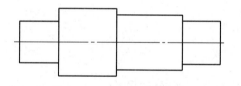

图 3-36　轴的主要轮廓线

（2）使用"圆"命令绘制出"$\phi 30$"轴径上的小圆，使用"多段线"命令绘制出"$\phi 40$"轴径上部的键槽。

① 单击"绘图工具"工具栏中的"圆"按钮 ⊙，将出现的立即菜单设置为

| 1.圆心 半径 ▼ | 2.半径 ▼ | 3.有中心线 ▼ | 4.中心线延伸长度 | 3 |

，按提示要求，利用键盘输入圆心坐标（-15,0），单击鼠标右键或按 Enter 键，提示变为"*输入半径或圆上一点：*"，输入圆的半径"6"，即可完成小圆的绘制。单击鼠标右键，结束该命令。

② 单击"绘图工具 II"工具栏中的"多段线"按钮 ⊃，将出现的立即菜单设置为

| 1.圆弧 ▼ | 2.封闭 ▼ | 3.起始宽度 | 0 | 4.终止宽度 | 0 |

；按系统提示"*第一点：*"和"*下一点：*"，分别输入坐标（56,6）和（@0,-12），将出现的立即菜单设置为

| 1.直线 ▼ | 2.封闭 ▼ | 3.起始宽度 | 0 | 4.终止宽度 | 0 |

；按系统提示"*下一点：*"，输入点的相对坐标（@-28,0），单击立即菜单，切换回"圆弧"方式；操作方法同上，输入点的相对坐标（@0,12），

单击立即菜单，切换回"直线"方式，单击鼠标右键或按 Enter 键，完成键槽的绘制。单击鼠标右键，结束该命令。

绘制完小圆和键槽后的图形如图 3-37 所示。

（3）使用"直线"命令绘制出"$\phi50$"轴径上的键槽，使用"波浪线"命令绘制出局部剖视中的波浪线，使用"剖面线"命令绘制出剖面线。

① 单击"绘图工具"工具栏中的"直线"按钮 ╱，将出现的立即菜单设置为
`1.两点线 ▼ 2.连续 ▼`，分别输入坐标（5,25）（@0,-5）（@36,0）（@0,5），即可完成键槽轮廓线的绘制，单击鼠标右键，结束该命令。

② 单击"绘图工具 II"工具栏中的"波浪线"按钮 ∿，将出现的立即菜单设置为
`1.波峰 1    2.波浪线段数 1`；按提示要求，输入第一点的坐标（0,18），当提示变为"下一点:"时，用鼠标左键在适当位置单击，确定波浪线上的点；将波浪线上最后一点的坐标设置为（46,18），单击鼠标右键，结束该命令，完成波浪线的绘制。

③ 单击"绘图工具"工具栏中的"剖面线"按钮 ▨，将出现的立即菜单设置为
`1.拾取点 ▼ 2.不选择剖面图案 ▼ 3.独立 ▼ 4.比例: 3    5.角度 0    6.间距错开: 0`；按系统提示"拾取环内点:"，用鼠标左键单击需绘制剖面线区域内的任意一点，则选中的区域边界显示为虚点线，如图 3-38 所示。单击鼠标右键，完成剖面线的绘制。

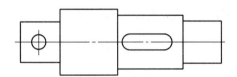

图 3-37　绘制完小圆和键槽后的图形

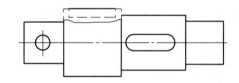

图 3-38　选中需绘制剖面线区域内的任意一点

（4）用文件名"轴.exb"保存该文件。

> 提示：在本书第 7 章的练习中还要用到该图。

3.23.2　槽轮的剖视图

利用本章所学的图形绘制命令，绘制如图 3-39 所示的槽轮的剖视图（不标注尺寸）。

【分析】

该图表示了一个带有键槽轴孔的槽轮，可以使用"孔/轴"命令绘制槽轮的主要轮廓线，用"平行线"命令绘制槽轮的槽根线和键槽的槽底线。由于该槽轮是采用全剖视图表示的，因此最后要使用"剖面线"命令绘制出剖面线。

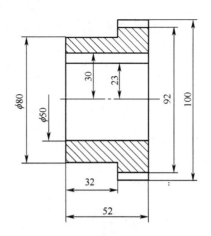

图 3-39　槽轮的剖视图

【步骤】

（1）使用"孔/轴"命令及"平行线"命令，绘制槽轮的主要轮廓线。

① 单击"孔/轴"按钮 ⊕，将出现的立即菜单设置为 `1.孔 ▼ 2.直接给出角度 ▼ 3.中心线角度 0` 。

② 根据提示要求，在绘图区内单击鼠标左键，确定插入点后，操作方法同上例，分别将起始直径设置为"80""100"，分别将长度设置为"32""20"，单击鼠标右键，结束该命令。

③ 单击"直线"按钮 ／，将出现的立即菜单设置为 `1.两点线 ▼ 2.单根 ▼` ，按 Space 键，弹出空格键捕捉菜单，选择"端点"选项，按系统提示"*第一点:*"，将鼠标指针移动到所绘图形的左上角附近，单击鼠标左键，捕捉第一点，如图 3-40 所示。此时系统提示"*第二点:*"，只需用同样的方法捕捉图形的左下角点，即可绘制出槽轮的左端面线。同理，分别捕捉图形的右上角点和右下角点，绘制出槽轮的右端面线。单击鼠标右键，结束该命令。

④ 单击"孔/轴"按钮 ⊕，按 Space 键，弹出空格键捕捉菜单，选择"交点"选项，将鼠标指针移动到槽轮左端线与中心线的交点附近，单击鼠标左键，捕捉孔的插入点。操作方法同上，将孔的起始直径设置为"50"，输入孔的长度"52"，即可绘制出槽轮的内孔。单击鼠标右键，结束该命令。槽轮的主要轮廓线如图 3-41 所示。

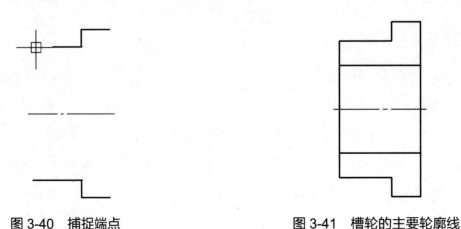

图 3-40　捕捉端点　　　　　　　　图 3-41　槽轮的主要轮廓线

（2）使用"平行线"命令绘制出槽轮的槽根线和键槽的槽底线，使用"剖面线"命令绘制出剖面线。

① 单击"平行线"按钮 ▱，将出现的立即菜单设置为 1.偏移方式 ▾ 2.单向 ▾，用鼠标左键单击槽轮上部的槽顶线，则在光标所在的一侧出现一条与拾取的直线平行且相等的绿色线段，如图 3-42 所示。输入偏移距离"4"，按 Enter 键，即可绘制出上部的槽根线。同理，绘制出下部的槽根线（拾取槽轮下部的槽顶线）和键槽的槽底线（在绘图时，需拾取槽轮内孔的上边线，分别向上和向下绘制其平行线，并分别输入偏移距离为"5"和"2"。最后，将拾取的槽轮内孔上边线删除）。绘制完槽轮槽根线和键槽后的图形如图 3-43 所示。

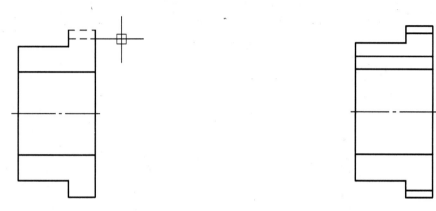

图 3-42　拾取槽轮上部的槽顶线　　　　图 3-43　绘制完槽轮槽根线和键槽后的图形

② 单击"绘图工具"工具栏中的"剖面线"按钮 ▨，将出现的立即菜单设置为

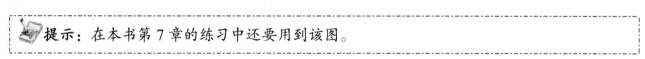

1.拾取点　2.不选择剖面图案　3.独立　4.比例：3　5.角度　90　6.间距错开：0　，用鼠标左键单击要绘制剖面线区域内的任意一点，单击鼠标右键，即可完成剖面线的绘制。

（3）用文件名"槽轮.exb"保存该文件。

提示： 在本书第 7 章的练习中还要用到该图。

习　题

1. 选择题

（1）使用"直线"命令中的"两点线"方式绘制直线，其起点坐标为（10,10），终点坐标为（5,10）。在输入终点坐标值时，以下不正确的输入方式是（　　）。

① @-5<0

② @5<180

③ @-5,0

④ @5,0

⑤ @5,5

（2）使用"两点"方式绘制圆时，该圆的直径（   ）。

① 为输入的两个点之间的距离

② 由用户直接输入圆的直径

（3）使用"矩形"命令绘制出的一个矩形，其中包含的图形元素的个数是（   ）。

① 1个

② 4个

③ 不确定

（4）使用"孔/轴"命令绘制出的孔和轴，其区别是（   ）。

① 无区别

② 孔有两端的端面线，轴没有

③ 轴有两端的端面线，孔没有

2. 简答题

（1）在"单向"方式下绘制平行线，当利用键盘输入偏移距离时，系统根据什么来判断所绘平行线的位置？

（2）在使用"起点-终点-圆心角"方式绘制圆弧时，圆心角所取正负号的不同，对所绘圆弧有什么影响？

3. 分析题

（1）分析如图 3-44 所示的机械图形的组成，在横线上填写绘制箭头所指图形元素所用的绘图命令及方式。

（2）分析在绘制如图 3-45 所示的鸟形图形时用到的绘图命令。

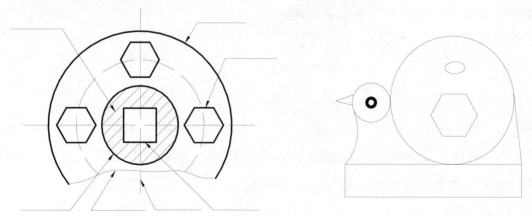

图 3-44　机械图形　　　　　　　　　　　　图 3-45　鸟形图形

（3）分析如何绘制如图 3-46 所示的机械装配图中不同情况的剖面线。

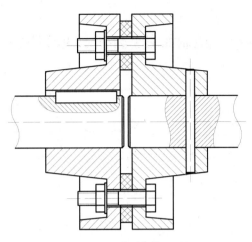

图 3-46　机械装配图

（4）在图 3-47（a）的基础上生成图 3-47（b），请分析应使用的绘图命令及其具体操作。

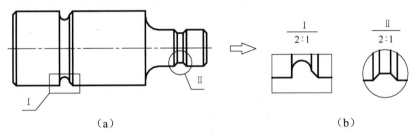

（a）　　　　　　　　　　　　　　　　　　　　（b）

图 3-47　基础图形及其衍生图形

上机指导与练习

【上机目的】

掌握 CAXA CAD 电子图板 2020 提供的二维图形绘制命令——基本曲线的绘制命令和高级曲线的绘制命令（如直线、圆、圆弧、中心线、多段线、样条、剖面线、孔/轴、波浪线等），并能综合运用所学的图形绘制命令绘制常见的平面图形。

【上机内容】

（1）熟悉基本曲线绘制命令及高级曲线绘制命令的基本操作。

（2）按 3.1 节【示例】所列方法和步骤，完成"五角星"图形的绘制。

（3）按 3.23.1 节所列方法和步骤，完成"轴的主视图"图形的绘制。

（4）按 3.23.2 节所列方法和步骤，完成"槽轮的剖视图"图形的绘制。

（5）分别完成习题 3（分析题）中各图形或剖面线的绘制（只需完成示意性，尺寸和准确性不作要求）。

（6）按照下面【上机练习】中的要求和指导，完成"轴端"图形的绘制。

【上机练习】

用本章所学的图形绘制命令，绘制如图 3-48 所示的轴端（绘制的图形不要求标注尺寸）。

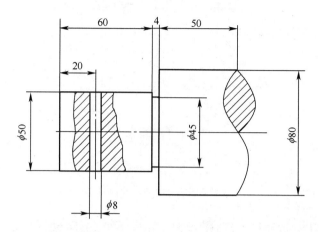

图 3-48　轴端

提示：该图表示了一个带销孔的轴，可以使用"孔/轴"命令绘制出轴的主要外轮廓线；使用"孔/轴"命令绘制出销孔，由于销孔是采用局部剖视图来表示的，因此可以使用"波浪线"命令绘制波浪线（请留意需更改波浪线的线型）；使用"样条"命令绘制轴右端的曲线（绘制时，可以利用空格键捕捉菜单捕捉端点）；使用"剖面线"命令绘制剖面线。

第 ④ 章 图 形 特 性

绘制一幅完整的图形，不仅要用到前面章节介绍的"图形绘制"命令，还要通过线型、颜色和图层等来区分、组织图形对象。例如，我们可以通过粗实线、虚线、点画线来分别表示图形中可见、不可见及轴线等部分；也可以利用颜色来区分图形中相似的部分；还可以利用图层来组织图形，使绘图及信息管理更加清晰、方便。线型、颜色和图层被统称为图形特性。

本章将介绍 CAXA CAD 电子图板 2020 图形特性的概念、设置和应用。设置图形特性的命令，表现为"格式"菜单下的"图层""图层工具""线型""颜色""线宽"选项及"颜色图层"工具栏中的各图标，如图 4-1 所示。

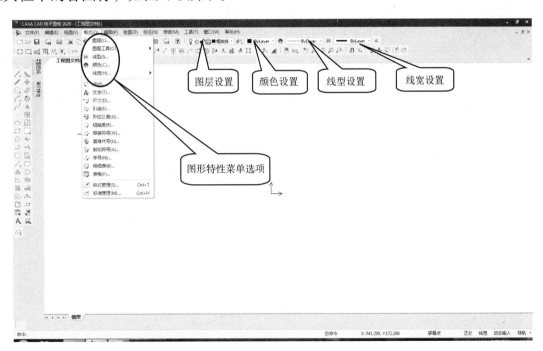

图 4-1　设置图形特性的命令

4.1　概述

4.1.1　图层

CAXA CAD 电子图板 2020 绘图软件同其他计算机绘图系统一样，提供了图形分层的功能。每一个图层都可以被想象为一张没有厚度的透明纸，上面绘制着属于该图层的图形对象。所有这样的图层叠放在一起，就组成了一个完整的图形。

应用图层在图形设计和绘制中具有很大的实际意义。例如，在城市道路规划设计中，可以将道路、建筑，以及给水、排水、电力、电信、煤气等管线的布置图绘制在不同的图层上，把所有的图层加在一起就组成了整条道路规划设计图。而单独对各个图层进行处理时（如要对排水管线的布置进行修改），只需单独针对相应的图层进行修改即可，不会影响其他图层。

如图 4-2 所示，最上方的组合结果图形，就是由粗实线层上的三个粗实线方框、剖面线层上的环形阴影剖面线及中心线层上的垂直相交的两条中心线组合在一起后得到的。

图层具有以下特点。

（1）每一个图层对应一个图层名，系统默认设置的初始图层为"0 层"。另外，系统还预先定义了常用的"尺寸线层""粗实线层""剖面线层""细实线层""虚线层""隐藏层""中心线层"等 7 个图层，如图 4-3 所示。用户也可以根据自己绘图或分类管理的需要创建并命名自己的图层，图层的名称可以是汉字、数字、字母或它们的组合，图层的数量没有限制。

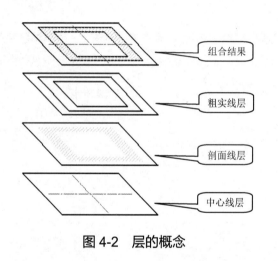

图 4-2 层的概念   图 4-3 CAXA 预设图层

（2）各图层具有同一坐标系，且其缩放系数一致；每一个图层分别对应一种颜色、一种线型。新建图层的默认设置为白色、连续线（实线）。图层的颜色和线型设置可以修改。当在一个图层上创建图形对象时，就自然采用该图层对应的颜色和线型，也被称为随层（ByLayer）方式。

（3）当前作图使用的图层被称为当前图层。虽然当前图层只有一个，但是用户可以将任意图层切换为当前图层。

（4）用户可根据需要控制图层的打开和关闭。图层打开，则该图层上的对象可见；图层关闭，则该图层的对象会从屏幕上消失（但并不从图形文件中删除）。

4.1.2　线型

如图 4-4 所示，CAXA 已为用户预装了常用的实线、虚线、点画线和双点画线 4 种线型，可满足多数用户的需要。例如，中心线一般采用点画线，可见轮廓线一般采用粗实线，不可见轮廓线一般采用虚线，假象轮廓线一般采用双点画线等。此外，CAXA 还预定义了除此之外的其他 20 种标准线型，存放在线型文件 Ltype.lin 中，以供用户在必要时加载与选用。

图 4-4　CAXA 预装的线型

4.1.3　颜色

在 CAXA 颜色系统中，图形对象的颜色设置可分为以下几种。

（1）ByLayer（随层）：依对象所在图层，具有该层所对应的颜色。这样的好处是随着图层颜色的修改，属于此层的图形元素的颜色也会随之改变。

（2）ByBlock（随块）：当创建对象时，具有系统默认设置的颜色（白色），当将该对象定义到块中，并插入图形时，具有块插入时所对应的颜色（块的概念及应用将在本书第 7 章中介绍）。

（3）指定颜色：图形对象颜色不随层、随块时，可以具有独立于图层和图块的颜色，CAXA 的颜色与颜色号对应，编号范围是红 1～255，绿 1～255，蓝 1～255，其中 1～47 号是 47 种标准颜色。需要注意的是，47 号颜色随背景而变，背景为黑色时，47 号代表白色；背景为白色时，则代表黑色。CAXA 预设的颜色如图 4-5 所示。

根据具体的设置，绘制在同一图层中的图形对象，可以具有随层的颜色，也可以具有独立的颜色。

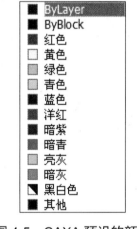

图 4-5　CAXA 预设的颜色

4.2　图层设置

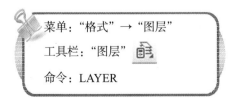

菜单："格式" → "图层"

工具栏："图层"

命令：LAYER

启动"图层"命令后，将弹出如图 4-6 所示的"层设置"对话框，从中可进行当前图层设置、图层更名、图层创建等操作。现分述如下。

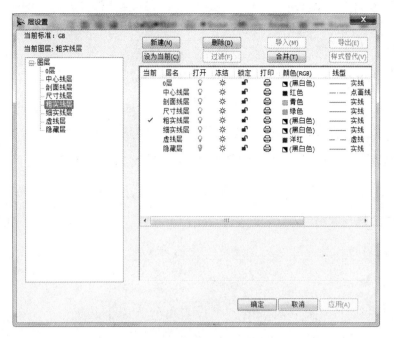

图 4-6 "层设置"对话框

4.2.1 当前图层设置

【功能】将某个图层设置为当前图层，随后绘制的图形均放在此图层上。

【步骤】

当前图层有以下两种设置方式。

（1）在"层设置"对话框的列表框内选取所需图层，单击列表框上方第二行中的"设为当前"按钮，单击"确定"按钮。

（2）单击"颜色图层"工具栏中 ♀☼🔒🖶■粗实线▼ 图标右侧的向下的三角形按钮，在弹出的如图 4-7 所示的图层列表中选取所需图层。

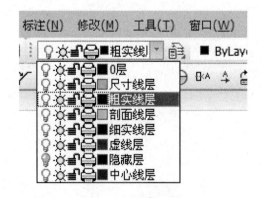

图 4-7 图层列表

4.2.2 图层更名

【功能】改变一个已有图层的名称。

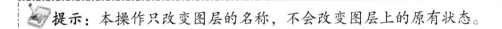

【步骤】

图层的名称分为"层名"和"层描述"两部分，其中"层名"是图层的代号标识，因此不允许存在相同层名的图层；"层描述"是图层设置者对图层的形象、性质、功用等的描述，不同图层之间的层描述可以相同。

（1）在"层设置"对话框中，只需双击要修改的图层的层名或层描述，即可在该位置出现一个编辑框。

（2）在编辑框中输入新层名或层描述，单击编辑框外任意一点可结束编辑。此时，对话框中的相应内容已经发生了变化。

（3）单击"确定"按钮，即可完成更改层名或层描述的操作。

> 提示：本操作只改变图层的名称，不会改变图层上的原有状态。

4.2.3　图层创建

【功能】创建一个新图层。

【步骤】

（1）在"层设置"对话框中单击"新建"按钮，出现如图 4-8（a）所示的提示对话框；单击"是"按钮后，弹出如图 4-8（b）所示的"新建风格"对话框，用于指定新建图层继承已有的哪一图层的基本设置；单击"下一步"按钮后，将在"层设置"对话框中列表框的最下一行出现新建图层。

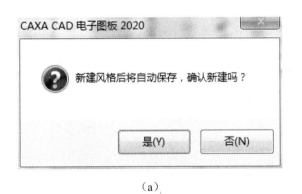

（a）

（b）

图 4-8　创建新图层的提示对话框

（2）按上节介绍的方法更改层名及层描述，亦可对图层的其他参数做必要的修改。

（3）单击"确定"按钮，结束操作。

图 4-9 所示为创建新图层的具体设置情况，该新建图层的层名为"电路层"，颜色为"黄色"。

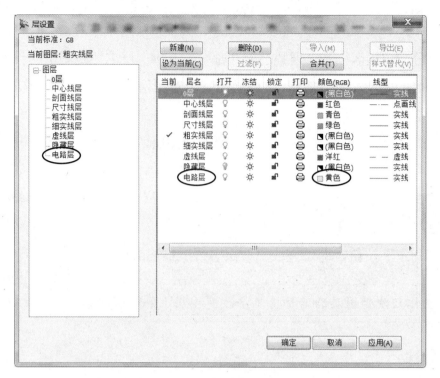

图 4-9 创建新图层

4.2.4 删除自建图层

【功能】删除一个未使用过的自建图层。

【步骤】

在"层设置"对话框中，选择要删除的图层，单击"删除"按钮，则该图层消失。

 注意

系统初始图层不能被删除。

4.2.5 打开或关闭图层

【功能】打开或关闭某一图层。

【步骤】

在"层设置"对话框中，将鼠标指针移至欲改变图层的"打开"图标 💡 或 💡 的位置上，双击即可进行图层打开和关闭的切换。

当图层处于打开状态时，该图层上的图形对象被显示在屏幕上；当图层处于关闭状态时，该图层上的图形对象不可见，但图层及绘制在该图层上的图形元素依然存在。

 提示：当前图层不能被关闭。

4.2.6 设置图层颜色

【功能】设置图层的颜色。

【步骤】

（1）在"层设置"对话框中，双击需改变颜色的图层的颜色图标，弹出如图 4-10 所示的"颜色选取"对话框。

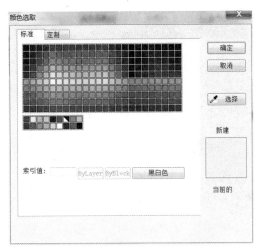

图 4-10 "颜色选取"对话框

（2）选择下面列出的基本颜色或颜色阵列中的颜色，单击"确定"按钮后返回，此时相应图层颜色已更改。

（3）单击"层设置"对话框中的"确定"按钮，屏幕上该图层中颜色属性为"ByLayer"的图形元素全部被改为新指定的颜色。

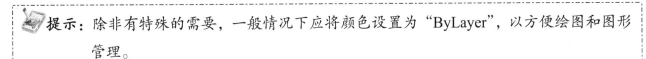

提示：除非有特殊的需要，一般情况下应将颜色设置为"ByLayer"，以方便绘图和图形管理。

4.2.7 设置图层线型

【功能】设置图层的线型。

CAXA 系统已为默认的 7 个预设图层设置了不同的线型，所有这些线型都可以重新设置。

【步骤】

（1）在"层设置"对话框中，选择要改变线型的图层，双击线型图标，将弹出如图 4-11 所示的"线型"对话框，用户可以用鼠标选择系统提供的任意线型。

（2）单击"确定"按钮，返回"层设置"对话框，线型改为所选线型。

（3）单击"确定"按钮，结束为图层设置线型的操作，则屏幕上该图层中线型为"ByLayer"

的图形元素将全部被改为指定的线型。

图 4-11 "线型"对话框

提示：除非有特殊的需要，一般情况下应将线型设置为"ByLayer"，以方便绘图和图形管理。

4.2.8　设置图层线宽

【功能】设置图层的线宽。

CAXA 系统已为默认的 7 个预设图层设置了不同的线宽，所有这些线宽都可以重新设置。

【步骤】

（1）在"层设置"对话框中，选择需要改变线宽的图层，双击线宽图标，将弹出如图 4-12 所示的"线宽设置"对话框，用户可以用鼠标选择系统提供的任意线宽。

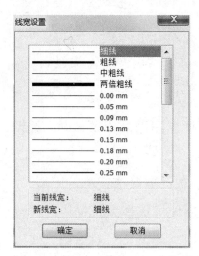

图 4-12 "线宽设置"对话框

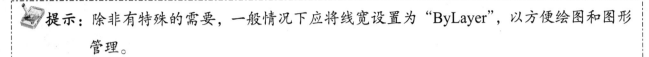

（2）单击"确定"按钮，返回"层设置"对话框，线宽改为所选线宽。

（3）单击"确定"按钮，结束为图层设置线宽的操作，则屏幕上该图层中线宽为"ByLayer"的图形元素将全部改为指定的线宽。

> **提示**：除非有特殊的需要，一般情况下应将线宽设置为"ByLayer"，以方便绘图和图形管理。

4.2.9 锁定图层

【功能】锁定所选图层。

【步骤】

在"层设置"对话框中，将鼠标指针移至欲改变图层的"锁定"图标🔓或🔒的位置上，双击即可进行图层锁定和解锁的切换。

图层锁定后，图层上的图形元素只能增加，可以选中其中的图形元素进行复制、粘贴、阵列、属性查询等操作，但是不能进行删除、平移、拉伸、比例缩放、属性修改、块生成等操作。

> **提示**：标题栏、明细表及图框不受此限制。

4.2.10 打印图层

【功能】打印所选图层中的内容。

【步骤】

在"层设置"对话框中，将鼠标指针移至欲改变图层的"打印"图标🖨或⊠的位置上，双击即可进行图层打印与否的切换。

如果选择打印，则对所选图层的内容进行打印输出，否则不会对该图层内容进行打印输出。

> **提示**：上述"层设置"对话框中对图层的有关操作大多可以在选定图层后通过如图 4-13 所示的右键快捷菜单实现。

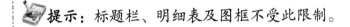

设为当前(C)
新建图层(N)
重命名图层(R)
删除图层(D)
修改层描述(T)
全部选定(A)
反向选定(O)

图 4-13　图层右键快捷菜单

此外，单个或部分图形元素图层的修改亦可通过修改"特性"来实现。方法是：首先拾取元素，然后右击，在弹出的如图 4-14 所示的右键快捷菜单中选择"特性"选项，弹出如图 4-15 所示的"特性"对话框，单击其中的"层"按钮，右侧出现一个向下的三角形按钮，在弹出的图层列表中选择所需图层进行修改。

图 4-14　右键快捷菜单

图 4-15　"特性"对话框

4.3　线型设置

4.3.1　设置线型

菜单："格式"→"线型"

工具栏："线型"

命令：LTYPE

CAXA CAD 电子图板 2020 为线型设置提供了 3 种方式。

（1）随层（ByLayer）：依图形对象所在图层，具有该图层对应的线型。

（2）随块（ByBlock）：当图形对象被创建时，具有系统默认设置的线型（连续线），当将该对象定义到块中，并插入图形时，具有块插入时所对应的线型（块的概念及应用详见本书第 7 章）。

（3）指定具体的线型：图形对象不随层、不随块，而是具有独立于图层的线型，并用具体的线型名表示。

启动"线型"命令，将弹出如图 4-16 所示的"线型设置"对话框，可以从中选择"ByLayer"（随层）、"ByBlock"（随块），或者选取系统中预设的任意图线。

如果没有所需图线，还可以通过"加载"按钮加载新的线型。

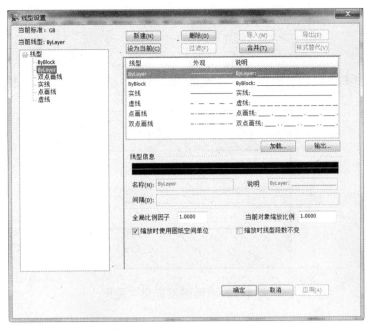

图 4-16 "线型设置"对话框

4.3.2 线型比例

在 CAXA 环境下，用户还可以通过线型比例来控制非实线线型中线段的长短，即对于一条图线，在其总长度不变的情况下，用线型比例来调整线型中短画线、间隔的显示长度。该功能可通过改变"线型设置"对话框中的"全局比例因子"的值来实现。"全局比例因子"的值越大，线段越长。图 4-17 所示为不同全局比例因子对图线显示效果的影响。

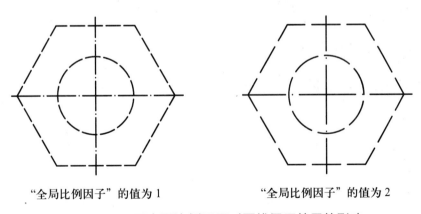

"全局比例因子"的值为 1   "全局比例因子"的值为 2

图 4-17 不同全局比例因子对图线显示效果的影响

4.4 颜色设置

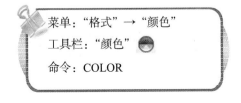

菜单："格式"→"颜色"
工具栏："颜色"
命令：COLOR

启动"颜色"命令后，将弹出"颜色选取"对话框（见图 4-10），可在该对话框中改变图形对象的颜色或为新创建的对象设置颜色。

4.5 应用示例

利用图层、颜色和线型及绘图命令，完成如图 4-18 所示的"带键槽轴套"图形的绘制。

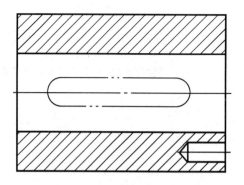

图 4-18 "带键槽轴套"图形

4.5.1 图形分析

该图中分别应用了粗实线、点画线、双点画线，以及剖面线 4 种不同的线型。因此，为了便于图形的管理和修改，可以按线型的不同设置 4 个图层，每一种图形分别在对应的图层中进行绘制。

由于系统提供的待选图层中没有双点画线层，因此首先需要建立该图层，然后分别在粗实线层、中心线层、剖面线层绘制相应的图形。

4.5.2 绘图步骤

1. 新建"双点画线"图层

（1）进入"层设置"对话框：在"颜色图层"工具栏中，单击"层设置"按钮 ，弹出"层设置"对话框。

（2）命名并描述新图层：在"层设置"对话框中，单击"新建"按钮，在图层列表中出现新建的图层，单击层名，将层名修改为"双点画线层"。

（3）设置图层颜色：单击新建图层的颜色框，弹出"颜色设置"对话框，选择"蓝色"的颜色框，单击"确定"按钮，返回"层设置"对话框。

（4）设置该图层线型：单击新建图层的线型图标，在弹出的"线型"对话框中选择"双点画线"选项，单击"确定"按钮，返回"层设置"对话框，则该图层的线型变为双点画线，如图 4-19 所示。

（5）确认操作：单击"层设置"对话框中的"确定"按钮，新建的双点画线层将显示在图层列表中，如图 4-20 所示。

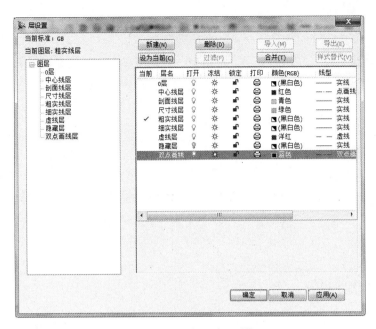

图 4-19　新建双点画线层

图 4-20　图层列表

2. 设置当前图层

单击"颜色图层"工具栏中的"图层"下拉按钮，从中选择"粗实线层"选项。

3. 绘制粗实线图形

（1）绘制外轮廓线：单击"绘图工具"工具栏中的 ▢ 按钮，绘制一个长度为"150"、宽度为"100"的矩形。

（2）绘制平行线：单击"绘图工具"工具栏中的 ∥ 按钮，单击立即菜单"2."，选择"单向"方式，按系统提示，用鼠标分别拾取最上方和最下方直线，并向图形的中间方向移动光标，按系统提示"*输入距离或点（切点）:*"，分别输入偏移量"25"，按 Enter 键（或单击鼠标右键）后，屏幕上将绘制出图形中靠中间的两条水平粗实线。

4. 绘制中心线

（1）将"中心线层"设置为当前图层，方法同前。

（2）绘制中心线：单击 ⌀ 按钮，系统将提示"*拾取圆（弧、椭圆）或第一条直线:*"，用鼠标左键拾取矩形内靠上面的水平直线，按系统提示"*拾取另一条直线:*"，再拾取矩形内靠下面的水平直线，从而绘制出中心线，如图 4-21 所示。

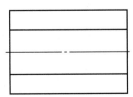

图 4-21　绘制中心线

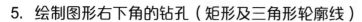

5. 绘制图形右下角的钻孔（矩形及三角形轮廓线）

（1）绘制矩形轮廓：使用"矩形"命令绘制长度为"150"、宽度为"100"的矩形，其右边与上述所绘大矩形的右边重合。

（2）绘制小矩形的中心线：方法同前。

（3）绘制三角形轮廓：启动"直线"命令，将立即菜单设置为

`1.角度线  2.X轴夹角  3.到点  4.度= 60  5.分= 0  6.秒= 0` ①，选择小矩形左上角为其中一个端点，与轴的交点为另一个端点，绘制一条斜边，用同样的方法绘制另一条斜边（角度为-60°），结果如图 4-22 所示。

6. 绘制剖面线

（1）将当前图层设置为"剖面线层"。

（2）添加剖面线：单击"绘图工具"工具栏中的 按钮，将立即菜单设置为

`1.拾取点  2.不选择剖面图案  3.独立  4.比例: 5  5.角度 0  6.间距错开: 0`，用鼠标左键拾取图中需绘制剖面线的封闭区域内的任意位置，单击鼠标右键，从而绘制出剖面线，如图 4-23 所示。

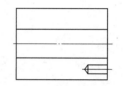
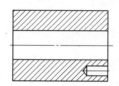

图 4-22　绘制矩形及三角形　　　图 4-23　绘制剖面线

7. 绘制双点画线图形

（1）将"双点画线层"设置为当前图层：方法同前。

（2）绘制半圆部分：单击"绘图工具"工具栏中的 按钮，并将立即菜单设置为

`1.圆心 半径 起终角  2.半径= 10  3.起始角= 270  4.终止角= 90`，在轴线上用鼠标左键拾取圆心，绘制出左半圆；同理，在轴线的右侧绘制出右半圆（起始角、终止角分别为 270° 和 90°）。

（3）绘制与两个圆相切的直线段：启动"直线"命令，将立即菜单设置为 `1.两点线  2.单根`，按 Space 键，弹出空格键捕捉菜单，从中选择"切点"选项，并在左半圆上部切点附近单击鼠标左键以确定直线其中一个端点，同样拾取右半圆上部的"切点"作为直线的另一个端点，将绘制出图中上部的一条水平切线，如图 4-24 所示。用同样方法绘制另一条切线，从而完成图形的绘制（见图 4-18）。

8. 保存图形

以"带键槽轴套.exb"为文件名保存图形。

---

① 本段中立即菜单截图较长，故将立即菜单换行放置。本书中其余类似的地方采取同样的排版方式，不再单独说明。

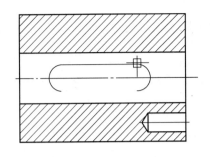

图 4-24　绘制切线

提示：在下一章的例题中还要用到该图。

习　题

选择题

（1）CAXA CAD 电子图板 2002 中图形的特性包括（　　　　）。

① 图层

② 颜色

③ 线型

④ 线宽

⑤ 以上四个

（2）设置颜色或线型的方法有（　　　　）。

① 选择"格式"→"颜色"或"线型"选项，在弹出的对话框中进行操作

② 单击"颜色图层"工具栏中的相应按钮 或 ，在弹出的对话框中进行操作

③ 在命令行输入命令"LTYPE"或"COLOR"

④ 以上均可

（3）新建图层的方法有（　　　　）。

① 单击"颜色图层"工具栏中的 按钮，在弹出的对话框中进行设置

② 在"格式"菜单中选择"层设置"选项

③ 在命令行中输入命令"LAYRE"

④ 以上方法均可

（4）将某一图形中已绘制和将绘制的虚线颜色均变为红色，可采用的方法有（　　　　）；其中，最好的一种是（　　　　）。

① 若将颜色设置为随层（ByLayer），则可在"层设置"对话框中，将虚线层的颜色设置为红色

② 单击鼠标右键，利用弹出的右键快捷菜单更改已绘制虚线的颜色，并在绘制虚线时，将颜色设置为红色

③ 利用编辑菜单更改已绘制虚线的颜色，并在绘制新虚线时，将颜色设置为红色

④ 以上方法均可

上机指导与练习

【上机目的】

熟悉并掌握在 CAXA CAD 电子图板 2020 环境下颜色、线型、图层、线宽等图形特性的设置、控制及应用；巩固绘图命令的有关操作。

【上机内容】

（1）熟悉颜色、线型、图层、线宽等图形特性的基本操作。

（2）按 4.5 节中所给的方法和步骤绘制"带键槽轴套"图形（见图 4-18）。

（3）根据【上机练习】的要求和提示，完成如图 4-25 所示的"底座"图形的绘制。

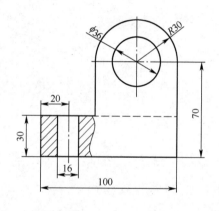

图 4-25 "底座"图形

【上机练习】

（1）利用图形特性绘制"底座"图形。

提示：这是零件左端被局部剖切的一个视图。按照先曲后直的原则，其绘制顺序如下。

① 设置当前图层为"粗实线层"，使用"圆弧"命令绘制半圆弧，半径为"30"，起始角度和终止角度分别为 0° 和 180°。

② 启动"直线"命令，采用"两点线-连续"方式，利用空格键捕捉菜单，以圆弧右端点为直线的第一点，首先绘制长度为"70"的向下的直线；其次绘制长度为"100"的向左的直线；再次绘制长度为"30"的向上的直线和长度为"40"的向右的直线；最后绘制长度为"40"的向上的直线，使外轮廓封闭。

③ 设置当前图层为"中心线层"，绘制半圆的中心线。

④ 从当前图层切换回"粗实线层"，以 18 为半径绘制圆（与已绘半圆同心）。

⑤ 以左端竖线为参考，使用"平行线"命令绘制局部剖视图中的两条竖直线。

⑥ 以"中心线层"为当前图层，使用"中心线"命令绘制两条竖直线间的轴线。

⑦ 以"细实线层"为当前图层，使用"波浪线"命令绘制局部剖视图中的波浪线。

⑧ 以"剖面线层"为当前图层，绘制剖面线。

⑨ 以"虚线层"为当前图层，绘制水平虚线。

（2）元素属性的设定及更改。

① 打开某一已绘图形，单击"颜色图层"工具栏中的 按钮，在弹出的"层设置"对话框中将粗实线的颜色改为深蓝色，观看效果；以同样的方法改变线宽和线型。

② 用鼠标左键单击以选定图形中的某一部分，单击鼠标右键，在弹出的右键快捷菜单中选择"特性"选项，对其"层""线型""线型比例""线宽""颜色"等图形特性逐一进行更改，分别观看其效果，体会它们各自在表现图形方面的作用。

第 ⑤ 章　绘图辅助工具

为了快捷、准确地绘制工程图样，CAXA CAD 电子图板 2020 提供了多种绘图辅助工具。例如，可调入或自定义合适的图纸幅面、图框及标题栏等；系统还设置了"捕捉点设置""用户坐标系""三视图导航"等功能，在本书后续的各章节中将分别详述。

5.1　幅面

绘制工程图样的第一项工作就是选择一张适当大小的图纸（图幅）并在其上绘制出图形的外框（图框）。国家标准中对机械制图的图纸大小做了统一规定，即图纸大小共分为 5 个规格，分别是 A0、A1、A2、A3、A4。

CAXA CAD 电子图板 2020 按照国标的规定，在系统内部设置了上述 5 种标准的图幅，以及相应的图框、标题栏。系统还允许用户根据自己的设计和绘图特点自定义图幅、图框，并保存成模板文件，供绘图调用。

图纸幅面可以通过菜单栏中的"幅面"→"图幅设置"选项，或者"图幅"工具栏中的图标来设置。

5.1.1　图幅设置

菜单："幅面"→"图幅设置"
工具栏："图幅设置" ▣
命令：SETUP

【功能】选择标准图纸幅面或自定义图纸幅面，变更绘图比例或选择图纸放置方向。

【步骤】

启动"图幅设置"命令，将弹出如图 5-1 所示的"图幅设置"对话框，在该对话框中可进行图纸幅面、绘图比例及图纸方向的设置。

1. 图纸幅面

单击图 5-1 中"图纸幅面"选项右侧的 ▾ 按钮，弹出如图 5-2 所示的幅面下拉列表，用户可从中选择标准幅面：A0～A4，此时"宽度"和"高度"的数值不能修改；当选择"用户自定义"选项时，可以自行指定图纸"宽度"和"高度"的数值。

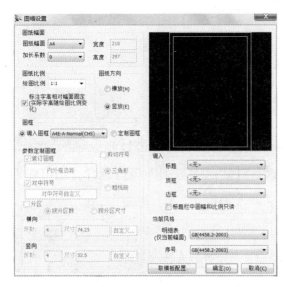

图 5-1 "图幅设置"对话框

图 5-2 幅面下拉列表

2. 绘图比例

"绘图比例"的默认值为 1∶1。若希望更改绘图比例,则可用鼠标左键单击此选项右侧的 ▼ 按钮,弹出下拉列表,该列表中的值为国标规定的系列值。用户可以从列表中选择标准值,也可以直接激活编辑框,利用键盘直接输入需要的数值。

3. 标注字高相对幅面固定

如果需要标注字高相对幅面固定,即实际字高随绘图比例变化,则可勾选此复选框;反之,取消勾选此复选框。

4. 图纸方向

图纸放置方向有"横放"和"竖放"两种,被选择者前面的选项按钮呈黑点显示状态。

5. 调入图框

单击图 5-1 中"调入图框"选项右侧的 ▼ 按钮,弹出下拉列表,该列表中的图框为系统预设的图框。

6. 调入标题栏

单击"调入"选项组中"标题"选项右侧的 ▼ 按钮,弹出下拉列表。在选择该列表中的某一选项后,所选标题栏会自动在预显框中显示出来。

7. 选择明细表格式

单击"当前风格"选项组中"明细表"选项右侧的 ▼ 按钮,可在"标准"选项和"GB(4458.2-2003)"选项之间选择。

8. 零件序号格式设置

单击"当前风格"选项组中"序号",选项右侧的 ▼ 按钮,可在"标准"选项和"GB(4458.2-

2003)"选项之间选择。

各选项设置完成后，单击"确定"按钮，结束操作。

5.1.2 图框设置

CAXA CAD 电子图板 2020 的图框尺寸可随图纸幅面大小进行相应调整。绘图比例变化原点为标题栏的插入点。除了可以在"图幅设置"对话框中对图框进行选择，还可以通过"调入图框"命令，对图框进行设置。图框设置包括"调入图框""定义图框""存储图框"等命令。这些命令位于"幅面"菜单的第二项"图框"子菜单下，或者表现为"图框"工具栏（见图 5-3，初始情况下未显示）中的相关图标。

图 5-3 "图框"工具栏

1. 调入图框

菜单："幅面" → "图框" → "调入"

工具栏："调入图框"

命令：FRMLOAD

【功能】用于设置图纸大小、图纸放置方向及绘图比例。

【步骤】

启动"调入图框"命令，将弹出"读入图框文件"对话框，选择某一图框文件，单击"确定"按钮，即可调入所选图框。

2. 定义图框

菜单："幅面" → "图框" → "定义"

工具栏："定义图框"

命令：FRMDEF

【功能】当系统提供的图框不能满足用户具体需要时，可自行定义图框。执行"定义图框"命令可将屏幕上已绘制出的图框图形定义为图框。

【步骤】

启动"定义图框"命令，系统提示"*拾取元素:*"，在拾取构成图框的元素后，单击鼠标右键。此时，系统提示为"*基准点:*"（用来定位标题栏的参考点），输入基准点后，将弹出如图 5-4 所示的"选择图框文件的幅面"对话框。

图 5-4 "选择图框文件的幅面"对话框

如果单击"取系统值"按钮，则图框保存在开始设定的幅面下的调入图框选项中；如果单击"取定义值"按钮，则图框保存在自定义下的调入图框选项中，此后若再次定义，则不再出现此对话框。

3. 存储图框

菜单："幅面"→"图框"→"存储"

工具栏："存储图框"

命令：FRMSAVE

【功能】将自定义的图框以图框文件的形式存盘，以供后续绘图时调用。图框文件的扩展名为".frm"。

【步骤】

启动"存储图框"命令，弹出"保存图框"对话框。用户可在该对话框下方的"文件名"编辑框中，输入文件名，单击"保存"按钮，系统将在默认的路径下保存该图框设置。

5.1.3 标题栏

用户可从系统设置的标题栏中选择标题栏，也可将自己绘制的标题栏图形定义为标题栏，并以文件形式存储。这些命令位于"幅面"菜单的第三项"标题栏"子菜单中，或者表现为"标题栏"工具栏（见图 5-5，初始情况下未显示）中的相关按钮。

1. 调入标题栏

菜单："幅面"→"标题栏"→"调入"

工具栏："调入标题栏"

命令：HEADLOAD

【功能】如果屏幕上没有标题栏，则执行"调入标题栏"命令可插入一个标题栏；如果已有标题栏，则新标题栏将替代原标题栏，标题栏的定位点为其右下角点。

【步骤】

启动"调入标题栏"命令，将弹出如图 5-6 所示的"读入标题栏文件"对话框。从该对话框中选择需要的标题栏，单击"导入"按钮，则所选标题栏将显示在图框的标题栏的定位点处。

图 5-5 "标题栏"工具栏　　　　图 5-6 "读入标题栏文件"对话框

2. 定义标题栏

菜单："幅面"→"标题栏"→"定义"

工具栏："定义标题栏"

命令：HEADDEF

【功能】定制符合用户特定要求的标题栏。

【步骤】

首先绘制好标题栏图形，然后在"定义标题栏"命令下拾取要组成标题栏的图形元素，只需单击鼠标右键，即可拾取标题栏图形。

下面以定制如图 5-7 所示的标题栏为例来介绍具体的操作过程。

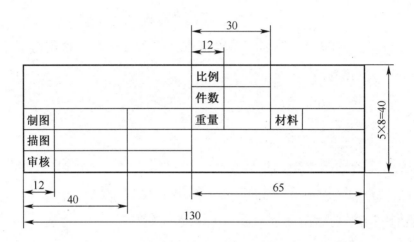

图 5-7　要定制的标题栏

（1）在屏幕上绘制要定制的标题栏的图形（也可调入系统预设的标题栏，将其打散或编辑为新的标题栏图形）。

（2）启动"定义标题栏"命令，系统将提示"*请拾取组成标题栏的图形元素：*"，此时拾取已绘制的标题栏（也可用鼠标指针拖曳矩形框进行选取），完成后单击鼠标右键。

（3）在系统提示"*请拾取标题栏表格的内环点：*"时，用鼠标左键在标题栏表格中的环内单击，系统将高亮显示拾取的环，并弹出"定义标题栏表格单元"对话框。每单击一个框（需填写内容的属性），就可以在对话框中选择相应的内容，也可以手动填写。

在填写过程中，若某些内容在"表格单元名称"中没有，则可以手动填写。

（4）定义后的标题栏可以直接填写，也可以通过存储标题栏功能，将其存储为标题栏文件，以备后续使用。

3. 存储标题栏

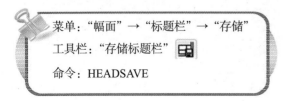

菜单："幅面"→"标题栏"→"存储"

工具栏："存储标题栏"

命令：HEADSAVE

【功能】将定义后的标题栏以文件的形式存盘，供后续绘图调用，其扩展名为".HDR"。

【步骤】

启动"存储标题栏"命令，弹出"另存为"对话框。用户可在该对话框下方的"文件名"编辑框中，输入文件名（如"01"）。单击"确定"按钮，系统会自动将标题栏文件（如"01.HDR"）存储在默认的路径下。

4. 填写标题栏

菜单："幅面" → "标题栏" → "填写"

工具栏："填写标题栏"

命令：HEADERFILL

【功能】填写标题栏中的内容。

【步骤】

启动"填写标题栏"命令，弹出"填写标题栏"对话框，如图 5-8 所示，在该话框中填写各编辑框内容，完成后单击"确定"按钮，填写的内容将被自动添加到标题栏中。

图 5-8 "填写标题栏"对话框

5.2 目标捕捉

为了保证绘图准确，并简化计算和绘图的过程，CAXA CAD 电子图板 2020 提供了目标捕捉功能，使用户可以精确定位图形上的交点、中点、切点等特殊点。

通过如图 5-9 所示的"智能点工具设置"对话框或空格键捕捉菜单，用户可以方便地设置和实现点的捕捉功能。

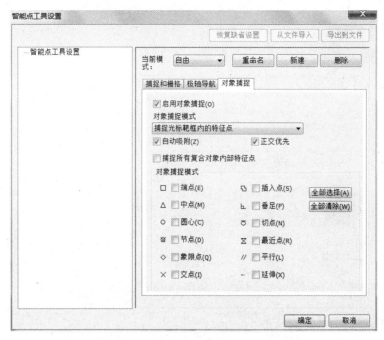

图 5-9 "智能点工具设置"对话框

5.2.1 捕捉设置

菜单:"工具"→"捕捉设置"

工具栏:"捕捉设置"

命令:POTSET

【功能】设置鼠标指针在屏幕上点的捕捉方式。

捕捉方式包括间距栅格、极轴导航和对象捕捉,这 3 种方式可以被灵活设置并组合为多种捕捉模式,如自由、栅格、智能和导航等。

【步骤】

(1)启动"捕捉设置"命令,弹出"智能点工具设置"对话框(见图 5-9)。

(2)如果想切换屏幕点的捕捉方式,则可以从该对话框的"当前模式"下拉列表中选择,也可以从屏幕右下角状态栏的屏幕点捕捉方式列表中选择。可设置的方式有自由、栅格、智能和导航 4 种。

① "自由"捕捉:点的输入完全由当前光标的实际位置来确定。

② "栅格"捕捉:光标位置只能落在用户设置的栅格点上,栅格点的间距及栅格点的可见属性和不可见属性均可由用户设定。图 5-10 所示为利用栅格点捕捉方式绘制的同一平面图形。

③ "智能"捕捉:鼠标指针会自动捕捉一些特征点,如圆心、切点、垂足、中点和端点等,捕捉的具体点为设置的可捕捉类型点中距离当前光标最近的点。

④ "导航"捕捉:系统可通过光标线对若干特征点进行导航,如孤立点、线段端点、线段中点、圆心或圆弧象限点等。

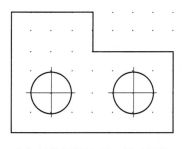 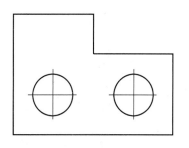

（a）栅格间距为10，显示栅格　　　　　　　（b）栅格间距为10，不显示栅格

图 5-10　利用栅格点捕捉方式绘制的同一平面图形

提示：利用键盘上的 F6 快捷键可循环切换捕捉方式。

【示例】将屏幕点捕捉方式设置为导航点捕捉方式，利用其中的光标线对特征点进行导航，以帮助绘制与图 4-18 所对应的主视图（图 5-11 中左侧的图形），并保证两视图间"高平齐"的对应关系。下面为具体的操作步骤。

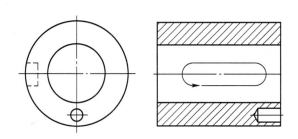

图 5-11　利用导航点捕捉方式绘制的主视图

（1）将屏幕点捕捉方式设置为导航点捕捉方式。

打开在上一章中绘制并保存的图形文件"带键槽轴套.exb"，按 F6 快捷键切换捕捉方式，将屏幕点捕捉方式设置为导航点捕捉方式。

（2）绘制主视图中的圆。

① 根据光标线确定圆心。将"粗实线层"设置为当前图层，启动"圆"命令，在系统提示"*圆心点：*"时，由图 5-11 右图中圆柱筒的轴线，向左引出光标线，如图 5-12 所示，在合适位置单击鼠标左键，即可确定圆心。

② 利用导航光标线绘制圆。在状态行提示"*输入半径或圆上一点：*"时，由圆心处拖出一个圆，当与导航光标线正交（见图 5-13）时，单击鼠标左键，确认绘制的圆，同理可绘制内圆及与小孔对应的圆。

③ 绘制中心线。将"中心线层"设置为当前图层，单击"绘制工具"工具栏中的 ⊘ 按钮，启动"中心线"命令，并在系统提示下，用鼠标左键拾取大圆，绘制出圆的对称中心线。

（3）绘制键槽在左图中的投影虚线。

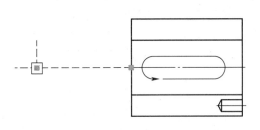

图 5-12 根据导航光标线确定圆心

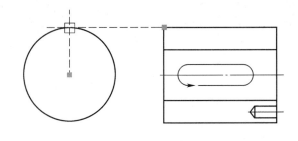

图 5-13 利用导航光标线绘制圆

① 将"虚线层"设置为当前图层。

② 绘制键槽轮廓。启动"直线"命令，以"连续"方式绘制线，首先由键槽在右图中的上下轮廓线，引出导航线；然后在与外圆左端的交点处单击鼠标左键，以确定为直线的第一个端点；最后依次捕捉其余各点，完成键槽轮廓的绘制。

5.2.2 空格键捕捉菜单

工具点就是在作图过程中具有几何特征的点，如圆心、切点、端点等。

所谓工具点捕捉就是用鼠标指针捕捉空格键捕捉菜单中的某个特征点，在系统要求输入点时，可临时调用点的捕捉功能。具体为按 Space 键，在弹出的空格键捕捉菜单 [见图 2-17（c）] 中进行选择。

CAXA CAD 电子图板 2020 提供的空格键捕捉菜单有以下几个选项。

- 屏幕点（S）：屏幕上的任意位置。
- 端点（E）：曲线或直线的端点。
- 中点（M）：曲线或直线的中点。
- 圆心（C）：圆或圆弧的圆心。
- 交点（I）：两线段的交点。
- 切点（T）：曲线的切点。
- 垂足点（P）：曲线的垂足点。
- 最近点（N）：曲线上距离捕捉光标最近的点。
- 孤立点（L）：屏幕上已存在的点。
- 象限点（Q）：圆或圆弧与当前坐标系的交点。

工具点的默认捕捉状态为"屏幕点"，绘图时若拾取了其他的捕捉点方式，则在屏幕右下角的工具点状态栏中显示出当前工具点的捕捉方式。但这种点的捕捉方式只对当前点有效，用完后将立即返回"屏幕点"状态。

工具点捕捉方式的改变，也可不用在弹出的空格键捕捉菜单中拾取，而在点状态提示下，输入相应的键盘字符（如"C"代表圆心、"T"代表切点等）来选择。

下面分别利用了上述两种工具点捕捉方式来绘制图 5-14 所示的两个圆的公切线。具体操作过程如下。

（1）启动"直线"命令。

（2）捕捉第一个切点：在系统提示"*第一点（切点，垂足点）:*"时，按 Space 键，在弹出的空格键捕捉菜单中选择"切点"选项，拾取左圆的上部，捕捉上切点。

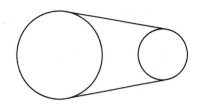

图 5-14　工具点捕捉切点绘制公切线

（3）捕捉第二个切点：当系统提示"*第二点（切点，垂足点）:*"时，输入"T"，拾取右圆的上部，捕捉到切点，绘制出一条切线。

（4）同理可绘制另一条公切线。

5.3　三视图导航

菜单："工具"→"三视图导航"

工具栏：（无）

命令：GUIDE

【功能】为绘制三视图或多视图提供的一种导航功能，以方便用户确定投影对应关系。

三视图是机械、建筑等工程图样最基础的表达形式。

【步骤】

启动"三视图导航"命令，系统提示"*第一点:*"，在输入第一点的位置后，系统提示"*第二点:*"，在输入第二点的位置后，屏幕出现一条"45°"或"135°"的黄色导航线（具体是"45°"还是"135°"依所给两点的位置关系而定）。如果此时系统为导航状态，则系统将以此导航线为视图转换线进行三视图导航。

提示：1. 若系统已有导航线，执行该命令将删除导航线，取消"三视图导航"操作。

2. 利用 F7 快捷键可实现三视图导航的切换。

【示例】已有圆柱的主、俯视图，可利用三视图导航绘制圆柱的左视图，如图 5-15 所示。下面为具体的操作步骤。

（1）启动"三视图导航"命令，按提示在主视图右下方指定两点，设置三视图导航线。

（2）按 F6 快捷键，将屏幕点捕捉方式设置为导航。

（3）启动"矩形"命令，将立即菜单设置为

1. 两角点　　2. 无中心线　，在系统提示"*第一角点:*"

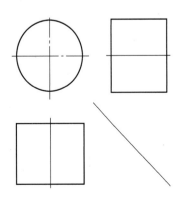

图 5-15　利用三视图导航绘制圆柱的左视图

时，将鼠标指针拖动到如图 5-16（a）所示的位置，将主、俯视图对应的导航线交点作为第一角点，单击鼠标左键；以同样的方法捕捉第二角点，如图 5-16（b）所示。

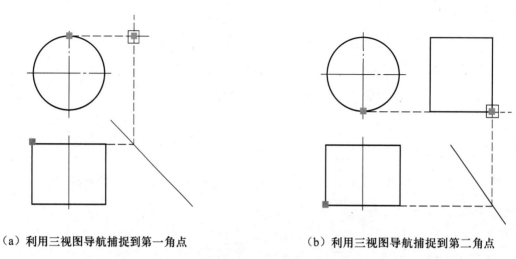

（a）利用三视图导航捕捉到第一角点　　　　　　（b）利用三视图导航捕捉到第二角点

图 5-16　利用三视图导航线捕捉矩形的两个角点

（4）使用"中心线"命令绘制轴线（绘制完成的图形如图 5-15 所示）。

5.4　应用示例

为了完整、精确地绘制工程图样、定位特殊点，CAXA 提供了多种绘图辅助命令。下面利用本章介绍的主要绘图辅助命令来绘制如图 5-17 所示的支座的三视图，以加深对绘图辅助命令应用的理解和掌握。

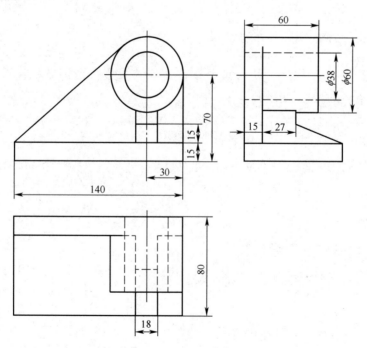

图 5-17　支座的三视图

5.4.1 图形及其绘制分析

图 5-17 所示为一个支座零件的三视图，根据国家标准规定：左上部为主视图，右上部为左视图，主视图正下方是俯视图。该支座主要由圆柱筒、长方形底板，以及后立支撑板和肋板等部分组成。绘图的过程是，首先绘制主视图，然后利用导航点、工具点及三视图导航功能绘制另外两个视图。

绘制主视图时，首先使用"矩形"命令绘制底板主视图，然后根据圆柱筒与底板的相对位置，确定圆的对称中心线，以绘制圆柱筒在主视图中的两个圆，最后利用导航点及工具点捕捉工具绘制支撑板和肋板。

绘制俯视图时仍利用屏幕点导航，绘图顺序依然是底板、圆柱筒、支撑板和肋板。由于圆柱筒与肋板相切部分没有转向轮廓线，因此俯视图中支撑板的可见轮廓线要绘制到切点处，且圆柱筒左端的轮廓线要绘制到支撑板处。肋板在圆柱筒之下部分不可见，轮廓为虚线。

对于左视图，利用三视图导航功能，根据主、俯视图来绘制，绘图顺序不变。

5.4.2 绘图步骤

1. 选取图纸幅面和标题栏

（1）调入标准图框。

选择"幅面"→"图幅设置"选项，弹出"图幅设置"对话框，将"图纸幅面"设置为"A3"，"图纸方向"设置为"横放"，"绘图比例"设置为系统默认的"1∶1"，"调入图框"设置为"A3A-A-Normal（CHS）"，单击"确定"按钮。

（2）调入标题栏"机标 B"。

选择"幅面"→"标题栏"→"调入"选项，在弹出的"读入标题栏文件"对话框中选择"Mechanical–B（CHS）"文件，单击"导入"按钮，将标题栏插入图纸，结果如图 5-18 所示。

图 5-18 选取图纸幅面和标题栏

（3）填写标题栏。

选择"幅面"→"标题栏"→"填写"选项，在弹出的"填写标题栏"对话框（见图 5-19）的编辑框中填写相关内容，将得到如图 5-20 所示的标题栏。

图 5-19　"填写标题栏"对话框

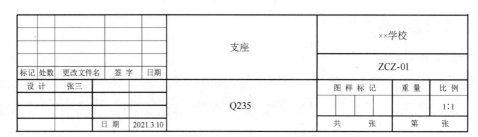

图 5-20　填写完成后的标题栏

2. 绘制主视图

（1）绘制底板的主视图。

① 设置图层、颜色和线型：将"粗实线层"设置为当前图层，线型、颜色及线宽均设置为随层（ByLayer）。

② 绘制底板的矩形投影：单击"绘图工具"工具栏中的 🔲 按钮，绘制长度和宽度分别为"140"和"15"的矩形，将立即菜单设置为 `1.长度和宽度 ▼ 2.顶边中点 ▼ 3.角度 0　4.长度 140　5.宽度 15　6.无中心线 ▼`，屏幕上就会出现一个绿色可移动的矩形，系统将提示"*定位点：*"，输入顶边中点的坐标（-100,40），单击鼠标右键并结束"矩形"命令。

（2）绘制圆柱筒的主视图。

① 将"中心线层"设置为当前图层。

② 绘制圆柱筒和肋板的对称中心线：单击 ╱ 按钮，绘制长度分别为"110""70"的点画线，将立即菜单设置为 `1.等分线 ▼ 2.单根 ▼`，在系统提示下输入第一点坐标（-60,20），垂直

向上移动鼠标指针，输入直线长度"110"，单击鼠标左键，完成一条竖直点画线的绘制。此时，系统将提示输入下一条直线的"第一点:"，输入第一点坐标（-25,95），水平向左移动鼠标指针，输入直线长度"70"，从而绘制出圆柱筒的对称中心线。

③ 将"粗实线层"设置为当前图层。

④ 绘制圆柱筒的圆形轮廓线：单击 ⊕ 按钮，当系统提示"圆心点:"时，按一下 Space 键，在弹出的空格键捕捉菜单中选择"交点"选项，将光标移至点画线交点的位置，单击鼠标左键，系统将捕捉的交点作为圆心。接下来，在编辑框中分别输入圆的半径"30""18"，单击鼠标右键，结束"圆"命令。

（3）绘制后立支撑板的主视图。

① 按 F6 快捷键，将"屏幕点"状态切换为"导航"状态。

② 绘制铅垂直线：单击 ／ 按钮，在系统提示"第一点:"时，按 Space 键，选择空格键捕捉菜单中的"象限点"选项，将光标移至外圆的右象限点处，单击鼠标左键，以此作为第一点，这时在屏幕上十字光标与底板右上角点间出现一条导航线，如图 5-21（a）所示。接下来，切换为"导航"状态，单击鼠标左键，将底板右上角点作为第二点，最后单击鼠标右键，结束"直线"命令。

③ 绘制左上支撑板与圆柱筒相切的直线：启动"直线"命令，以"两点线"方式绘制该直线，在系统提示"第一点:"时，利用导航点捕捉方式选中矩形左上角点，当需要确定"第二点:"时，按一下 Space 键，在空格键捕捉菜单中选择"切点"选项。接下来，在外圆切点附近单击鼠标左键，系统将自动捕捉切点，绘制出矩形与圆间的切线，如图 5-21（b）所示。

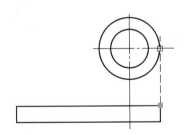

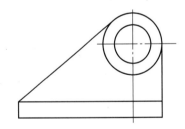

（a）利用工具点及屏幕点捕捉功能拾取直线的两个端点　　　　（b）利用捕捉功能绘制切线

图 5-21　绘制后立支撑板的主视图

（4）绘制肋板的主视图。

① 绘制铅垂直线：打开"正交"状态，启动"直线"命令，以"两点线-单根"方式绘制该直线。输入第一点坐标（-69,40），系统提示"第二点:"，按 Space 键，选择空格键捕捉菜单中的"最近点"选项，在圆柱筒与肋板交点附近单击鼠标左键，系统将捕捉到的圆上的点作为第二点，绘制出直线；以同样的方法绘制出第二条直线，其第一点的坐标是（-51,40）。

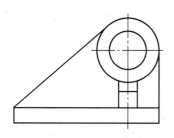

图 5-22　肋板的主视图

② 绘制水平直线：依然在"直线"命令下，立即菜单不变，分别输入两个端点的坐标（-69,55）和（-51,55），从而结束肋板主视图的绘制，结果如图 5-22 所示。

3. 绘制俯视图

（1）绘制底板的俯视图。

启动"矩形"命令，矩形的长度和宽度分别为"140"和"80"，以"顶边中点"方式定位，定位点的坐标为（-100,-20）。

（2）绘制圆柱筒的俯视图。

① 利用导航点捕捉方式绘制可见轮廓线：单击 ╱ 按钮，以连续方式绘制直线，输入第一点坐标（-30,-80），当提示"*第二点:*"时，左移光标，使其与主视图中大圆左象限点的导航线正交，如图 5-23（a）所示。单击鼠标左键，绘制出第一条直线。在提示"*第二点:*"时，输入坐标（-90,-40），绘制出第二条轮廓线。

② 绘制圆柱筒的不可见轮廓线：在"直线"命令状态下，将当前图层设为"虚线层"，将立即菜单中的第二项"连续"切换为"单根"，利用屏幕点导航功能，选取小圆左象限点引出导航线与后端面交点为第一点，如图 5-23（b）所示。选取与圆柱筒前端面交点为第二点，绘制出左边的一条虚线。以同样的方法，绘制出右边的另一条虚线。

③ 绘制圆柱筒轴线：在"直线"命令状态下，将当前图层设为"中心线层"，由主视图中对称中心线引出导航线，将俯视图中超出圆柱筒前后轮廓 3～5 mm 处作为直线的两个端点，结果如图 5-23（c）所示。

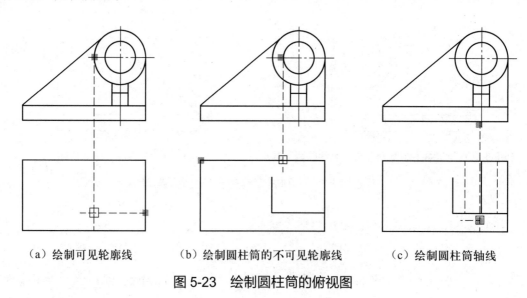

（a）绘制可见轮廓线　　（b）绘制圆柱筒的不可见轮廓线　　（c）绘制圆柱筒轴线

图 5-23　绘制圆柱筒的俯视图

（3）绘制支撑板的俯视图。

① 绘制支撑板的可见轮廓线：在"直线"命令状态下，将当前图层设置为"粗实线层"。将

立即菜单中的第二项改为"单根",将第一点坐标设置为（-170,-35）。在确定另一点时，使其与主视图中支撑板及圆柱筒的切点导航线正交，如图 5-24 所示，从而绘制出支撑板在俯视图中的可见轮廓线。

② 绘制支撑板的不可见轮廓线：接上步操作，在"直线"命令状态下，将"虚线层"设置为当前图层。用鼠标左键拾取与主视图中肋板导航线正交的点为虚线的"第二点："，单击鼠标右键，结束绘制连续直线的操作。单击鼠标左键，再次启动"直线"命令，绘制另一段虚线。拾取主视图中右侧肋板导航线与步骤①中虚线导航线的交点作为第一点，拾取与俯视图中最右侧直线的交点作为第二点，单击鼠标右键，结束操作。

（4）绘制肋板的俯视图。

① 继续以连续方式绘制直线，在提示"第一点："时，按一下 Space 键，在空格键捕捉菜单中选择"端点"选项。用鼠标左键单击步骤（3）中支撑板第一条虚线的右端，在提示"第二点："时，用鼠标左键单击与圆柱筒前端面的交点，绘制出肋板在圆柱筒下的不可见轮廓线。将"粗实线层"设置为当前图层，系统提示输入下一条直线的"第二点："，用鼠标左键单击与俯视图中最下方直线的交点，使其作为第二点，单击鼠标右键，结束此次操作。

② 绘制右侧的虚线和实线：方法同上。

③ 绘制肋板中的水平虚线：将"虚线层"设置为当前图层，重新启动"单根"方式的"直线"命令，分别输入第一点坐标（-69,-62）、第二点坐标（-51,-62）。最终完成的支座俯视图，如图 5-25 所示。

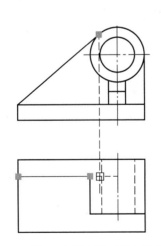

图 5-24　拾取支撑板与圆柱筒的切点

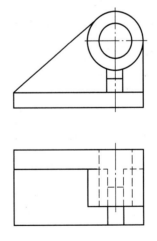

图 5-25　支座俯视图

4. 利用三视图导航绘制左视图

（1）启动"三视图导航"命令。

按 F7 快捷键，启动"三视图导航"命令，系统提示"第一点："，在主视图右下方适当位置单击鼠标左键，在提示"第二点："时，向右下方向移动鼠标指针至适当位置，单击鼠标左键，则屏幕上将出现一条黄色的 45°导航线。

（2）绘制底板的左视图。

将"粗实线层"设置为当前图层，以"两角点"方式绘制矩形，两个角点分别选取在相应的导航线交点处，如图 5-26 所示。

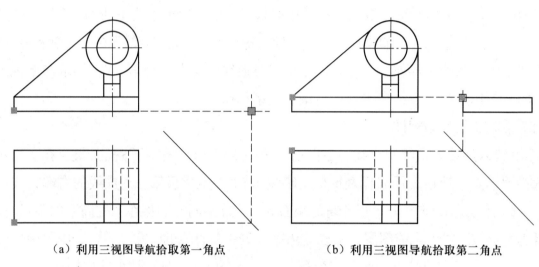

（a）利用三视图导航拾取第一角点　　　　　　（b）利用三视图导航拾取第二角点

图 5-26　利用三视图导航绘制底板的左视图

（3）绘制后端面的左视图。

由于底板、支撑板及圆柱筒的后端面靠齐，因此支座后端面在左视图中是一条直线。启动"连续"方式的"直线"命令，移动光标捕捉步骤（2）中底板的左上角点，用鼠标左键单击此点，将其作为直线的第一点。将光标向上移动，当光标与主视图中大圆上象限点引出的导航线相交时，单击鼠标左键，将其确认为第二点。

（4）绘制圆柱筒的左视图。

① 绘制可见轮廓线：继续在"直线"命令下进行操作，系统将提示下一条直线的"*第二点：*"，将光标向右移动到俯视图中圆柱筒前表面的三视图导航线处，单击鼠标左键，将其确认为该直线的第二点，从而绘制出圆柱筒的最上方直线。

继续将光标向下移动，当光标与主视图大圆下象限点引出的导航线相交时，单击鼠标左键，将其确认为第二点，绘制出直线；向左移动光标，当光标与俯视图中肋板的水平虚线导航线相交时，单击鼠标左键，将其确认为第二点。

接下来，绘制向上的一小段直线。将光标向上移至主视图中肋板与圆柱筒的交点导航线相交处，如图 5-27 所示，单击鼠标左键，将其确认为该直线的第二点。

最后，绘制圆柱筒与肋板的交线。继续水平向左移动光标至俯视图中支撑板的前表面导航线处，单击鼠标左键，将其确认为直线的第二点。按 Enter 键，完成绘制圆柱筒可见轮廓线的操作。

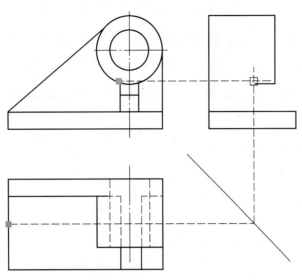

图 5-27　绘制圆柱筒左视图中的可见轮廓线

② 绘制圆柱筒的轴线：将"中心线层"设置为当前图层。选择"单根"方式，利用三视图导航功能捕捉主、俯视图中圆柱筒对称中心线与轴线导航线的两个交点，并在两个交点处分别单击鼠标左键，将其作为轴线左视图的两个端点。

③ 绘制圆柱筒的不可见轮廓线：在"直线"命令下，将当前图层设置为"虚线层"。利用三视图导航功能，绘制圆柱筒的不可见轮廓线（方法同前），结果如图 5-28 所示。

（5）绘制支撑板的左视图。

在"直线"命令下，捕捉俯视图中支撑板前表面导航线与主视图中切点导航线的交点，并将其作为直线的第一点，如图 5-29 所示。向下移动光标，当光标与底板的上表面相交时，单击鼠标左键，将其作为直线的第二点，绘制出该直线。

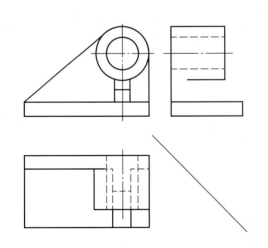

图 5-28　绘制圆柱筒左视图中的不可见轮廓线

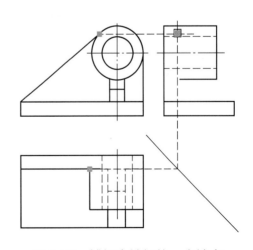

图 5-29　捕捉支撑板的一个端点

（6）绘制肋板的左视图。

继续在"直线"命令下，将捕捉肋板与圆柱筒的交点作为直线的第一点，向下移动光标至与主视图中肋板水平直线的导航线相交处，单击鼠标左键，将其确定为第二点，绘制出一条铅垂向下的直线。取消"正交"状态，将捕捉底板的右上角点作为第二点，完成肋板的左视图。

最终，绘制完成的支座三视图，如图 5-30 所示，并将"支座.exb"作为文件名，保存该图形。

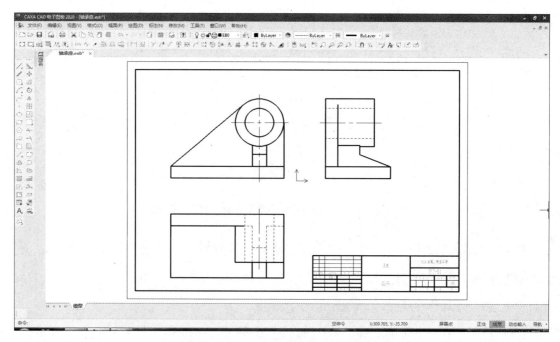

图 5-30　绘制完成的支座三视图

提示：在本书第 8 章的上机练习中还要用到该图。

说明：从整体上讲，受所学命令的限制，本例中所采用的绘图方法远非最佳的，仅为巩固本章主要知识点并兼顾图形的完整性而设。若与本书第 6 章中介绍的命令相结合，则绘图操作将更为方便和快捷。

习　题

1. 选择题

（1）在 CAXA CAD 电子图板 2020 中选择图纸幅面的方法有（　　　）。

① 在"图幅设置"对话框中选取国标规定的幅面

② 在"图幅设置"对话框中选取"用户自定义"幅面，并在幅面编辑框中输入长度和宽度

③ 以上两种均可

（2）在一般情况下，CAXA CAD 电子图板 2020 中的图框和标题栏（　　　）。

① 必须自己绘制

② 必须自己绘制并进行定义

③ 可以从系统中直接调用

（3）设置屏幕点捕捉方式的方法有（   ）。

① 选择"工具"→"捕捉设置"选项，在弹出的对话框中进行

② 选择屏幕右下角状态栏中"屏幕点"状态的选项

③ 按 F6 快捷键进行切换

④ 以上方法均可

（4）对于图形中的一条直线，可以捕捉的工具点有（   ）；对于图形中的一个圆，可以捕捉的工具点有（   ）；对于图形中的一条圆弧，可以捕捉的工具点有（   ）。

① 端点　　② 中点　　　　③ 圆心　　　④ 交点

⑤ 切点　　⑥ 垂足点　　　⑦ 最近点　　⑧ 象限点

（5）设置三视图导航的方法有（   ）。

① 选择"工具"→"三视图导航"选项

② 在命令行中输入命令"GUIDE"

③ 按 F7 快捷键

④ 以上方法均可

2. 填空题

在如图 5-31 所示的各组图形中均通过捕捉图形某一特征点，在左图的基础上用"直线"命令绘制成右图。请分析并在括号内填写捕捉的具体特征点。

（1）捕捉（   ）　　　　　　（2）捕捉（   ）

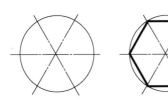　　　　　

（3）捕捉（   ）　　　　　　（4）捕捉（   ）

图 5-31　图形特征点的捕捉

（5）捕捉（　　　　）　　　　　　　　（6）捕捉（　　　　　）

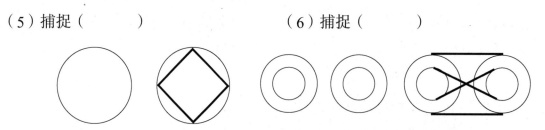

图 5-31　图形特征点的捕捉（续）

3. 简答题

（1）当系统提供的标准图纸幅面或标题栏不能满足你的具体需要时需要如何做？

（2）在什么情况下可以使用三视图导航功能？该功能有什么好处？如何设置和使用该功能？

（3）如图 5-32（a）所示，已有圆 1、圆 2 及直线 3，现欲利用对象捕捉功能绘制如图 5-31（b）所示的折线：圆 1 圆心（A）→与圆 2 相切（B）→与直线 3 垂直（C）→圆 2 最下方点（D）→直线 3 中点（E）→圆 2 上任意一点（F）→直线 3 端点（G）。如何采用"捕捉点设置"和"空格键捕捉菜单"两种方法进行特征点捕捉操作？

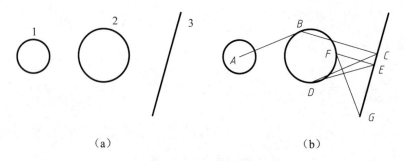

（a）　　　　　　　　　　　　　　　（b）

图 5-32　特征点捕捉操作

上机指导与练习

【上机目的】

掌握 CAXA CAD 电子图板 2020 提供的图幅、目标捕捉、三视图导航等绘图辅助功能。

【上机内容】

（1）根据下面【上机练习】（1）的要求和指导，设置、定义并填写图纸幅面、图框和标题栏。

（2）在上面填空题各组图形左图的基础上，分别用"捕捉点设置"和"空格键捕捉菜单"两种方法，通过捕捉图形某一特征点，用"直线"命令绘制成各组图形的右图。

（3）根据所做分析，在图 5-32（a）的基础上，通过捕捉图形某一特征点，用"直线"命令绘制图 5-32（b）。

（4）按照 5.4 节所述方法和步骤，完成支座的三视图（见图 5-17）的绘制。

（5）按照下面【上机练习】（2）的要求和指导，利用屏幕点捕捉功能及工具点捕捉功能绘制如图 5-33 所示的"压盖"的主、俯视图。

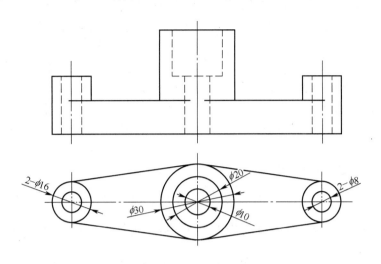

图 5-33 "压盖"的主、俯视图

（6）按照下面【上机练习】（3）的要求和指导，利用点的捕捉功能及三视图导航功能绘制如图 5-34 所示的"平面立体"的三视图。

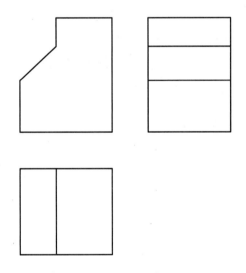

图 5-34 "平面立体"的三视图

（7）综合运用前述各种绘图命令，完成图 5-35～图 5-39 各组图形的绘制。

【上机练习】

（1）按下述提示设置，定义图纸幅面、图框和标题栏，并填写标题栏中的基本内容，以供后续绘图调用。

提示：① 将图纸幅面设置为"A3""横放"，绘图比例设置为"1：2"。

② 调入图框文件"A3 带横边"。

③ 按 5.1.3 节的介绍，首先绘制并定义标题栏（见图 5-8），然后将该标题栏以校名为文件名进行存盘，最后将之调入当前图形。

④ 填写标题栏中的基本内容（如校名等）。

（2）利用屏幕点及工具点捕捉功能绘制"压盖"的主、俯视图（见图 5-33）。

提示：这是一个"压盖"的主、俯视图，三个轴线铅垂的圆柱筒由两底板以相切关系连接在一起。为保证主、俯两视图间"长对正"的对应关系并充分利用屏幕点及工具点捕捉功能，应从投影为圆的俯视图开始绘制，建议步骤如下。

① 绘制俯视图。

• 以（10,10）为圆心分别绘制半径为"30""20""10"的 3 个圆。

• 以（-40,10）和（60,10）为圆心分别绘制半径为"16"和"8"的两个圆。

• 在"点画线层"绘制对称中心线。

• 利用空格键捕捉菜单绘制切线。

② 绘制主视图（高度尺寸参考所给例图估计即可，不要求十分准确）。

• 将"屏幕点"状态设置为"导航"状态。

• 在"0 层"，利用屏幕点导航功能绘制 3 个圆柱筒的可见轮廓线。

• 绘制相切部分的主视图。

• 在"点画线层"绘制轴线。

• 在"虚线层"绘制不可见轮廓线。

（3）利用导航点捕捉方式及三视图导航功能绘制"平面立体"的三视图（见图 5-34）。

提示：① 具体尺寸根据所给例图估计即可，不要求十分准确。

② 应充分利用导航和捕捉功能，以保持 3 个视图间的投影对应关系。

③ 建议绘图步骤如下。

• 将"屏幕点"状态设置为"导航"状态，绘制主视图和俯视图。

• 启动"三视图导航"命令，利用三视图导航线完成左视图。

（4）参考图 5-35 的格式设置并绘制一个 A3 幅面的图纸、图框和标题栏，并将单位名称填写为你所在的学校和班级，"设计"填写为你的姓名。

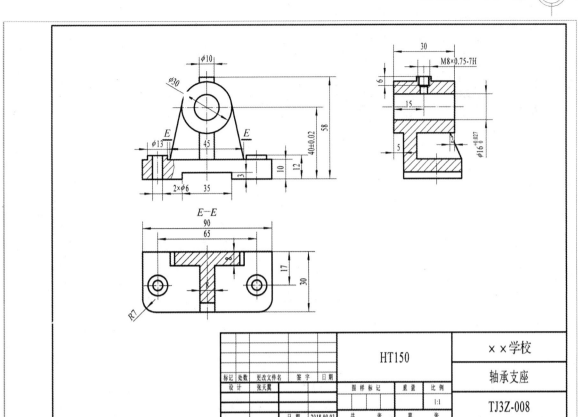

图 5-35　图纸、图框及标题栏的设置与填写

（5）在所给两视图的基础上，利用三视图导航功能完成图 5-36～图 5-38 各组三视图的绘制，以及图 5-39 各组剖视图的绘制。

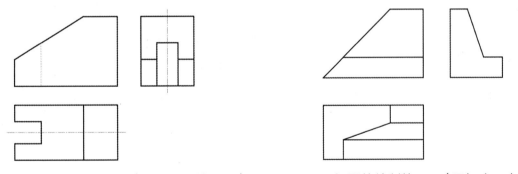

图 5-36　三视图的绘制练习 1（已知主、俯视图）　　图 5-37　三视图的绘制练习 2（已知主、左视图）

图 5-38　三视图的绘制练习 3（已知主、左视图）　　图 5-39　剖视图的绘制练习（已知主、俯视图）

第 ⑥ 章 曲线编辑与显示控制

对当前图形进行编辑和修改，是交互式绘图软件不可缺少的基本功能。CAXA CAD 电子图板 2020 为用户提供了强大的图形编辑功能，利用这些功能可以帮助用户快速、准确地绘制出各种复杂的图形。

CAXA CAD 电子图板 2020 的图形编辑功能包括曲线编辑和图形编辑两大部分。作为 Windows 平台下的一个应用软件，图形编辑命令与大多数 Windows 应用程序相应命令的概念、外观和操作基本相同（如取消与恢复操作，图形的剪切、复制与粘贴，鼠标右键操作功能等），此处不再赘述。本章主要介绍 CAXA CAD 电子图板 2020 图形编辑功能中的曲线编辑命令及其操作。

在绘制较大幅面的图形时，受显示屏幕尺寸的限制，图形中的一些细小结构有时较难看清楚，但 CAXA CAD 电子图板 2020 提供的显示控制类命令可令用户轻松自如地对图形的各种显示进行控制。

6.1 曲线编辑

在经典模式界面下，CAXA CAD 电子图板 2020 的曲线编辑命令位于"修改"菜单中，或者表现为"编辑工具"工具栏中的相关按钮，如图 6-1 所示。而在选项卡模式界面下，曲线编辑命令则集中于"常用"功能区选项卡的"修改"功能区面板中。

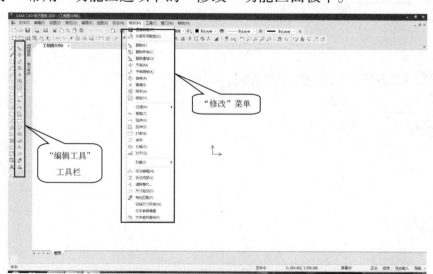

图 6-1　曲线编辑命令的位置

6.1.1 删除

菜单："修改"→"删除"

工具栏："删除"

命令：DEL

启动"删除"命令后，将在绘图区左下角的状态栏中弹出系统提示"*拾取添加:*"。

【功能】对已存在的元素进行删除。

【步骤】

根据系统提示，在对元素进行拾取时，可以直接拾取，也可以用窗口拾取。被拾取的图形元素将变为虚线显示，单击鼠标右键或按 Enter 键，即可删除所选元素。

6.1.2 平移

菜单："修改"→"平移"

工具栏："平移"

命令：MOVE

启动"平移"命令后，将在绘图区的左下角弹出平移操作的立即菜单。CAXA CAD 电子图板 2020 提供了"给定偏移"和"给定两点"两种平移的方式。

【功能】对拾取的元素进行平移。

【步骤】

（1）单击立即菜单"1."，在"给定偏移"方式与"给定两点"方式间切换。其中，"给定偏移"方式是通过给定偏移量的方式来完成图形元素的移动或复制的。按系统提示选取图形元素后，单击鼠标右键，此时系统会自动给定一个基准点，具体为直线的基准点在中点处，圆、圆弧、矩形的基准点在中心，而组合图形元素、样条曲线的基准点在该图形元素的包容矩形的中点处。"给定两点"方式是通过两点的定位方式来完成图形元素的移动或复制的。按提示拾取图形元素后，系统先后提示"*第一点:*""*第二点:*"，分别输入两个点，即可确定图形元素移动的方向和距离。

（2）单击立即菜单"2."，在"保持原态"方式与"平移为块"方式间切换，其中"保持原态"方式表示按原样图形元素进行平移操作，而"平移为块"方式则表示将选择的图形元素生成块后进行平移操作。

（3）必要时可单击立即菜单"3.旋转角"和立即菜单"4.比例"，按提示要求，分别输入图形元素的旋转角度和缩放系数。

（4）按提示要求，用鼠标拾取要平移的图形元素，拾取结束后，单击鼠标右键，系统将自动给出一个基准点。由于拾取的图形元素会随鼠标指针的移动而移动，因此在适当位置单击鼠标左键，即可完成平移操作，如图 6-2 所示。

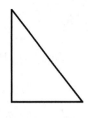

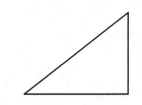

（a）平移前　　　　　　　　（b）平移 （比例为 1.5、旋转角为 90°）后

图 6-2　平移操作

> 提示：除了上述方法，CAXA CAD 电子图板 2020 还提供了一种简便的方法来实现曲线的平移。首先用鼠标左键单击曲线，然后用鼠标拾取靠近曲线中点的位置，单击鼠标左键选择或者按系统提示利用键盘输入定位点，从而实现曲线的平移。

6.1.3　平移复制

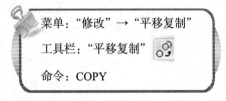

菜单："修改"→"平移复制"

工具栏："平移复制"

命令：COPY

启动"平移复制"命令后，将在绘图区左下角弹出复制操作的立即菜单。CAXA CAD 电子图板 2020 提供了"给定偏移"和"给定两点"两种复制的方式。

【功能】对拾取的图形元素进行平移复制。

【步骤】

（1）分别单击立即菜单"1."、立即菜单"2."、立即菜单"4."、立即菜单"5."，意义同前。单击立即菜单"6.份数"，输入复制图形元素的数量。

（2）必要时可单击立即菜单"3."，以对图形间的遮挡关系进行设置。

（3）按提示要求，用鼠标拾取要复制的图形元素，拾取结束后，单击鼠标右键，结束此命令。系统自动给出一个基准点。由于拾取的图形元素会随鼠标指针的移动而移动，因此在适当的位置单击鼠标左键，即可完成平移复制操作，如图 6-3 所示。

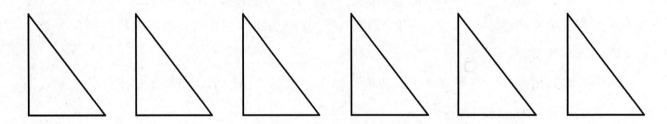

复制 （比例为 1、旋转角为 0°、份数为 5）后

图 6-3　平移复制操作

6.1.4 旋转

菜单："修改"→"旋转"

工具栏："旋转"

命令：ROTATE

启动"旋转"命令后，将在绘图区左下角弹出旋转操作的立即菜单。CAXA CAD 电子图板 2020 提供了"给定角度"和"起始终止点"两种旋转的方式。

【功能】对拾取的图形元素进行旋转或旋转复制。

【步骤】

（1）单击立即菜单"1."，在"给定角度"方式与"起始终止点"方式间切换，其中"给定角度"方式表示需要给定旋转的具体角度，该角度可以用键盘输入（正数为逆时针旋转，负数为顺时针旋转）或用鼠标确定；"起始终止点"方式表示将给定的起始点和终止点的连线所确定的角度作为旋转角度。

（2）单击立即菜单"2."，在"旋转"方式与"拷贝"方式间切换。"拷贝"方式的操作方法与"旋转"方式的操作方法完全相同，只是拷贝操作后原图并不消失。

（3）按系统提示"*拾取元素:*"，用鼠标拾取待旋转和拷贝的图形元素。拾取结束后，单击鼠标右键，提示变为"*输入基点:*"，用鼠标指定一个旋转基点。由于拾取的图形元素会随鼠标指针的移动而旋转，因此只需在适当位置单击鼠标左键，即可完成旋转和拷贝的操作，如图 6-4 所示。

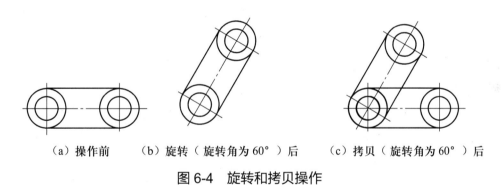

（a）操作前　　　（b）旋转（旋转角为 60°）后　　　（c）拷贝（旋转角为 60°）后

图 6-4　旋转和拷贝操作

6.1.5 镜像

菜单："修改"→"镜像"

工具栏："镜像"

命令：MIRROR

启动"镜像"命令后，将在绘图区左下角弹出镜像操作的立即菜单。CAXA CAD 电子图板 2020 提供了"选择轴线"和"拾取两点"两种镜像的方式。

【功能】将拾取的图形元素以某一条直线作为轴线，对其进行对称镜像或对称复制。

【步骤】

（1）单击立即菜单"1."，在"选择轴线"方式与"拾取两点"方式间切换，其中"选择轴线"方式表示要用鼠标拾取一条直线，并将其作为镜像操作的对称轴线；"拾取两点"方式表示将用鼠标拾取的两个点的连线作为镜像操作的对称轴线。

（2）单击立即菜单"2."，在"镜像"方式与"拷贝"方式间切换，意义同前。

（3）按系统提示"*拾取元素：*"，用鼠标拾取待镜像（或拷贝）的图形元素。拾取结束后，单击鼠标右键，提示变为"*选择轴线：*"，用鼠标拾取一条直线作为对称轴线，一个以该轴线为对称轴的新图形将显示出来，从而完成镜像（或拷贝）操作，如图 6-5 所示。

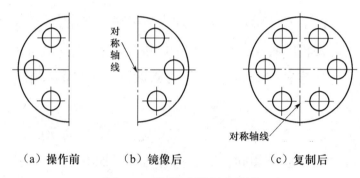

（a）操作前　　　（b）镜像后　　　（c）复制后

图 6-5　镜像（拷贝）操作

6.1.6　阵列

菜单："修改" → "阵列"

工具栏："阵列"

命令：ARRAY

启动"阵列"命令后，将在绘图区左下角弹出阵列操作的立即菜单。CAXA CAD 电子图板 2020 提供了"圆形阵列""矩形阵列""曲线阵列"3 种阵列的方式。下面分别对其进行介绍。

1．圆形阵列

【功能】对拾取的图形元素以某基点为圆心进行阵列复制。

【步骤】

（1）单击立即菜单"1."，在其上方弹出阵列方式的选项菜单，选择"圆形阵列"方式。

（2）单击立即菜单"2."，在"旋转"方式与"不旋转"方式间切换，分别表示在阵列的同时，对图形元素做旋转或不旋转处理，如图 6-6 所示。

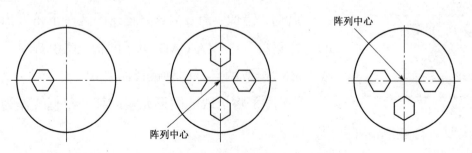

（a）阵列前　　　（b）阵列（旋转、均布、4 份）后　（c）阵列（不旋转、夹角为 90°、填角为 180°）后

图 6-6　"圆形阵列"方式

（3）单击立即菜单"3."，在"均布"方式与"给定夹角"方式间切换。

（4）如果选择"均布"方式，则单击立即菜单"4.份数"，输入欲阵列复制的份数（包括待阵列的图形元素），并按系统提示"*拾取元素:*"，用鼠标拾取待阵列的图形元素。拾取结束后，单击鼠标右键。当提示变为"*中心点:*"时，用键盘或鼠标指定一个点作为阵列图形的中心点。系统会自动计算各插入点的位置，并将拾取的图形元素均匀排列在一个圆周上，从而完成阵列操作。

（5）如果选择"给定夹角"方式，则单击立即菜单"4.相邻夹角"，设置两个阵列元素之间的夹角；单击立即菜单"5.阵列填角"，设置整个阵列元素分布的角度。按提示要求，用鼠标拾取待阵列的图形元素及阵列图形的中心点，系统将拾取的图形元素沿逆时针方向，并按给定相邻夹角均匀分布在设置的阵列填角内。

2. 矩形阵列

【功能】对拾取的图形元素，按矩形阵列的方式进行阵列复制。

【步骤】

（1）单击立即菜单"1."，选择"矩形阵列"方式。

（2）单击立即菜单"2.行数"，输入矩形阵列的行数；单击立即菜单"3.行间距"，输入相邻两行对应元素基点之间的间距大小；单击立即菜单"4.列数"，输入矩形阵列的列数；单击立即菜单"5.列间距"，输入相邻两列对应元素基点之间的间距大小；单击立即菜单"6.旋转角"，输入阵列各元素与 X 轴正向间的夹角，如图 6-7 所示。

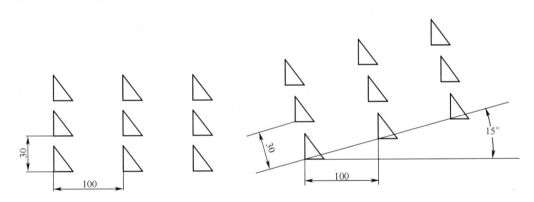

（a）行间距为 30，列间距为 100，旋转角为 0°　　（b）行间距为 30，列间距为 100，旋转角为 15°

图 6-7 "矩形阵列"方式

（3）按系统提示"*拾取元素:*"，用鼠标拾取待阵列的图形元素，拾取结束后，单击鼠标右键，即可完成阵列操作。

3. 曲线阵列

【功能】在拾取的一条或多条首尾相连的曲线上，按曲线阵列的方式进行阵列复制。

【步骤】

（1）单击立即菜单"1."，选择"曲线阵列"方式。

（2）单击立即菜单"2."，在"单个拾取母线"方式和"链拾取母线"方式之间切换。其中，"单个拾取母线"方式表示仅拾取单根母线，拾取的曲线种类有直线、圆弧、圆、样条、椭圆、多义线，而阵列从母线的端点开始；"链拾取母线"方式表示可以拾取多根首尾相连的母线集，也可以只拾取单根母线，链中只能有直线、圆弧和样条，而阵列从用鼠标左键单击的那根曲线的端点开始。

（3）单击立即菜单"3."，在"旋转"方式与"不旋转"方式间切换，意义同前。

（4）单击立即菜单"4."，指定阵列的份数。

6.1.7 缩放

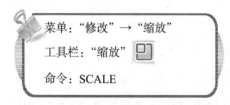

菜单："修改" → "缩放"

工具栏："缩放"

命令：SCALE

启动"缩放"命令后，将在绘图区左下角弹出比例缩放操作的立即菜单。CAXA CAD 电子图板 2020 提供了"平移"和"拷贝"两种比例缩放的方式。

【功能】对拾取的图形元素按给定的比例进行缩小或放大。

【步骤】

（1）按系统提示"*拾取添加:*"，用鼠标拾取待比例缩放的图形元素。拾取结束后，单击鼠标右键。

（2）单击立即菜单"1."，在"平移"方式与"拷贝"方式间切换，其中"平移"方式表示比例缩放后，拾取的图形元素将不再保留；"拷贝"方式表示比例缩放后，将保留原图形元素，如图 6-8 所示。

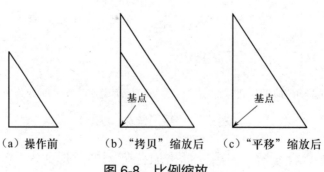

| （a）操作前 | （b）"拷贝"缩放后 | （c）"平移"缩放后 |

图 6-8　比例缩放

（3）单击立即菜单"2."，在"比例因子"和"参考方式"间切换。二者在比例因子的给定方式上有所不同，前者为具体的数值，后者为给定的两线段的长度之比。

（4）单击立即菜单"3."，在"尺寸值变化"方式和"尺寸值不变"方式间切换。其中，"尺寸值变化"方式表示缩放后图形中的尺寸值按输入的比例系数进行相应的变化;"尺寸值不变"方式表示缩放后图形中的尺寸值不随缩放比例系数的变化而变化。

（5）单击立即菜单"4.",在"比例变化"方式和"比例不变"方式间切换。其中,"比例变化"方式表示缩放后图形中箭头、尺寸值的大小均按输入的比例系数进行相应变化;而"比例不变"方式则反之。

（6）若选择的是"比例因子"方式,则按提示用鼠标拾取一个点作为比例缩放的基点,当提示变为"*比例系数（XY 方向的不同比例请用分隔符隔开）:*"时,拖动鼠标指针,系统将根据拾取的基点和当前光标点的位置自动计算比例系数,并动态显示比例缩放的结果（也可以用键盘直接输入比例系数）,在适当位置单击鼠标左键,完成缩放操作。

（7）若选择的是"参考方式",则按提示用鼠标拾取一个点作为比例缩放的基点,当提示依次变为"*参考距离第一点:*""*参考距离第二点:*""*新距离*"时,系统将自动计算第一点和第二点之间的距离,并将其与新距离的比值作为比例系数。其他操作同上。

6.1.8　过渡

菜单:"修改"→"过渡"

工具栏:"过渡"

命令:CORNER

启动"过渡"命令后,将在绘图区左下角弹出过渡操作的立即菜单。CAXA CAD 电子图板 2020 提供了"圆角""多圆角""倒角""外倒角""内倒角""多倒角""尖角"7 种过渡的方式。此外,系统还专门提供了"过渡"工具栏（默认状态下未打开）,如图 6-9 所示。下面逐一进行介绍。

图 6-9　"过渡"工具栏

1. 圆角

【功能】用于对两条曲线（直线、圆弧、圆）进行圆弧光滑过渡。

【步骤】

（1）单击立即菜单"1.",在其上方弹出过渡方式的选项菜单,选择"圆角"方式。

（2）单击立即菜单"2.",可以选择"裁剪"方式、"裁剪始边"方式或"不裁剪"方式,其中"裁剪"方式表示过渡操作后,将裁剪掉所有边的多余部分（或者向角的方向延伸）;"裁剪始边"方式表示只裁剪掉起始边的多余部分（起始边指拾取的第一条曲线）;"不裁剪"方式表示不进行裁剪,保留原样,如图 6-10 所示。

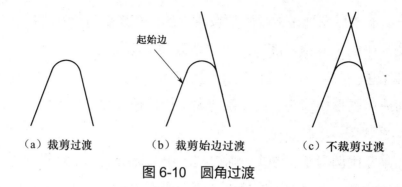

（a）裁剪过渡 　　　　　（b）裁剪始边过渡 　　　　　（c）不裁剪过渡

图 6-10　圆角过渡

（3）单击立即菜单"3.半径"，按系统提示"*输入实数:*"，输入过渡圆弧的半径值。

（4）按提示要求，用鼠标分别拾取两条曲线，并将拾取的两条曲线之间用圆弧光滑过渡。

此命令可以重复使用，单击鼠标右键，结束此命令。

2. 多圆角

【功能】用于对多条首尾相连的直线进行圆弧光滑过渡。

【步骤】

（1）单击立即菜单"1."，选择"多圆角"方式。

（2）单击立即菜单"2.半径"，输入过渡圆弧的半径值。

（3）按提示要求，用鼠标左键单击待过渡的一系列首尾相连的直线（可以是封闭的，也可以是不封闭的）上任意一点，完成多圆角的过渡，如图 6-11 所示。

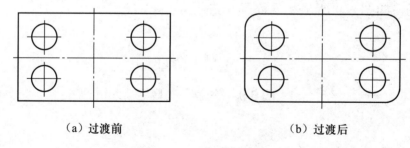

（a）过渡前 　　　　　　　　　　（b）过渡后

图 6-11　多圆角过渡

此命令可以重复使用，单击鼠标右键，结束此命令。

3. 倒角

【功能】用于在两条直线之间进行直线倒角过渡。

【步骤】

（1）单击立即菜单"1."，在"长度和角度方式"和"长度和宽度方式"间切换。

（2）单击立即菜单"2."，可以选择"裁剪"方式、"裁剪始边"方式或"不裁剪"方式，意义同前。

（3）单击立即菜单"3."，输入倒角的长度。倒角的长度是指从两条直线的交点开始，沿所拾取的第一条直线方向的长度。

（4）单击立即菜单"4."，输入倒角的角度或倒角的宽度。倒角的角度是指倒角线与所拾取的第一条直线的夹角，范围为0°～180°；倒角的宽度是指从两条直线的交点开始，沿所拾取的第二条直线方向的长度。

（5）按提示要求，用鼠标分别拾取两条直线，并将拾取的两条直线之间用倒角过渡。

此命令可以重复使用，单击鼠标右键，结束此命令。

> **提示：** 由于倒角的长度、宽度和角度均与拾取的第一条直线有关，因此两条直线的拾取顺序不同，绘制出的倒角也不同，如图6-12所示；如果待绘制的倒角过渡的两条直线没有相交，系统会自动计算出交点的位置，将直线延伸后绘制出倒角，如图6-13所示。

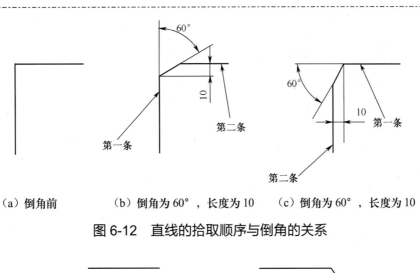

（a）倒角前　　　　（b）倒角为60°，长度为10　　（c）倒角为60°，长度为10

图 6-12　直线的拾取顺序与倒角的关系

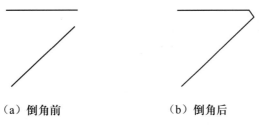

（a）倒角前　　　　（b）倒角后

图 6-13　不相交直线的倒角

4. 外倒角、内倒角、多倒角

【功能】分别用于绘制两条相互垂直的直线的外倒角、内倒角，以及对多条首尾相连的直线进行倒角过渡。

【步骤】

（1）单击立即菜单"1."，可以选择"外倒角"方式、"内倒角"方式或"多倒角"方式。

（2）单击其他立即菜单，按提示要求选择方式或输入数值，项目、含义和方法同上。

（3）如果选择的是"外倒角"或"内倒角"方式，则按提示要求，用鼠标分别拾取待绘制的外倒角或内倒角的相互垂直的直线，即可绘制出外倒角或内倒角，且倒角的结果与直线的拾取顺序无关，如图 6-14 所示；如果选择的是"多倒角"方式，则按提示要求，用鼠标拾取待过渡的首尾相连的直线（可以是封闭的，也可以是不封闭的）上任意一点，从而完成多倒角的过渡，如图 6-15 所示。

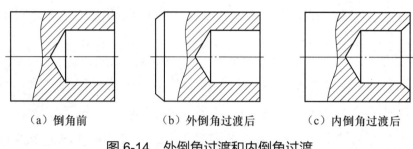

（a）倒角前　　　　（b）外倒角过渡后　　　　（c）内倒角过渡后

图 6-14　外倒角过渡和内倒角过渡

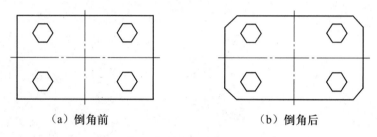

（a）倒角前　　　　　　（b）倒角后

图 6-15　多倒角过渡

此命令可以重复使用，单击鼠标右键，结束此命令。

5. 尖角

【功能】在两条曲线（直线、圆弧、圆等）的交点处，形成尖角过渡。

【步骤】

（1）单击立即菜单"1."，选择"尖角"方式。

（2）按提示要求，用鼠标分别拾取待绘制的尖角过渡的两条曲线，完成尖角过渡操作。如果两条曲线有交点，则以交点为界，多余的部分被剪掉；如果两条曲线没有交点，则系统需要先计算出两条曲线的交点，再将两条曲线延伸至交点处，如图 6-16 所示。

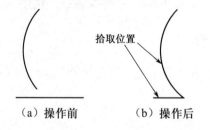

拾取位置

（a）操作前　　　　（b）操作后

图 6-16　两条无交点曲线的尖角过渡

此命令可以重复使用，单击鼠标右键，结束此命令。

提示：如果用鼠标拾取不同的位置，则尖角过渡会产生不同的结果，如图 6-17 所示。

（a）尖角过渡前　　　　（b）拾取直线左端的尖角结果　　　　（c）拾取直线右端的尖角结果

图 6-17　尖角过渡结果随拾取位置的不同而改变

6.1.9　裁剪

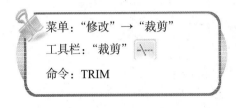

菜单："修改"→"裁剪"

工具栏："裁剪"

命令：TRIM

启动"裁剪"命令后，将在绘图区左下角弹出裁剪操作的立即菜单。CAXA CAD 电子图板 2020 提供了"快速裁剪""拾取边界""批量裁剪"3 种裁剪的方式。下面逐一进行介绍。

1．快速裁剪

【功能】用鼠标直接拾取要裁剪的曲线，系统会自动判断裁剪边界，并进行裁剪。

【步骤】

（1）单击立即菜单"1."，在其上方弹出裁剪方式的选项菜单，选择其中的"快速裁剪"方式。

（2）按系统提示"*拾取要裁剪的曲线：*"，用鼠标左键单击要被裁剪掉的线段，系统会根据与该线段相交的曲线自动确定出裁剪边界，并剪切掉所拾取的曲线，如图 6-18 所示。

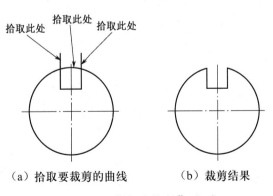

（a）拾取要裁剪的曲线　　　　（b）裁剪结果

图 6-18　"快速裁剪"方式

此命令可以重复使用，单击鼠标右键，结束此命令。

2．拾取边界

【功能】将一条或多条曲线作为剪刀线，对一系列被裁剪的曲线进行裁剪。

【步骤】

（1）单击立即菜单"1."，选择"拾取边界"方式。

（2）按系统提示"*拾取剪刀线:*"，用鼠标拾取一条或多条曲线，将其作为剪刀线，并单击鼠标右键。此时，提示变为"*拾取要裁剪的曲线:*"，用鼠标左键单击要裁剪的曲线（要裁剪的曲线也可以是前面已拾取的剪刀线），系统会根据选定的边界，裁剪掉拾取的曲线段至边界部分，裁剪完成后，单击鼠标右键。在"拾取边界"方式下，首先拾取所有直线为剪刀线，然后拾取五角星内的各段直线为要裁剪的曲线，最后得到裁剪结果，如图6-19所示。

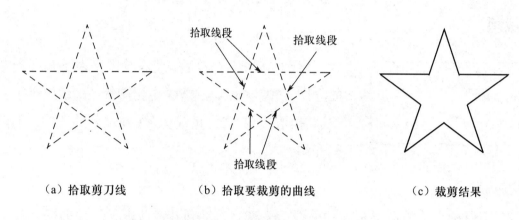

（a）拾取剪刀线　　　　（b）拾取要裁剪的曲线　　　　（c）裁剪结果

图6-19 "拾取边界"方式

此命令可以重复使用，单击鼠标右键，结束此命令。

3. 批量裁剪

【功能】将一条曲线作为剪刀链，并根据给定的裁剪方向，对一系列曲线进行裁剪。

【步骤】

（1）单击立即菜单"1."，选择"批量裁剪"方式。

（2）如图6-20所示，按提示要求，用鼠标拾取一条曲线作为剪刀链［见图6-20（a）］，此时提示变为"*拾取要裁剪的曲线:*"；用鼠标左键单击要裁剪的曲线后，单击鼠标右键，如图6-20（b）所示；此时在拾取的剪刀链上出现一个双向箭头［见图6-20（c）］，提示变为"*请选择要裁剪的方向:*"；在双向箭头的任意一侧单击鼠标左键确定裁剪方向，则在裁剪方向一侧的拾取曲线被裁剪，而另一侧被保留，因此不同的裁剪方向，将获得不同的裁剪结果，如图6-20（d）和图6-20（e）所示。

此命令可以重复使用，单击鼠标右键，结束此命令。

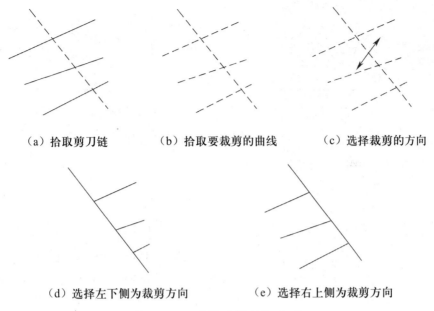

（a）拾取剪刀链　　　（b）拾取要裁剪的曲线　　　（c）选择裁剪的方向

（d）选择左下侧为裁剪方向　　　（e）选择右上侧为裁剪方向

图 6-20　"批量裁剪"方式

6.1.10　延伸

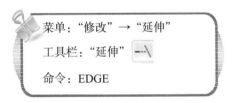

菜单："修改"→"延伸"

工具栏："延伸"

命令：EDGE

【功能】以一条曲线为边界，对一系列曲线进行裁剪或延伸。

【步骤】

启动"延伸"命令后，将在绘图区左下角弹出延伸操作的立即菜单。

按系统提示"*拾取剪刀线：*"，用鼠标拾取一条曲线作为边界，当提示变为"*拾取要编辑的曲线：*"时，用鼠标拾取一系列待延伸的曲线，拾取结束后，单击鼠标右键。如果拾取的曲线与边界曲线有交点，则系统将裁剪所拾取的曲线至边界为止，如图 6-21 所示；如果拾取的曲线与边界曲线没有交点，则系统将曲线按其本身的趋势延伸至边界，如图 6-22 所示。

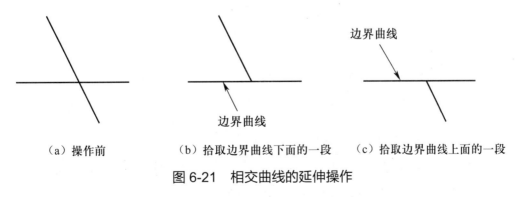

（a）操作前　　　（b）拾取边界曲线下面的一段　　　（c）拾取边界曲线上面的一段

图 6-21　相交曲线的延伸操作

此命令可以重复使用，单击鼠标右键，结束此命令。

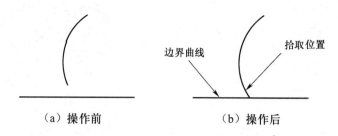

（a）操作前　　　　　　　　　（b）操作后

图 6-22　不相交曲线的延伸操作

6.1.11　拉伸

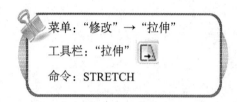

菜单："修改"→"拉伸"

工具栏："拉伸"

命令：STRETCH

启动"拉伸"命令后，将在绘图区左下角弹出拉伸操作的立即菜单。CAXA CAD 电子图板 2020 提供了"单个拾取"和"窗口拾取"两种拉伸的方式。下面分别对其进行介绍。

1．单个拾取

【功能】在保证曲线（直线、圆、圆弧或样条）原有趋势不变的情况下，对曲线进行拉伸处理。

【步骤】

（1）单击立即菜单"1."，选择"单个拾取"方式。

（2）按系统提示"*拾取曲线：*"，用鼠标左键单击一条要拉伸曲线的一端。如果拾取的是直线，则出现立即菜单"2."，单击该立即菜单选择"轴向拉伸"方式或"任意拉伸"方式，如图 6-23 所示。

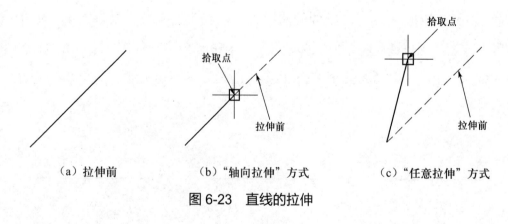

（a）拉伸前　　　　（b）"轴向拉伸"方式　　　　（c）"任意拉伸"方式

图 6-23　直线的拉伸

"轴向拉伸"方式表示拉伸时保持直线的方向不变，只改变靠近拾取点的直线端点的位置，如果选择该方式，则出现立即菜单"3."，单击该立即菜单在"点方式"与"长度方式"间进行切换。其中，"点方式"表示拖动鼠标指针，在适当位置单击鼠标左键以确定直线的端点；"长度方式"表示需要输入拉伸的长度。

"任意拉伸"方式表示拉伸时将改变直线的方向，且直线端点的位置由鼠标指针的位置确定。

（3）如果拾取的是圆弧，则出现立即菜单"2."，单击该立即菜单在"弧长拉伸"方式、"角度拉伸"方式、"半径拉伸"方式和"自由拉伸"方式间进行切换。其中，"弧长拉伸"方式、"角度拉伸"方式表示保持圆心和半径均不变，圆心角改变，用户可以用键盘输入新的圆心角；"半径拉伸"方式表示保持圆弧的圆心不变，拉伸圆弧的半径；"自由拉伸"方式表示拉伸时，圆心、半径和圆心角都可以变化。除了"自由拉伸"方式，以上所述的拉伸量都可以通过立即菜单"3."来选择"绝对"方式或"增量"方式，其中"绝对"方式是指拉伸图形元素的整个长度或角度，"增量"方式是指在原图形元素基础上增加的长度或角度。此时，提示变为"*拉伸到:*"，拖动鼠标指针，出现一个动态的圆弧，在适当位置单击鼠标左键确定，如图 6-24 所示。

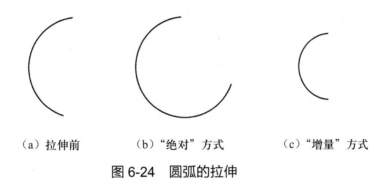

（a）拉伸前　　　（b）"绝对"方式　　　（c）"增量"方式

图 6-24　圆弧的拉伸

（4）如果拾取的是圆，当拖动鼠标指针时，将出现一个圆心确定而半径不断变化的圆，在适当位置单击鼠标左键确定，如图 6-25 所示。以此方式可改变圆的半径。

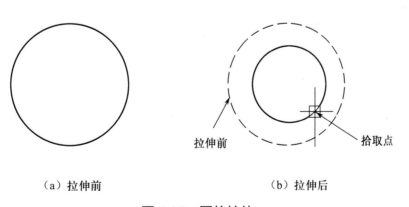

（a）拉伸前　　　　　　　（b）拉伸后

图 6-25　圆的拉伸

（5）如果拾取的是样条，则提示变为"*拾取插值点:*"，用鼠标左键单击一个欲拉伸的插值点，拖动鼠标指针，在适当位置单击鼠标左键确定，如图 6-26 所示。

此命令可以重复使用，单击鼠标右键，结束此命令。

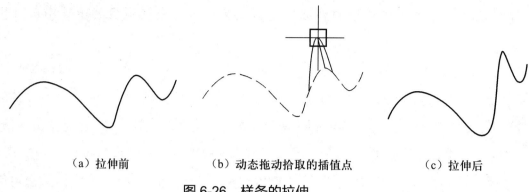

（a）拉伸前　　　　　　　（b）动态拖动拾取的插值点　　　　　（c）拉伸后

图 6-26　样条的拉伸

2. 窗口拾取

【功能】设定窗口，将窗口内的图形一起拉伸。

【步骤】

（1）单击立即菜单"1."，选择"窗口拾取"方式。

（2）单击立即菜单"2."，在"给定偏移"方式与"给定两点"方式间切换。其中，"给定偏移"方式表示给定相对于基准点的偏移量，该基准点是由系统给定的，具体为直线的基准点在中点处，圆、圆弧、矩形的基准点在中心，组合图形元素、样条曲线的基准点在该图形元素的包容矩形的中点处；"给定两点"方式表示拉伸的长度和方向由给定两点间连线的长度和方向决定。

（3）按提示要求，先用鼠标拾取待拉伸曲线组窗口中的一个角点，当提示变为"*另一角点:*"时，再拖动鼠标拾取另一角点，一个窗口就形成了。

> 提示：窗口的拾取必须从右向左进行，否则不能实现曲线组的全部拾取。

（4）按提示要求，用键盘输入一个位置点，或者拖动鼠标指针到适当的位置，单击鼠标左键确定，窗口内的曲线组被拉伸，如图 6-27 所示。

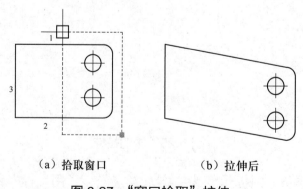

（a）拾取窗口　　　　　　　　　　　（b）拉伸后

图 6-27　"窗口拾取"拉伸

此命令可以重复使用,单击鼠标右键,结束此命令。

> **提示**:拉伸后,被拾取窗口完全包含的图形元素的位置发生改变而形状大小不变,如图 6-27(a)中的两个小圆;被拾取窗口部分包含的图形元素的位置和形状大小都发生变化,如图 6-27(a)中的直线1、直线2;拾取窗口外的图形元素,其位置和形状大小都不变,如图 6-27(a)中的直线3。

6.1.12 打断

菜单:"修改" → "打断"

工具栏:"打断"

命令:BREAK

启动"打断"命令,将在绘图区左下角弹出打断操作的立即菜单。CAXA CAD 电子图板 2020 提供了"一点打断"和"两点打断"两种打断的方式。下面分别对其进行介绍。

1. 一点打断

【功能】将一条指定曲线在指定点处打断成两条曲线,以便在后续操作中使用。

【步骤】

(1)单击立即菜单"1.",选择"一点打断"方式。

(2)按系统提示"*拾取曲线:*",用鼠标拾取一条待打断的曲线,当提示变为"*拾取打断点:*"时,用鼠标拾取打断点(也可以用键盘输入打断点的坐标),使拾取的曲线在打断点处被打断成两段互不相干的曲线。为了绘图准确,可以利用智能点、栅格点、导航点,以及空格键捕捉菜单来拾取打断点。

为了方便用户灵活使用此功能,CAXA CAD 电子图板 2020 允许打断点在曲线外,规则为:如果欲打断的曲线为直线,则系统从拾取的点向直线绘制垂线,并将垂足作为打断点;如果欲打断的曲线为圆弧或圆,则将圆心与拾取点间的连线与圆弧的交点作为打断点,如图 6-28 所示。

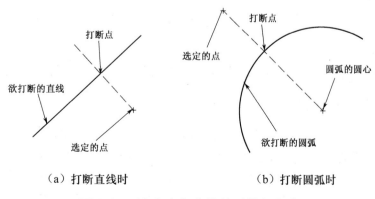

（a）打断直线时　　　　　　（b）打断圆弧时

图 6-28 选定点在曲线外时的打断点

2. 两点打断

【功能】将一条指定曲线在指定的两点处打断成三条曲线，并删除中间的一条。

【步骤】

（1）单击立即菜单"1."，选择"两点打断"方式。

（2）单击立即菜单"2."，选择"伴随拾取点"或"单独拾取点"方式。

（3）按系统提示"*拾取曲线：*"，用鼠标拾取一条待打断的曲线，若选择"单独拾取点"方式，则提示依次变为"*拾取第一点：*"和"*拾取第二点：*"；若选择"伴随拾取点"方式，则系统自动将提示"*拾取曲线：*"时所指定的点直接作为第一点，而直接提示"*拾取第二点：*"。打断点的确定规则同上。拾取的曲线在两个打断点之间的部分将被删除。两点打断如图 6-29 所示。

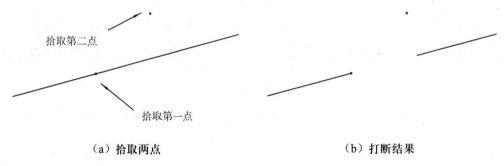

（a）拾取两点　　　　　　　　　　　　（b）打断结果

图 6-29　两点打断

6.1.13　分解

菜单："修改" → "分解"

工具栏："分解"

命令：EXPLODE

【功能】将多段线、标注、图案填充或块参照等合成对象转换为单个的元素。

【步骤】启动"分解"命令，按系统提示"*拾取元素：*"，用鼠标拾取欲进行分解操作的图形元素，按 Enter 键后，拾取的组合元素将转换为单个的元素。

该命令可以分解多段线、标注、图案填充或块参照等合成对象，并将其转换为单个的元素。例如，分解多段线以将其分解为简单的线段和圆弧；分解块参照或关联标注使其替换为组成块或标注的对象副本。

分解标注或图案填充后，将失去其所有的关联性，标注或图案填充对象被替换为单个对象（如直线、文字、点和二维实体）。

分解多段线时，将放弃其所有关联的宽度信息。所得直线和圆弧将沿原多段线的中心线放置。如果分解中包含多段线的块，则需要单独分解多段线。如果分解一个圆环，则它的宽度将变为 0。

> 提示：对于大多数对象，分解的效果并不能很明显地被看到。

6.2 显示控制

图形的显示控制对绘图操作，尤其是在绘制复杂视图和大型图纸时具有非常重要的作用，为了便于绘制和编辑图形，CAXA CAD 电子图板 2020 提供了一系列可以方便控制图形显示的命令。

与绘制、编辑命令不同，显示命令只能改变图形在屏幕上的显示方式（如允许用户按期望的位置、比例、范围等条件进行显示），而不能使图形产生实质性的变化，即不改变原图形的实际尺寸，也不影响图形中原有图形元素的相对位置关系。简单来说，显示命令的作用只会改变主观视觉效果，而不会让图形产生客观的实际变化。

CAXA CAD 电子图板 2020 的显示控制命令位于"视图"菜单中，或者表现为"常用工具"工具栏中的相关按钮，如图 6-30 所示。现选取常用的命令分述如下。

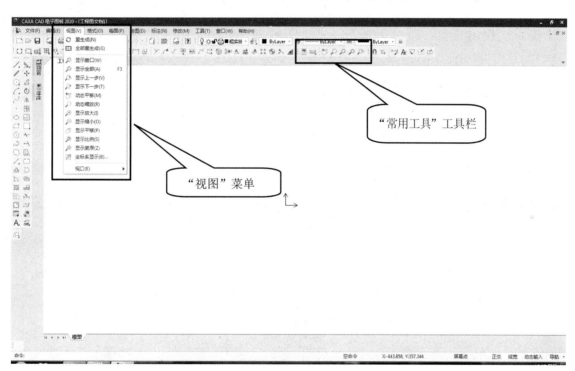

图 6-30 显示控制命令所在的菜单及工具栏

6.2.1 重生成

菜单："视图" → "重生成"或
"全部重生成"
工具栏：（无）
命令：REFRESH

【功能】将显示失真的图形按当前窗口的显示状态进行重新生成，如图 6-31 所示。

【步骤】

启动"重生成"命令，拾取要操作的对象，并单击鼠标右键。"全部重生成"命令则是将当前屏幕上的图形全部重新生成。

重新生成前　　　　　　　　重新生成后

图 6-31　重新生成因放大而失真的圆

6.2.2　显示窗口

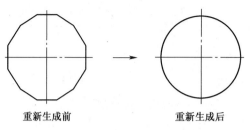

菜单："视图"→"显示窗口"

工具栏："显示窗口"

命令：ZOOM

【功能】将用户指定的窗口内包含的图形放大显示至充满屏幕绘图区。

【步骤】

（1）启动"显示窗口"命令。

（2）按系统提示"**显示窗口第一角点：**"，用键盘或鼠标在所需位置输入显示窗口的第一个角点；当提示变为"**显示窗口第二角点：**"时，拖动鼠标指针，将出现一个随鼠标指针的移动而不断变化的动态窗口，窗口确定的区域就是即将被放大的部分，窗口的中心将成为新的屏幕显示中心；在适当位置单击鼠标左键，系统会把给定窗口范围按尽可能大的原则，将选中区域中的图形按充满屏幕的方式重新显示出来，如图 6-32 所示。

此命令可重复使用，单击鼠标右键，结束命令。

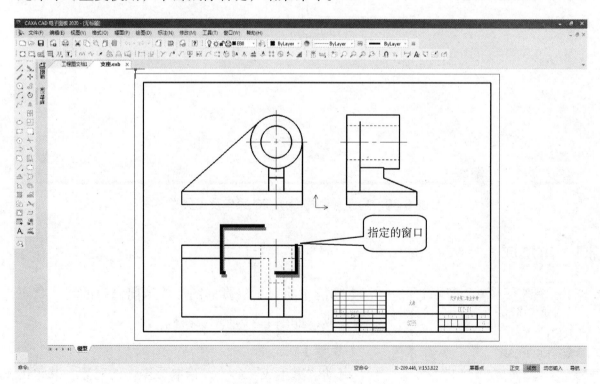

（a）拾取窗口

图 6-32　"显示窗口"命令

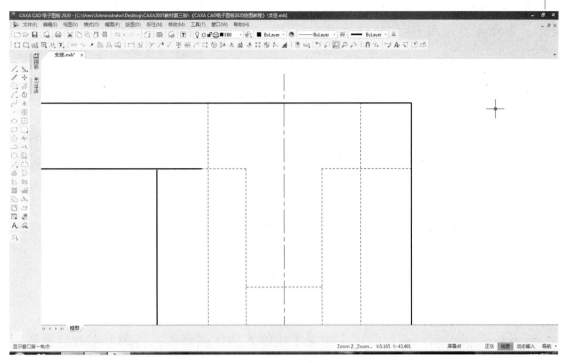

（b）显示结果

图 6-32　"显示窗口"命令（续）

6.2.3　显示平移

菜单："视图"→"显示平移"

工具栏：（无）

命令：PAN

【功能】平移显示图形。

【步骤】

（1）启动"显示平移"命令。

（2）按系统提示"*屏幕显示中心点:*"，单击鼠标左键选择或利用键盘输入一个点，系统以该点为新的屏幕显示中心点，将图形重新显示出来。

（3）用户也可以使用上、下、左、右方向键进行显示平移。

此命令可以重复使用，单击鼠标右键，结束命令。

提示：本操作不改变缩放系数，只是将图形做平行移动。

6.2.4　显示全部

菜单："视图"→"显示全部"

工具栏："显示全部" 🔍

命令：ZOOMALL

【功能】将当前绘制的所有图形全部显示在屏幕的绘图区内。

【步骤】

启动"显示全部"命令，系统将当前所绘的全部图形，按尽可能大的原则以充满屏幕的方式重新显示出来。

提示：本命令亦可用 F3 快捷键快速实现。

6.2.5 显示复原

菜单："视图" → "显示复原"
工具栏：（无）
命令：HOME

【功能】在绘图过程中，根据需要对视图进行各种显示变换，利用此命令可以将显示内容恢复到初始显示状态。

【步骤】

启动"显示复原"命令，系统立即将屏幕显示内容恢复到初始显示状态。

6.2.6 显示比例

菜单："视图" → "显示比例"
工具栏：（无）
命令：VSCALE

【功能】按输入的比例系数，将图形缩放后重新显示。

【步骤】

（1）启动"显示比例"命令。

（2）按系统提示"*输入实数:*"，输入一个范围为 0～1000 的比例系数，即可显示出一个按该比例系数进行缩放的图形。

6.2.7 显示上一步

菜单："视图" → "显示上一步"
工具栏："显示上一步"
命令：PREV

【功能】取消当前显示，返回显示变换前的状态。

【步骤】

启动"显示上一步"命令，系统将图形按上一次的显示状态显示出来。

6.2.8 显示下一步

菜单："视图" → "显示下一步"
工具栏：（无）
命令：NEXT

【功能】该命令可以返回下一次显示的状态，可与"显示上一步"命令配套使用。

【步骤】

启动"显示下一步"命令，系统将图形按下一次显示的状态显示出来。

6.2.9 显示放大/缩小

菜单："视图"→"显示放大/缩小"
工具栏：（无）
命令：ZOOMIN/ZOOMOUT

【功能】按固定比例对绘制的图形进行放大或缩小显示。

【步骤】

启动"显示放大"或"显示缩小"命令，系统将当前图形放大 1.25 倍或缩小至当前图形的 80%显示。

6.2.10 动态平移

菜单："视图"→"动态平移"
工具栏："动态平移"
命令：DYNSCALE

【功能】使整个图形跟随鼠标指针动态平移。

【步骤】

启动"动态平移"命令，拖动鼠标指针，整个图形跟随鼠标指针的移动而动态平行移动，单击鼠标右键，结束动态平移操作。

6.2.11 动态缩放

菜单："视图"→"动态缩放"
工具栏："动态缩放"
命令：DYNSCALE

【功能】使整个图形跟随鼠标指针的移动而动态缩放。

【步骤】

启动"动态缩放"命令，向上或向下移动鼠标指针，则整个图形跟随鼠标指针的移动而动态缩放（向上移动为放大，向下移动为缩小），单击鼠标右键，结束动态缩放操作。

> 提示："动态平移"命令和"动态缩放"命令是绘图中使用最为方便和最为频繁的两个显示命令。用鼠标的中键和滚轮也可控制图形的显示，其中中键为平移，滚轮为缩放。

6.3 应用示例

6.3.1 挂轮架

综合利用图形绘制命令及图形编辑命令，绘制如图 6-33 所示的挂轮架（绘制的图形不要求标注尺寸）。

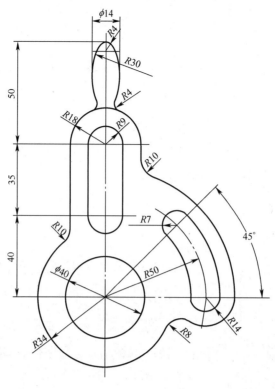

图 6-33　挂轮架

【分析】

该挂轮架图形是由多个相切的圆、圆弧、直线组成的，根据图中标注的尺寸，有些圆和圆弧的圆心位置已经确定，如圆弧"R9""R18""R34""R14""R50""R7"和圆"ϕ40"等，因此可以利用"圆"命令中的"圆心-半径"方式、"圆弧"命令中的"圆心-半径-起终角"方式来绘制；该挂轮架的上部是左右对称的，而圆弧"R30"与圆弧"R4"、圆"ϕ14"相切，因此可以利用"圆弧"命令中的"两点-半径"方式先绘制出一半，再利用"镜像"命令绘制出另一半；而圆弧"R10""R8""R4"等，则可以利用"过渡"命令来绘制。

【步骤】

（1）利用"直线"命令绘制出图中的中心线（细点画线）。

① 用鼠标左键单击"颜色图层"工具栏中"粗实线层"右侧的下拉按钮 ，在下拉列表中选择"中心线层"选项，从而将该层设置为当前图层。

② 打开"正交"状态，用"两点线"方式绘制图中最大的两条相互垂直的中心线；启动"角度线"命令，绘制与 X 轴成 45° 的斜线，在系统提示"第一点:"时按 Space 键，用空格键捕捉菜单中的"交点"选项捕捉两条中心线的交点，拖动鼠标指针，在适当位置单击鼠标左键以确定第二点，从而绘制出图中倾斜的中心线；启动"平行线"命令，将立即菜单设置为 1.偏移方式 ▼ 2.单向 ▼ ，在提示"拾取直线:"时，用鼠标左键单击已绘制的水平中心线，分别输入偏移距离"40""75""121"，从而绘制出图中其余的所有水平中心线。单击鼠标右键，结束

操作。

③ 启动"圆弧"命令,将立即菜单设置为 `1.圆心_半径_起终角  ▾ 2.半径= 50    3.起始角= 330    4.终止角= 60`,拖动鼠标指针,将出现一个随鼠标指针移动的绿色圆弧,在系统提示"*圆心点:*"时,捕捉中心线的交点作为圆心(方法同上),绘制出中心线的圆弧,如图 6-34 所示。单击鼠标右键,结束操作。

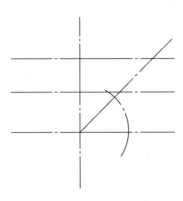

图 6-34　绘制中心线的圆弧

(2)用"圆"命令、"圆弧"命令、"直线"命令绘制出挂轮架中部粗实线图形,并用"裁剪""过渡"命令进行编辑。

① 将当前图层设置为"粗实线层"。

② 启动"圆"命令,将立即菜单设置为 `1.圆心_半径  ▾ 2.半径  ▾ 3.无中心线`,利用空格键捕捉菜单,捕捉中心线的交点作为圆心,分别输入半径值"20""34",单击鼠标右键,结束操作。

③ 启动"圆弧"命令,将立即菜单设置为 `1.圆心_半径_起终角  ▾ 2.半径= 18    3.起始角= 0    4.终止角= 180`,捕捉中心线的交点作为圆心,单击鼠标右键,结束操作;启动"直线"命令,打开"正交"状态,当提示"*第一点:*"时,捕捉圆弧"R18"的左端点作为直线的第一点,向下拖动鼠标指针,在适当位置单击鼠标左键,以确定第二点,同理绘制右边的直线,单击鼠标右键,结束操作。

④ 单击"编辑工具"工具栏中的"过渡"命令按钮 ⬚,将立即菜单设置为 `1.圆角  ▾ 2.裁剪  ▾ 3.半径 10`,用鼠标左键分别单击所绘制的直线和圆弧"R34"的圆,绘制出圆弧"R10"的圆角。

单击"编辑工具"工具栏中的"裁剪"命令按钮 ⤬,将立即菜单设置为"快速裁剪"方式,用鼠标左键单击圆弧"R34"上要裁剪的部分,单击鼠标右键,结束操作。裁剪后的图形如图 6-35 所示。

⑤ 与前述操作相同,用"圆弧"命令绘制半径为"9"的上半圆,捕捉中心线的交点作为圆心,绘制上部圆弧"R9"。将立即菜单中的起始角改为"180",终止角改为"360",捕捉中心线的交点作为圆心,绘制下部圆弧"R9"。

⑥ 启动"直线"命令,按系统提示"*第一点:*",捕捉上部圆弧"R9"的左端点作为直线

的第一点，向下拖动鼠标指针，捕捉下部圆弧"R9"的左端点作为直线的第二点，同理绘制出右边的直线。绘制完成此步后的图形如图 6-36 所示。

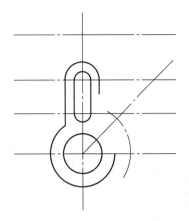

图 6-35　裁剪圆弧"R34"后的图形

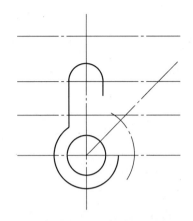

图 6-36　绘制完成挂轮架中部后的图形

（3）用"圆弧"命令、"直线"命令绘制出挂轮架右部的图形，并用"裁剪"命令、"过渡"命令进行编辑。

① 启动"圆弧"命令，捕捉中心线的交点作为圆心，绘制起始和终止角分别为"0"度和"90"度的圆弧"R64"；将终止角改为"45"，分别将半径设置为"43""57"，圆心不变，绘制圆弧"R43"和圆弧"R57"；将起始角和终止角分别设为"0"和"90"，捕捉倾斜中心线与中心线圆弧的交点作为圆心，绘制圆弧"R7"；将起始角、终止角分别改为"180"和"0"，捕捉水平中心线与中心线圆弧的交点作为圆心，绘制圆弧"R7"；将半径改为"14"，圆心不变，绘制圆弧"R14"，单击鼠标右键，结束操作。绘制完成此步后的图形如图 6-37 所示。

② 启动"过渡"命令，将立即菜单设置为 `1.圆角 ▾ 2.裁剪 ▾ 3.半径 10` ，用鼠标左键分别单击圆弧"R18"右边的直线和圆弧"R64"，绘制圆弧"R10"的圆角。将半径改为"8"，用鼠标左键分别单击圆弧"R34"和圆弧"R14"，绘制出圆弧"R8"的圆角。绘制完成此步后的图形如图 6-38 所示。

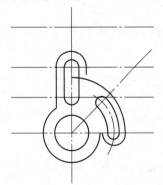

图 6-37　绘制完成右部圆弧后的图形

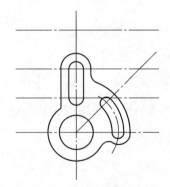

图 6-38　绘制完成挂轮架右部后的图形

（4）用"圆弧"命令、"直线"命令和"镜像"命令绘制挂轮架上部的图形。

① 启动"圆弧"命令，捕捉最上方水平中心线与竖直中心线的交点作为圆心，绘制起始和终止角分别为"90"度和"180"度的圆弧"R4"。

② 启动"平行线"命令，将立即菜单设置为 `1.偏移方式 ▼ 2.单向 ▼`，按系统提示"*拾取直线:*"，用鼠标左键单击竖直中心线，将鼠标指针移动到所拾取中心线的左侧，输入偏移距离"7"，绘制一条辅助线，单击鼠标右键，结束操作。

③ 单击"常用工具"工具栏中的"动态缩放"命令按钮 🔍，按住鼠标左键向上移动，将图形适当放大；单击"动态平移"命令按钮 🔁，按住鼠标左键拖曳图形，使挂轮架上部位于屏幕的中间，单击鼠标右键，结束操作。

④ 启动"圆"命令，以"两点-半径"方式，根据提示要求，分别捕捉圆弧"R4"和辅助线上的切点作为第一点和第二点，输入半径"30"，绘制与圆弧"R4"和辅助线都相切的半径为"30"的圆。

⑤ 启动"裁剪"命令，以"快速裁剪"方式，用鼠标左键单击圆弧"R30"和圆弧"R4"上要裁剪的部分，单击鼠标右键，结束操作。

单击"编辑工具"工具栏中的"删除"命令按钮 🖊，按系统提示"*拾取元素:*"，用鼠标左键拾取辅助线，单击鼠标右键。

完成裁剪、删除操作后的挂轮架上部的图形如图 6-39 所示。

⑥ 启动"过渡"命令，将立即菜单设置为 `1.圆角 ▼ 2.裁剪始边 ▼ 3.半径 4`，用鼠标左键分别单击圆弧"R30"和圆弧"R18"，绘制圆弧"R4"的圆角。

⑦ 单击"镜像"命令按钮 🔼，将立即菜单设置为 `1.选择轴线 ▼ 2.拷贝 ▼`，按系统提示"*拾取元素:*"，用鼠标左键拾取已绘制的挂轮架上部左侧的图形，拾取的图形元素显示为绿色虚线，如图 6-40 所示；拾取结束后，单击鼠标右键，提示变为"*拾取轴线:*"，用鼠标左键拾取竖直中心线作为镜像的轴线，绘制出右半个对称图形，单击鼠标右键，结束操作。

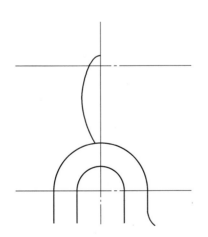

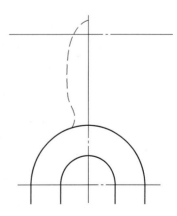

图 6-39　完成裁减、删除操作后的挂轮架上部的图形　　　　图 6-40　拾取镜像元素

⑧ 单击"常用工具"工具栏中的"显示全部"命令按钮 🔍，绘制的挂轮架将全部显示出来。

（5）用曲线编辑命令中的"拉伸"命令，将图形中过长的中心线缩短，整理图形。

单击"编辑工具"工具栏中的"拉伸"命令按钮 🔲，将立即菜单设置为"单个拾取"方式，按系统提示"*拾取元素:*"，用鼠标左键拾取要缩短或拉伸的中心线，按系统提示"*拉伸到:*"，对拾取的中心线进行适当的调整。整理完成后，单击鼠标右键，结束操作。

（6）用文件名"挂轮架.exb"保存该图形。

> 🖱️ 提示：在本书第 8 章的【上机练习】中还要用到该图。

6.3.2 端盖

用学过的命令绘制如图 6-41 所示的端盖的主、左视图（绘制的图形不要求标注尺寸）。

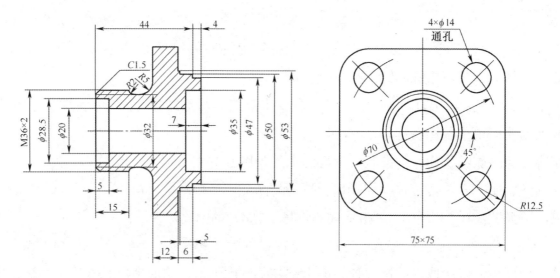

图 6-41 端盖的主、左视图

【分析】

该图形是一个端盖零件的主、左视图，因此可以首先绘制一个视图，然后采用屏幕点导航功能绘制另一个视图。图形中包含了粗实线、中心线、细实线（剖面线）3 种线型，因此要在3 个图层中绘制。

在绘制端盖的主视图时，首先用"孔/轴"命令绘制主要轮廓线，然后用"裁剪"命令剪掉多余的线，最后用"过渡"命令绘制倒角和圆角。由于主视图是全剖视图，因此还要用"剖面线"命令绘制剖面线。

在绘制端盖的左视图时，可以根据绘制出来的主视图，利用屏幕点导航功能，用"矩形"命令、"圆"命令、"圆弧"命令绘制主要轮廓线，并用"过渡"命令绘制圆角。由于左视图中的 4 个小圆是均匀分布在一个圆周上的，因此可以用"阵列"命令绘制。

【步骤】

（1）用"孔/轴"命令绘制端盖主视图中的主要轮廓线。

① 单击"孔/轴"按钮 ，将立即菜单设置为 1.轴 ▾ 2.直接给出角度 ▾ 3.中心线角度 0 ，输入插入点"-90,0"，分别将起始直径设置为"36""32""75""53""50""47"，相应轴的长度设置为"15""11""12""1""5""4"，单击鼠标右键，结束该命令。

② 单击"常用工具"工具栏中的"显示窗口"按钮 ，用鼠标左键单击所绘图形的左上角，拖动鼠标指针，在屏幕中出现一个不断变化的矩形窗口，只需在所绘图形的右下角单击鼠标左键，即可将所绘图形放大并显示在屏幕中间。

③ 启动"裁剪"命令，用"快速裁剪"方式将图中多余的线剪掉，剪切后的图形为端盖的外轮廓线，如图 6-42 所示。

④ 启动"孔/轴"命令，输入插入点"-90,0"，分别将起始直径设置为"28.5""20""35"，相应轴的长度设置为"5""36""7"，绘制出端盖的内轮廓线，单击鼠标右键，结束操作。绘制完此步骤后的图形如图 6-43 所示。

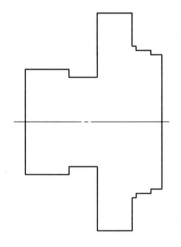

图 6-42　端盖的外轮廓线

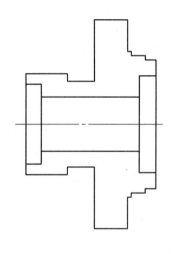

图 6-43　端盖的主要轮廓线

（2）将当前图层设置为"细实线层"，用"平行线"命令绘制左端表示外螺纹小径的细实线。

① 将当前图层设置为"细实线层"。

② 启动"平行线"命令，将立即菜单设置为 1.偏移方式 ▾ 2.单向 ▾ ，用鼠标左键单击左上部的水平直线，并将鼠标指针移到所拾取直线的下侧，输入偏移距离"1.2"，按 Enter 键，绘制出上部的细实线，单击鼠标右键，结束操作。同理，绘制出下部与此对称的细实线（也可用"镜像"命令绘制）。

（3）用"过渡"命令绘制图中粗实线的倒角和圆角。

① 将当前图层设置为"粗实线层"。

② 启动"过渡"命令，将立即菜单设置为 `1.裁剪 ▾ 2.半径 5`，用鼠标左键分别拾取要倒角的两条直线，绘制出上、下两处圆弧"R5"的圆角。同理，将立即菜单中的半径改为"2"，绘制出上、下两处圆弧"R2"的圆角。

③ 从图中可以看出，绘制完圆弧"R2"的圆角后，在圆角的左侧上、下各剩了一小段竖直方向的直线，用"删除"命令将其删除。

④ 启动"过渡"命令，将立即菜单设置为 `1.倒角 ▾ 2.长度和角度方式 ▾ 3.裁剪 ▾ 4.长度 1.5 5.角度 45`，方法同上，用鼠标左键分别拾取要倒角的直线，绘制端盖左端的两处倒角。

（4）用"剖面线"命令绘制图中的剖面线。

单击"剖面线"按钮 ⊞ ，将出现的立即菜单设置为

`1.拾取点 ▾ 2.不选择剖面图案 ▾ 3.独立 ▾ 4.比例: 3 5.角度 45 6.间距错开: 0`，用鼠标左键单击要绘制剖面线的区域内任意一点，则选中的区域轮廓线变为虚线，如图 6-44 所示。单击鼠标右键，完成剖面线的绘制。

（5）根据绘制的主视图，利用屏幕点导航功能，用"矩形"命令、"圆"命令、"圆弧"命令绘制左视图的主要轮廓线。

① 单击屏幕右下角状态栏中"点捕捉方式设置区"的下拉按钮，从弹出的下拉列表中选择"导航"选项，将"屏幕点"状态设置为"导航"状态。

② 启动"矩形"命令，将立即菜单设置为 `1.长度和宽度 ▾ 2.中心定位 ▾ 3.角度 0 4.长度 75 5.宽度 75 6.无中心线 ▾`，在系统提示"定位点:"时，将导航线与主视图的中心线对齐，在适当位置单击鼠标左键，确定矩形的定位点，如图 6-45 所示。

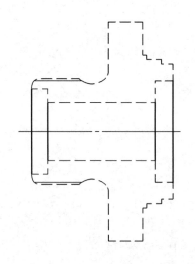
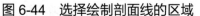

图 6-44　选择绘制剖面线的区域

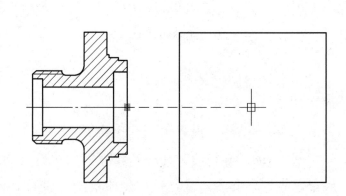

图 6-45　利用屏幕点导航功能绘制左视图中的矩形

③ 单击"中心线"按钮 ⟋ ，将出现的立即菜单设置为 `1.指定延长线长度 ▾ 2.快速生成 ▾ 3.延伸长度 3`，按提示要求，用鼠标左键分别拾取所绘矩形的上、下两条线，将出现一条该矩形的水平中心线，单击鼠标右键。同理，用鼠标左键分别拾取所绘制矩形的左、右两条线，以绘制该矩形的竖直

中心线。

④ 启动"过渡"命令，将立即菜单设置为 1.半径 12.5 ，用鼠标左键单击已绘制的矩形，将该矩形的 4 个角变为圆弧"*R*12.5"的圆角。

⑤ 启动"圆"命令，按系统提示"*圆心点:*"，将鼠标指针移到左视图中心线交点附近，捕捉中心线的交点作为圆心，拖动鼠标，将出现一个不断变化的圆；将该圆下象限点的导航线与主视图中"M36"的轴径对齐，如图 6-46 所示；单击鼠标左键，继续拖动鼠标，绘制下象限点分别与主视图中圆"ϕ28.5"的孔径和圆"ϕ20"的孔径对齐，单击鼠标右键，结束操作。

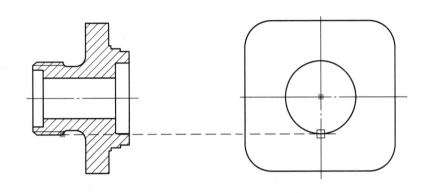

图 6-46　利用屏幕点导航功能绘制左视图中的圆

⑥ 将当前图层设置为"细实线层"。

⑦ 以"圆心-起点-圆心角"方式执行"圆弧"命令，在提示"*圆心点:*"时，捕捉中心线的交点作为圆心，拖动鼠标，将出现一个不断变化的圆；将该圆下象限点的导航线与主视图中的细实线对齐，单击鼠标左键，确定圆弧的起点，此时拖动鼠标，将出现一个圆心角不断变化的圆弧；在适当位置单击鼠标左键，绘制出大约 3/4 圈的圆，单击鼠标右键，结束该命令。

绘制完成此步后的图形如图 6-47 所示。

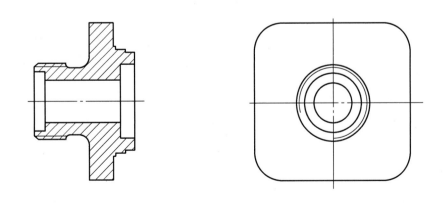

图 6-47　绘制完成左视图主要轮廓线后的图形

（6）用"直线"命令、"圆"命令、"阵列"命令绘制左视图中的 4 个小圆。

① 将当前图层设置为"中心线层"。

② 启动"直线"命令，将立即菜单设置为

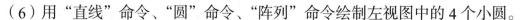

| 1. 角度线 ▼ | 2. X轴夹角 ▼ | 3. 到点 ▼ | 4.度= 45 | 5.分= 0 | 6.秒= 0 |

，捕捉中心线的交点作为角度线的第一点，拖动鼠标指针，在适当位置单击鼠标左键以确定第二点，从而绘制出一条倾斜的中心线，单击鼠标右键，结束操作。

③ 启动"圆弧"命令，将立即菜单设置为

| 1. 圆心 半径 起终角 ▼ | 2.半径= 35 | 3.起始角= 0 | 4.终止角= 90 |

，捕捉中心线的交点作为圆心，单击鼠标左键，绘制一段中心线的圆弧。

④ 将当前图层设置为"粗实线层"。

⑤ 启动"圆"命令，按系统提示"*圆心点：*"，将鼠标指针移到所绘中心线圆弧与倾斜中心线的交点附近，捕捉中心线的交点作为圆心，输入半径"7"，按 Enter 键，绘制圆"$\phi14$"。

⑥ 启动"拉伸"命令，将立即菜单设置为"单个拾取"方式，分别拾取中心线圆弧和倾斜的中心线，并对它们进行适当调整，缩短长度，如图 6-48 所示。

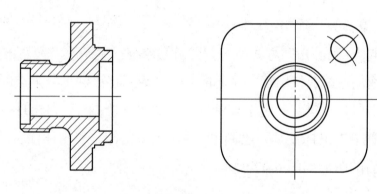

图 6-48　小圆中心线进行"拉伸"命令后的图形

⑦ 单击"编辑工具"工具栏中的"阵列"命令按钮 ⊞ ，将立即菜单设置为

| 1. 圆形阵列 ▼ | 2. 旋转 ▼ | 3. 均布 ▼ | 4.份数 4 |

，按系统提示"*拾取添加：*"，用"窗口拾取"方式拾取小圆及其中心线，单击鼠标右键，结束拾取；按系统提示"*中心点：*"，将鼠标指针移到矩形中心线交点附近，捕捉中心线的交点作为圆形阵列的中心点，单击鼠标左键，完成小圆的绘制。

（7）完成全图的绘制后，用文件名"端盖.exb"保存该图形。

> 💾 提示：在本书第 8 章的【上机练习】中还要用到该图。

习　题

1. 选择题

（1）在用"多倒角"和"多圆角"命令编辑一系列首尾相连的直线时，该直线（　　　）。

① 必须封闭

② 不能封闭

③ 可以封闭，也可以不封闭

（2）用一个已绘制好的圆绘制一组同心圆，可直接使用的命令是（　　　）。

①"拉伸"

②"平移"

③"等距线"

④"缩放"命令中的"拷贝"方式

（3）要将一条直线段打断为长度相等的两条直线段，可使用的命令是（　　　）。

①"拉伸"

②"平移"

③"打断"

④"镜像"命令中的"拷贝"方式

（4）对于同一平面上的两条不平行且无交点的线段，可以通过（　　　）命令来延长原线段，使之相交于一点。

①"过渡"命令中的"尖角"方式

②"过渡"命令中的"倒角"方式

③"拉伸"

④"齐边"

（5）要对屏幕上显示的图形按原大小在画面上平移，可使用的命令是（　　　）。

①"平移"

②"动态平移"命令

③"显示平移"命令

④"显示窗口"命令

2. 简答题

（1）倒角操作与两条直线的拾取顺序有关吗？立即菜单中的"长度"和"角度"分别指什么？

（2）启动阵列命令后，在"圆形阵列"方式下，立即菜单中的"份数"包括用户拾取的图形元素吗？

（3）"修改"菜单下的"缩放"命令与"视图"菜单下的相关缩放命令有何区别？

（4）要改变拾取图形元素的线型、颜色及图层，可以采用哪几种方法？

3. 填空题

如图 6-49 所示，各组图形均系使用某一图形修改命令由左图得到右图，请在图形下的括号内填写所用的图形修改命令及命令选项。

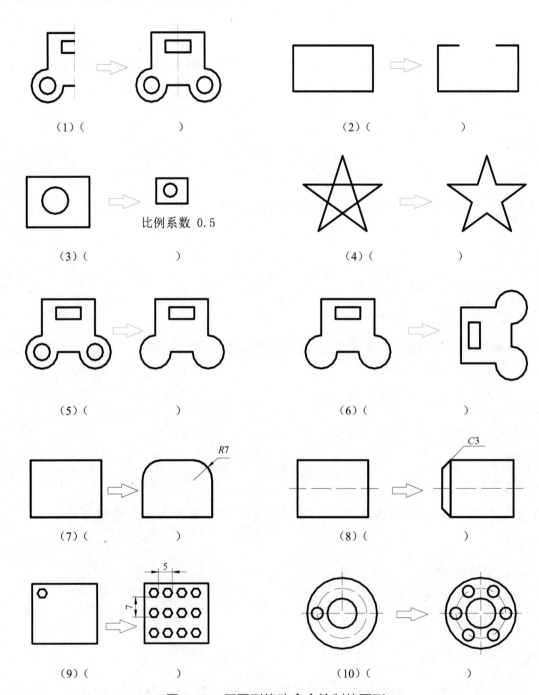

图 6-49　用图形修改命令绘制的图形

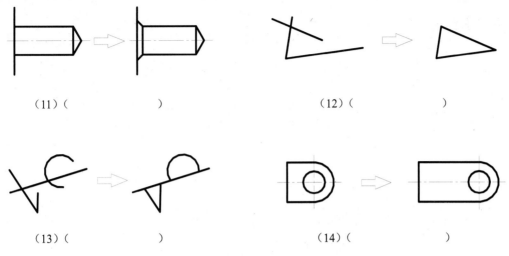

（11）（　　　　　）　　　　　　　　　（12）（　　　　　）

（13）（　　　　　）　　　　　　　　　（14）（　　　　　）

图 6-49　用图形修改命令绘制的图形（续）

上机指导与练习

【上机目的】

掌握 CAXA CAD 电子图板 2020 提供的曲线编辑、图形编辑和显示控制命令，使读者能够利用这些编辑功能，合理构造与组织图形，快速、准确地绘制出各种复杂的图形。

【上机内容】

（1）熟悉曲线编辑、图形编辑和显示控制命令的基本操作。

（2）示意性地绘制出习题 3（填空题）中各组图形的左图，并用相应图形修改命令生成右图。

（3）按 6.3.1 节中所给方法和步骤，完成挂轮架图形的绘制。

（4）按 6.3.2 节中所给方法和步骤，完成端盖零件图形的绘制。

（5）按照下面【上机练习】中的要求及指导，完成各图形的修改和绘制。

【上机练习】

（1）在如图 6-50（a）所示的五角星的基础上，分别编辑，将其裁剪为空心五角星［见图 6-50（b）］和剪去 5 个角后的五边形［见图 6-50（c）］。

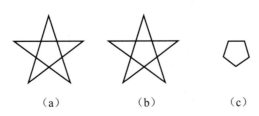

（a）　　　　　（b）　　　　　（c）

图 6-50　五角星的裁剪操作

（2）综合运用图形修改命令，在如图 6-51 所示的各组图形左图的基础上修改为右图（绘制的图形不要求标注尺寸）。

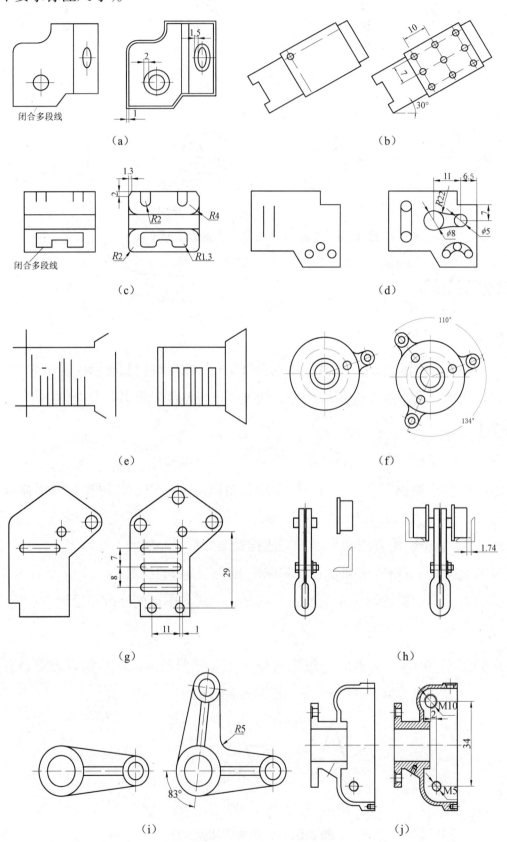

图 6-51　图形的修改操作

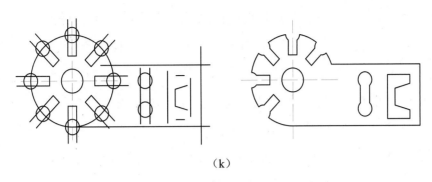

（k）

图 6-51　图形的修改操作（续）

（3）如图 6-52 所示，请用"填充"命令将左图修改为右图。

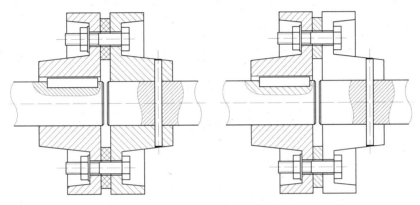

图 6-52　图案填充的编辑操作

提示：将右轮（左高右低剖面线）的图案由"ANSI31"修改为"沙子"（粉末冶金），垫圈的图案（网纹）由"ANSI37"（非金属材料）修改为"ANSI31"（金属材料），从而增大左轴局部剖的剖面线间距。最后，用"分解"命令，将所有填充图案进行分解。

（4）用所学命令绘制如图 6-53 所示的扳手（绘制的图形不要求标注尺寸）。

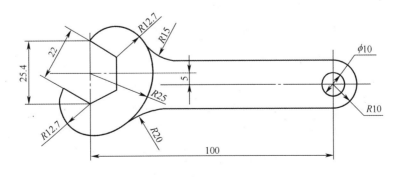

图 6-53　扳手

提示： 该图形中有中心线和粗实线两种线型，因此要在"中心线层"和"0层"分别绘制。该扳手的手柄由相切的圆弧和直线，以及一个小圆组成，并且小圆与尾部的圆弧同心。因此，我们可以首先用"圆"命令绘制"$\phi 10$"和"$R10$"两个同心圆，用"裁剪"命令剪掉圆"$R10$"的左半部分得到圆弧"$R10$"；然后利用捕捉功能，捕捉圆弧"$R10$"的上下象限点，用"直线"命令以"正交"方式绘制上、下对称的两条直线（当然也可以先绘制一条直线，再利用"镜像"命令绘制另一条）。

该扳手的头部由一个不完整的正六边形和三段相切的圆弧组成，因此可以首先用"平行线"命令，绘制该正六边形的两条中心线；然后用"正多边形"命令中的"中心定位"方式，捕捉中心线的交点作为中心点，绘制一个正六边形，用"圆"命令，借助空格键捕捉菜单，绘制圆弧"$R12.7$""$R12.7$""$R25$"的圆；最后用"裁剪"命令剪掉多余的线段和圆弧。

由于该扳手的手柄与头部之间是用圆弧光滑连接的，因此可以用"过渡"命令中的"圆角"方式绘制圆弧"$R20$"和"$R15$"的圆角。

（5）用所学命令绘制如图 6-54 所示的轴承座的三视图（绘制的图形不要求标注尺寸）。

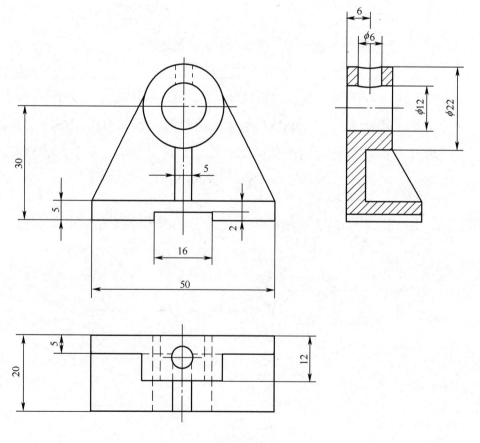

图 6-54 轴承座的三视图

提示：该图形中用了粗实线、虚线、细点画线、剖面线 4 种线型，因此要在"0 层""虚线层""中心线层"分别绘制。

该图是一个轴承座的三视图，因此可以首先绘制两个视图，然后利用三视图导航功能绘制第三个视图。

该轴承座的主视图是由矩形、直线、圆组成的，因此可以首先用"矩形"命令绘制底部的矩形，用"平行线"命令和"裁剪"命令绘制底部的缺口，用"圆"命令绘制顶部的两个同心圆；然后借助空格键捕捉菜单，捕捉上部大圆的切点，用"直线"命令和"镜像"命令绘制左、右的两条直线，用"平行线"命令和"裁剪"命令绘制中间的两条直线。

绘制完主视图后，利用屏幕点导航功能、空格键捕捉菜单，以及图形绘制和曲线编辑命令就可以绘制出俯视图。最后，利用三视图导航功能、空格键捕捉菜单，以及图形绘制和曲线编辑命令完成左视图的绘制。

第 7 章 图块与图库

块（BLOCK）是由用户定义的子图形，对于在绘图中反复出现的"复合图形"（多个图形对象的组合），不必再花费重复劳动、一遍又一遍地绘制，而只需将它们定义成一个块，在需要的位置插入它们即可。用户还可以给块定义属性，在插入时填写块的非图形可变信息。块有利于用户提高绘图效率，节省存储空间。

CAXA CAD 电子图板 2020 不仅为用户提供了多种标准件的参数化图库，使用户可以按规格尺寸选用各标准件，也可以输入非标准的尺寸，使标准件和非标准件有机地结合在一起；还提供了包括电气元件、液压气动符号等在内的固定图库，用于满足用户多方面的绘图需求。

图库的基本组成单位被称为图符。图符可以由一个视图或多个视图组成，按是否参数化可分为参数化图符和固定图符。图符的每个视图在提取出来时都可以定义为块，以便在调用时可以进行块消隐。CAXA CAD 电子图板 2020 为用户提供了建立用户自定义的参数化图符或固定图符的工具，使用户可以方便快捷地建立自己的图库。此外，对于已经插入图中的参数化图符，还可以通过"驱动图符"功能修改其尺寸规格。

CAXA CAD 电子图板 2020 的图块和图库功能，为绘制零件图、装配图等工程图样提供了极大的方便。

7.1 图块的概念

块是复合形式的图形实体，是一种应用广泛的图形元素，其特点如下。

（1）块是由多个图形元素组成的复合型图形实体，由用户定义。块被定义生成后，原来若干相互独立的图形元素形成统一的整体，以便实现与其他图形实体相同的操作（如移动、复制、删除等）。

（2）块可以被打散，即构成块的图形元素也被称为可独立操作的元素。

（3）利用块可以实现图形的消隐。

（4）利用块可以存储与该块相关联的非图形信息，如块的名称、材料等。这些信息被称为块的属性。

（5）利用块可以实现形位公差、表面粗糙度等技术要求的自动标注。

（6）利用块可以实现图库中各种图符的生成、存储与调用。

CAXA CAD 电子图板 2020 中属于块的图形元素包括图符、尺寸、文字、图框、标题栏和明细表等，对这些图形元素均可使用除"块创建"命令之外的其他块操作命令。

7.2 块操作

在 CAXA CAD 电子图板 2020 中，块操作的主要命令位于"绘图"菜单的"块"子菜单中，或者表现为"块工具"工具栏（默认状态下未显示）中的相关按钮，如图 7-1 所示。块的主要操作包括块的创建、消隐、属性定义、插入等。下面分别对其进行介绍。

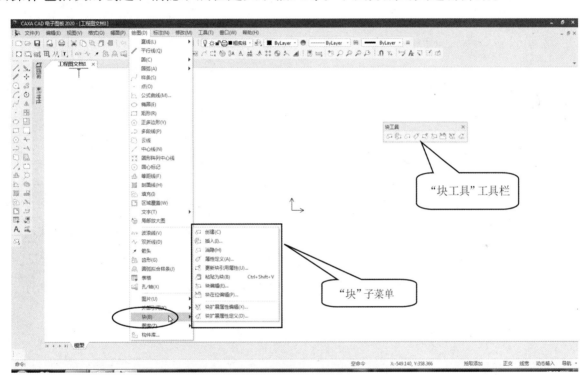

图 7-1 块操作命令

7.2.1 块的创建

菜单："绘图"→"块"→"创建"

工具栏："块创建"

命令：BLOCK

【功能】将选中的一组图形元素组合成一个块。

【步骤】

（1）启动"块创建"命令。

（2）按提示要求，用鼠标拾取要构成块的图形元素，拾取结束后，单击鼠标右键。

（3）按系统提示"*基准点:*"，用鼠标拾取一点，使其作为块的基准点（主要用于块的拖动

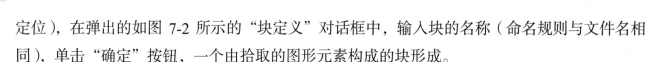

定位），在弹出的如图 7-2 所示的"块定义"对话框中，输入块的名称（命名规则与文件名相同），单击"确定"按钮，一个由拾取的图形元素构成的块形成。

> **提示：** 在命令状态下先拾取多个实体，然后单击鼠标右键，在弹出的右键快捷菜单中选择"块创建"选项，按系统提示输入块的基准点和块名，同样可以生成块。

生成的块位于当前图层，对它可实施各种图形编辑操作，如移动、复制、阵列、删除等。块的定义可以嵌套，即一个块可以是构成另一个块的元素。块名称及块定义保存在当前图形中。

如果当前图形已经定义了块，且创建块时输入的名称与当前图形内已有块的名称相同，则会弹出如图 7-3 所示的提示对话框。单击"是"按钮，将覆盖已有的块定义，当前图形中引用的块均会进行更新；单击"否"按钮，则返回"块定义"对话框。

图 7-2 "块定义"对话框

图 7-3 提示对话框

> **提示：** 在一般情况下，块名称及块定义只保存在当前图形文件中，若要将其应用于其他图形文件中，则可以采用两种方法实现：一是将构成图块的图形通过"文件"菜单中的"部分存储"命令将其保存为单独的 EXB 图形文件，并在需要时通过"文件"菜单中的"并入"命令添加到其他图形中；二是通过 CAXA CAD 电子图板 2020 的"设计中心"，直接将某一图形中的图块拖动到其他图形中。

7.2.2 块的消隐

菜单："绘图"→"块"→"消隐"

工具栏："块消隐"

命令：HIDE

【功能】将具有封闭外轮廓的块图形作为前景图形区，自动擦除该区域内的其他图形，实现二维消隐。若对已消隐的区域取消消隐，则被自动擦除的图形又恢复显示。

【步骤】

（1）在当前图形中插入如图 7-4（a）所示的"1"和"2"两个图块。

（2）启动"块消隐"命令。

（3）按系统提示"*请拾取块:*"，用鼠标左键拾取一个块作为前景图形，拾取一个，消隐一个，单击鼠标右键或按 Esc 键退出命令，如图 7-4（b）和图 7-4（c）所示。

（4）单击立即菜单"1."，切换为"取消消隐"方式，只需按系统提示"*请拾取块:*"，用鼠标左键拾取前面消隐的两个块上任意一点，即可取消消隐，如图 7-2（d）所示。

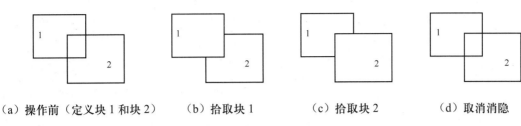

（a）操作前（定义块 1 和块 2）　（b）拾取块 1　（c）拾取块 2　（d）取消消隐

图 7-4　块消隐

7.2.3　块的属性定义

块除了包含图形对象，还可以具有非图形信息。例如，将一台电视机图形定义为图块后，还可以将其型号、参数、价格及说明等文本信息一并添加到图块中。图块的这些非图形信息也被称为块的属性，是图块的一个组成部分，与图形对象一起构成一个整体。在插入图块时，系统将图形对象连同属性一起添加到图形中。

块的属性定义包括属性名称和属性值两方面的内容。例如，我们可以把 PRICE（价格）定义为属性名称，而具体的价格"2000"定义为属性值。在定义图块之前，要事先定义好每个属性，包括属性名称、描述、缺省值、属性在图中的位置等。属性定义完成后，将其名称在图中显示出来，并将有关信息保存在图形文件中。

当插入图块时，CAXA CAD 电子图板 2020 通过属性描述提示要求用户输入属性值；图块插入后，属性以属性值的形式显示出来。同一图块在不同点插入时，可以具有不同的属性值。

菜单："绘图"→"块"→"属性定义"

工具栏："属性定义"

命令：ATTRIB

【功能】创建一组用于在块中存储非图形数据的属性定义。属性是与块相关联的非图形信息，并与块一起存储。一个块中可以定义多个属性。

【步骤】

（1）启动块的"属性定义"命令。

（2）在弹出的如图 7-5 所示的"属性定义"对话框中，输入欲定义属性的"名称""描述""缺省值"（若有的话）等信息，在"定位方式"选项组中选择放置属性的定位方式，在"文本设置"选项组中设定属性显示的外在形式，完成后单击"确定"按钮。

（3）用"块创建"命令定义图块时，将图形元素和属性定义一并选中，一同作为块的组成部分。

图 7-5　"属性定义"对话框

7.2.4　块的插入

【功能】选择一个块并插入当前图形。

【步骤】

菜单："绘图"→"块"→"插入"

工具栏："块插入"

命令：INSERTBLOCK

（1）启动"块插入"命令。

（2）在弹出的如图 7-6 所示的"块插入"对话框中，进行相关设置。在"名称"下拉列表中选择要插入的块；在"比例"编辑框中输入要插入块的缩放比例；在左侧预览框中观察要插入的块；必要时可在"旋转角"编辑框中输入要插入的块在当前图形中的旋转角度；若插入块后不希望将其作为一个整体的图形元素，则可以勾选"打散"复选框。

（3）单击"确定"按钮，在当前图形中指定块的插入点，完成块插入操作。

（4）如果插入的块中包含了属性，则在插入块时会弹出如图 7-7 所示的"属性编辑"对话框，双击"属性值"下方的单元格，即可编辑属性。插入块以后，也可以双击块，在弹出的此对话框中进行块属性编辑。

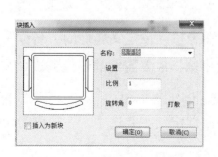

图 7-6　"块插入"对话框

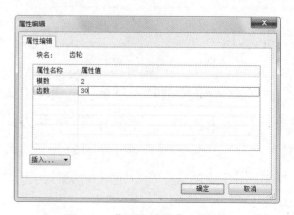

图 7-7　"属性编辑"对话框

7.2.5 块的分解

菜单："修改"→"分解"

工具栏："分解"

命令：EXPLODE

【功能】块的分解是块创建的逆过程，可以将块分解为组成块的各成员图形元素。如果块是逐级嵌套生成的，块分解就是逐级打散的，打散后其各成员彼此独立，并归属于原图层。

【步骤】

（1）启动"分解"命令。

（2）按提示要求，用鼠标左键拾取要分解的块，拾取结束后，单击鼠标右键，此时拾取的块被分解。如果再用鼠标左键拾取原来组成块的任意一个图形元素，并且该图形元素被选中，而其他图形元素没有被选中，则说明原来的块已经不存在了。

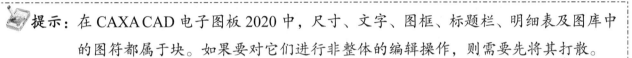

> 提示：在 CAXA CAD 电子图板 2020 中，尺寸、文字、图框、标题栏、明细表及图库中的图符都属于块。如果要对它们进行非整体的编辑操作，则需要先将其打散。

7.2.6 块应用示例

1. 普通块的定义

下面将如图 7-8（a）所示的图形定义为名称为"办公桌椅"的普通块，并以此为例介绍定义普通块的具体操作步骤。

（1）绘制出块定义所需的办公桌椅图形。

（2）启动"块创建"命令，按系统提示*拾取元素*，从当前图形中选择欲定义成块的图形元素［如框选图 7-8（a）中的整个办公桌椅图形］，按 Enter 键，此时选中的图形将变虚线显示。

（3）按系统提示*基准点*，在图形中拾取方便标识图形位置的基准点（如捕捉图中办公桌的左上角点），按 Enter 键。

（4）在弹出的如图 7-8（b）所示的"块定义"对话框的"名称"编辑框中输入块的名称"办公桌椅"，单击"确定"按钮，完成名称为"办公桌椅"的块的定义。

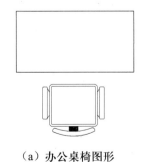

（a）办公桌椅图形

（b）输入块名

图 7-8 普通块"办公桌椅"的定义

2. 带属性块的定义

下面将办公桌椅的图形[见图 7-8（a）]定义为名称为"个人办公桌椅"的块，并以此为例介绍定义带属性块的具体操作步骤，要求将办公桌椅使用者的姓名作为属性一并定义在块中。

（1）与普通块的定义相同，先绘制出块定义所需的办公桌椅图形。

（2）启动块的"属性定义"命令，在弹出的"属性定义"对话框中，按图 7-9 所示输入"名称"和"描述"编辑框中的相应内容"姓名"及"使用者的姓名"，在"定位方式"选项组中选中"单点定位"单选按钮，单击"确定"按钮，按系统提示"*定位点或矩形区域的第一角点*"，于办公桌图形的中间位置单击鼠标左键，以指定属性文字显示在图中的位置。在图形中将显示以"名称"编辑框中的内容"姓名"为标识的属性定义，如图 7-10（a）所示。

图 7-9　设置属性定义

（3）启动"块创建"命令，按系统提示"*拾取元素*"，从当前图形中选择欲定义成块的图形元素，除桌椅的图形外，还需要同时选中标识属性定义的"姓名"文字，按 Enter 键，选中的图形及属性文字将变虚线显示。

（4）按系统提示"*基准点*"，在图形中拾取方便标识图形位置的基准点（如捕捉图中办公桌的左上角点），按 Enter 键。

（5）在弹出的"块定义"对话框的"名称"编辑框中，输入块的名称"个人办公桌椅"，单击"确定"按钮；在弹出的如图 7-10（b）所示的"属性编辑"对话框中，单击"确定"按钮，完成名称为"个人办公桌椅"的带属性块的定义。

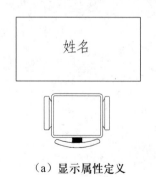

（a）显示属性定义　　　　　　　　　　　　（b）"属性编辑"对话框

图 7-10　带属性块"个人办公桌椅"的定义

3. 块的插入

下面将前面定义的普通块"办公桌椅"和带属性块"个人办公桌椅"分别插入图中，并以此为例介绍块插入的方法。

（1）启动"块插入"命令。

（2）在弹出的"块插入"对话框的"名称"下拉列表中，选择已定义的图块"办公桌椅"，单击"确定"按钮，如图 7-11 所示。

（3）按系统提示"*插入点*"，在图中指定欲插入图块的位置，完成普通块的插入。图 7-12 所示为多重插入普通块"办公桌椅"所构成的办公室效果。

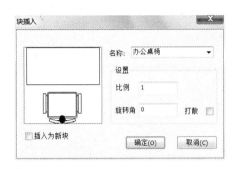

图 7-11　插入图块"办公桌椅"

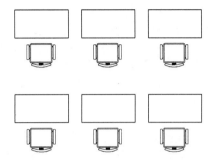

图 7-12　多重插入普通块"办公桌椅"所构成的办公室效果

（4）再次启动"块插入"命令。

（5）在弹出的"块插入"对话框的"名称"下拉列表中，选择已定义的带属性块"个人办公桌椅"，单击"确定"按钮。

（6）按系统提示"*插入点*"，在图中指定欲插入图块的位置。

（7）在弹出的"属性编辑"对话框的"姓名"所对应的"属性值"单元格中，输入办公桌椅使用者的姓名（如"张一山"等），单击"确定"按钮，如图 7-13 所示。系统将在插入办公桌椅图形的同时，亦将块中定义的属性（即使用者的姓名）显示在桌面上。图 7-14 所示为多重插入带属性块"个人办公桌椅"所构成的办公室效果。

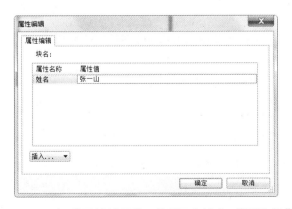

图 7-13　在"属性编辑"对话框中输入"属性值"

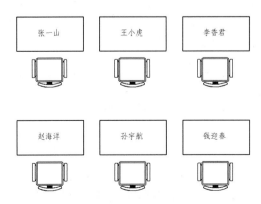

图 7-14　多重插入带属性块"个人办公桌椅"
所构成的办公室效果

7.3 图库

为了提高绘图效率，CAXA CAD 电子图板 2020 提供了强大的库操作功能。图库的基本组成单位是图符。CAXA CAD 电子图板 2020 将各种标准件和常用图形符号定义为图符，并按是否参数化将图符分为参数化图符和固定图符。在绘图时，可以直接提取这些图符并将其插入图中，从而避免不必要的重复劳动。图符可以由一个或多个视图组成，每个视图在提取时可以定义为块，在调用时可以进行块消隐。

图库操作命令大多位于"绘图"菜单的"图库"子菜单中，或者表现为"图库"工具栏（默认状态下未显示）中的相关按钮，如图 7-15 所示。图库命令的主要操作包括插入图符、定义图符、驱动图符及构件库等，下面分别进行介绍。

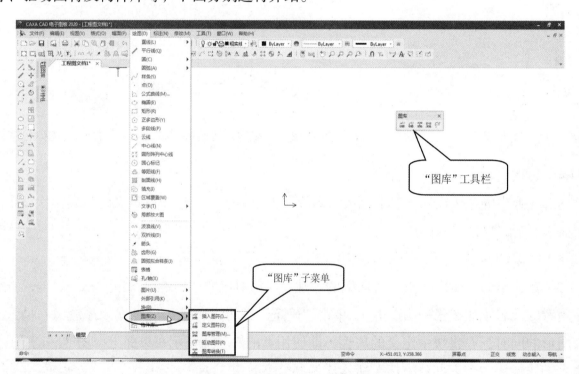

图 7-15   图库操作命令的位置

7.3.1 插入图符

菜单："绘图" → "图库" → "插入图符"

工具栏："插入图符"

命令：SYM

【功能】将已有的图符从图库中提取出来，插入当前图形。

图符分为固定图符和参数化图符两种。前者主要是指形状和大小相对固定的一些符号（如液压气动符号、电气符号、农机符号等）；后者主要是指形状相同而尺寸不同的标准件图形（如螺栓、螺钉、螺母、垫圈、键、销、轴承等）。对于参数化图符，除了需要指定其形状类型，还必须给出其具体的参数。

【步骤】

（1）启动"插入图符"命令后，将弹出如图 7-16 所示的"插入图符"对话框。

（2）双击该对话框左侧列表框中的图符类别，将以树状方式逐级显示该大类对应的小类列表及当前小类中包含的所有图符。

（3）用鼠标左键单击任意一个图符名，此时该图符成为当前图符。在"插入图符"对话框的右侧为一个预览框，包括"图形"和"属性"两个选项卡，可对用户选择的当前图符的属性和图形进行预览，在图形预览时各视图基点用高亮度十字标出，如图 7-17 所示。

图 7-16　"插入图符"对话框

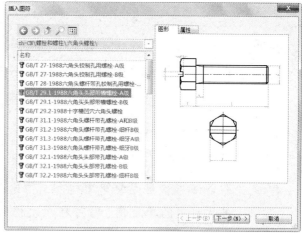

图 7-17　图符预览

（4）选定图符后，单击"下一步"按钮，将弹出"图符预处理"对话框，如图 7-18 所示（此处是针对参数化图符而言的，若是固定图符，则没有此步骤）。用户可在其中可进行具体的参数设置。

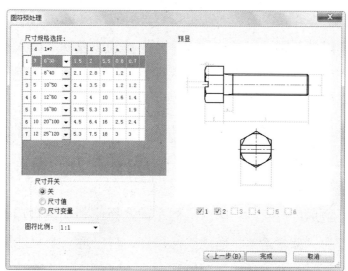

图 7-18　"图符预处理"对话框

该对话框的右半部是图符预览区，上方为"预显"选区，用于显示所选图符的视图；下方排列着视图个数的显示控制开关，只需勾选或取消勾选相应的复选框，即可打开或关闭任意一个视图，而被关闭的视图将不被插入进来。

对话框的左半部是图符处理区，包括"尺寸规格选择"选区、"尺寸开关"选项组和"图符比例"选项 3 部分内容。

"尺寸规格选择"选区以电子表格的形式出现，表头为尺寸变量名，在右侧的"预显"选区内可以直观地看到每个尺寸变量名的具体位置和含义（如果用鼠标右键单击"预显"选区内任意一点，则图形以该点为中心放大显示，并且可以将其反复放大；如果在"预显"选区内同时按下鼠标左键和右键，则图形恢复到最初的显示大小），用鼠标左键单击任意单元格，即可对其内容进行修改。

> **提示：** 如果尺寸变量名后带有"*"号，则表示该变量为系列变量，只需用鼠标左键单击其对应的单元格中的内容（是一个范围），即可在该单元格的右侧出现一个下拉按钮。单击该按钮，将列出当前范围内的所有系列值，选择所需的值选项，即可在原单元格内显示出用户选定的值。如果在下拉列表中没有用户所需要的值，则可以在单元格内直接输入新的数值。
>
> 如果尺寸变量名后带有"？"号，则表示该变量为动态变量，只需用鼠标右键单击其对应的单元格，即可在单元格的内容后标有"？"号，表示它的尺寸值不限定，在提取时可以通过键盘输入新值，或者通过拖动鼠标指针来改变该变量的大小。
>
> "尺寸开关"选项组用来控制图符提取后的尺寸标注情况，其中"关"表示提取后不标注任何尺寸；"尺寸值"表示提取后标注实际尺寸；"尺寸变量"表示只标注尺寸变量名，而不标注实际尺寸。用户只需单击鼠标左键，选中某个单选按钮即可。

如果对所选图符不满意，则可以单击"上一步"按钮，返回"插入图符"对话框，更换其他图符。图符设置完成后，单击"完成"按钮，将关闭所有对话框，返回绘图状态，此时可以看到所选图符已经"挂"在了十字光标上。

（5）立即菜单中的"1."和"2."用于控制图符的输出形式。图符的每一个视图在默认情况下都是作为块插入的，其中"打散"表示将每一个视图打散成相互独立的元素，"消隐"表示图符插入后进行消隐处理。

（6）按系统提示"*图符定位点：*"，单击鼠标左键选择或利用键盘输入一点，使其作为图符的定位点，此时提示变为"*旋转角：*"，拖动鼠标指针，将出现一个只能旋转而不能移动的动态图符，在适当位置单击鼠标左键确认（也可以用键盘直接输入一个角度值，如果接受系统默认的 0° 角，即不旋转，则直接单击鼠标右键），即可完成图符的提取和插入。

（7）如果在该图符的尺寸变量名中设定了动态变量，则在确定了视图的旋转角度后，提示变为"*请拖动确定 X 的值:*",其中 *X* 为尺寸变量名,此时该尺寸的值会随鼠标指针的移动而变化,拖动鼠标指针,在适当的位置单击鼠标左键,以确定该尺寸的大小(当然,也可以用键盘输入该尺寸的数值)。一个图符中可以有多个动态尺寸。

(8)此时,图符的一个视图提取完成,如果该图符具有多个视图,则可按上述方法提取所有视图。

(9)在系统提示"*图符定位点:*"时,可以多次插入该图符,单击鼠标右键,结束操作。

7.3.2 定义图符

菜单:"绘图" → "图库" → "定义图符"

工具栏:"定义图符"

命令:SYMDEF

图符的定义实际上就是用户根据需要,建立自己的图库的过程。由于不同专业、不同技术背景的用户可能会用到一些电子图板没有提供的图形或符号,因此为了提高绘图效率,用户可以利用电子图板提供的工具,建立、丰富自己的图库。

图符的定义包括固定图符的定义和参数化图符的定义两种,下面仅就固定图符的定义进行介绍。

【功能】将一些常用的、不必标注尺寸的固定图符(如电气元件符号、液压元件符号、气动元件符号等)存入图形库中。

【步骤】

下面将 3.23.2 节中绘制的槽轮图形定义为固定图符来介绍固定图符定义的具体操作方法。

(1)在绘图区绘制出要定义的图形,图形应尽量按照实际的尺寸比例准确绘制。这里可打开在第 3 章中绘制完成并保存的图形文件"槽轮.exb"。

(2)启动"定义图符"命令。

(3)按系统提示"*请选择第一视图:*",用鼠标左键拾取第一视图的所有元素(可单个拾取,也可用窗口拾取),单击鼠标右键,结束拾取。

(4)按系统提示"*请单击或输入视图的基点:*",用鼠标左键在视图中拾取一点作为基点(也可以用键盘输入),由于基点是图符提取时的定位基准点,因此最好将基点选在视图的关键点或特殊位置点,如中心点、圆心、端点等。此处可利用工具点捕捉功能拾取槽轮右端面与中心线的交点,并将其作为视图的基点。

(5)如果还有其他的视图,则系统继续提示,要求指定第二、第三等视图的元素和基点,方法同上。此例中,该槽轮的视图个数为 1,按系统提示"*请选择第二视图:*",直接单击鼠标右键或按键盘上的 Enter 键,结束视图选择操作。

(6)完成指定后,将弹出如图 7-19 所示的"图符入库"对话框。

（7）在该对话框中，用户可以在"新建类别"编辑框中输入新的类名，也可以选择一个已有的类别；在"图符名称"编辑框中输入新建图符的名称。例如，在"新建类别"编辑框中输入"齿轮与槽轮"，在"图符名称"编辑框中输入图符的名称"槽轮"。

（8）单击"属性编辑"按钮，将弹出"属性编辑"对话框，如图 7-20 所示。CAXA CAD 电子图板 2020 提供了 10 个默认属性，用鼠标左键单击某个属性，即可对该属性进行编辑和录入。如果要增加新属性，直接在表格最后一行输入即可；如果要在某个属性前增加新属性，将光标定位在该行，按 Insert 键即可；如果要删除某个属性，用鼠标左键单击该行左侧的选择区选中该行，按 Delete 键即可。

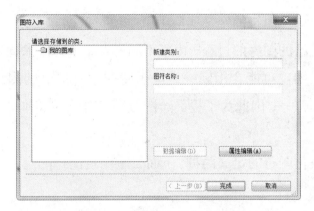

图 7-19 "图符入库"对话框

图 7-20 "属性编辑"对话框

（9）设置完成后，单击"确定"按钮，即可将新建的图符添加到图库中。此时，选择"绘图"→"图库"→"插入图符"选项，在弹出的"插入图符"对话框中，按住滚动条向下拖动，即可看到定义的"齿轮与槽轮"图符已存在。

7.3.3 驱动图符

菜单："绘图"→"图库"→"驱动图符"

工具栏："驱动图符"

命令：SYMDRV

【功能】用于改变已提取且没有被打散图符的尺寸规格、尺寸标注情况和图符输出形式。

【步骤】

（1）启动"驱动图符"命令。

（2）按提示要求，用鼠标左键拾取要变更的图符。此时，在弹出的"图符预处理"对话框（见图 7-18）中，和插入图符的操作一样，可以对图符的尺寸规格、尺寸开关和图符比例等内容进行修改。

（3）修改完成后，单击"确定"按钮，原图符将被修改后的图符代替，而图符的定位点和旋转角都不改变。

7.3.4 构件库

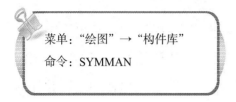

菜单："绘图" → "构件库"
命令：SYMMAN

【功能】构件库提供了强大的机械绘图和编辑命令。一般用于不需要用对话框进行交互，而只需用立即菜单进行交互的功能。

构件库的使用不仅有功能说明等文字说明，还有更为形象和直观的图片说明。

CAXA CAD 电子图板 2020 提供的工艺结构构件包括洁角、止锁孔、退刀槽、润滑槽、滚花、圆角、倒角、砂轮越程槽等。

【步骤】

在默认情况下，启动"构件库"命令后将弹出如图 7-21 所示的"构件库"对话框。

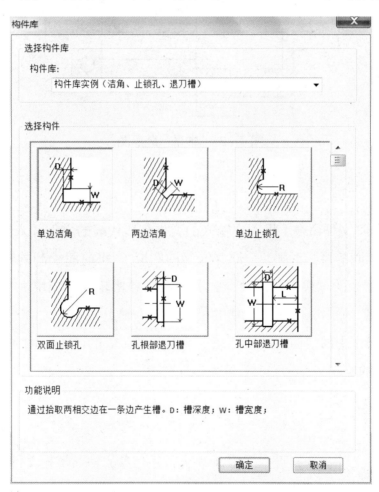

图 7-21 "构件库"对话框

其中，在"构件库"下拉列表中可以选择不同的构件库，在"选择构件"选项组中以按钮的形式列出了该构件库中的所有构件，用鼠标左键单击选中以后，在"功能说明"选项组中列出了所选构件的功能说明，单击"确定"按钮，就会执行所选的构件。

7.4 应用示例

本节将结合一简单轴系装配图的生成来介绍块的定义、图符的提取及其在装配图绘制过程中的具体应用方法。具体为：先将 3.23 节中绘制的"轴的主视图"和"槽轮的剖视图"分别定义成块，再用规格为 10×36 的键（GB/T 1096—2003 普通平键 A 型）连接该轴和槽轮，并在右轴端加一个规格为 6206 的向心轴承（GB/T 276—2013 深沟球轴承 60000 型 02 系列），最后绘制成如图 7-22 所示的"轴系"装配图。

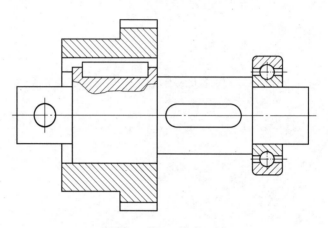

图 7-22 "轴系"装配图

7.4.1 过程分析

首先利用"并入"文件命令（将用户输入的文件名所代表的文件并入当前的文件，如果有相同的层，则并入相同的层；否则，全部并入当前图层），将前面绘制的轴和槽轮文件并入一个文件，利用块操作中的"块创建"命令，分别将轴和槽轮定义成块。

然后利用"平移"命令，将定义成块的槽轮平移到轴上。

最后利用图库操作中的"插入图符"命令，提取 10×36 的键（GB/T 1096—2003 普通平键 A 型），完成装配图的绘制。

7.4.2 绘图步骤

（1）用"并入"文件命令，将本书第 3 章绘制并存盘的轴和槽轮文件并入一个文件中。

① 在 CAXA CAD 电子图板 2020 环境下新建一图形文件。单击"标准工具"工具栏中的"新建文档"按钮 🗋，在弹出的"新建"对话框中，用鼠标左键双击"BLANK"模版，即可创建一个新文件。

② 选择"文件"→"并入"选项，在弹出的"并入文件"对话框中选择在第 3 章绘制并存储的文件"轴.exb"，单击"打开"按钮，选中"并入到当前图纸"单选按钮，在屏幕适当位

置单击鼠标左键，确定定位点，将旋转角度设为"0"，即可将轴并入到新建的文件中。

③ 与上相同，将在第 3 章绘制并存储的文件"槽轮.exb"也并入该新建文件中（注意：两图不要有重叠部分）。

（2）用块操作中的"块创建"命令，将该轴和槽轮分别定义成块。

① 单击"绘图工具"或"块工具"工具栏中的"块创建"按钮 ，按系统提示"*拾取元素:*"，用窗口拾取方式选择屏幕上的轴，单击鼠标右键，按系统提示"*基准点:*"，将状态栏中的屏幕点捕捉方式设置为"智能"方式，将光标移动到该轴左端面与中心线的交点附近，捕捉该交点为基准点，单击鼠标左键，将轴的图形定义成一个名称为"轴"的块。

② 单击鼠标右键，方法同上，用窗口拾取方式拾取屏幕上的槽轮，将基准点选在槽轮右端面与中心线的交点处，将槽轮图形定义成一个名称为"槽轮"的块。

（3）用"平移"命令将定义的槽轮块移动到轴上的安装位置。

按系统提示"*拾取添加:*"，用鼠标左键单击槽轮上任意一点，即可将槽轮选中，单击鼠标右键，结束拾取。当系统提示"*第一点:*"时，捕捉槽轮右端面与中心线的交点作为平移的第一点，单击鼠标左键；当系统提示"*第二点:*"时，移动光标，捕捉"$\phi 50$"轴的右端面与中心线的交点作为平移的第二点，单击鼠标左键，即可将槽轮移动到轴上，并且槽轮的中心线与轴的中心线重合，槽轮的右端面与"$\phi 50$"轴的右端面重合，如图 7-23 所示。单击鼠标右键，结束操作。

（4）用块操作中的"块消隐"命令，将图中重叠的部分消隐。

选择"绘图"→"块"→"消隐"选项或单击"绘图工具"（或"块工具"）工具栏中的"块消隐"按钮 ，将立即菜单设置为"消隐"，按系统提示"*请拾取块引用:*"，用鼠标左键单击轴上任意一点，将其设置为前景图形元素，则槽轮中与其重叠的部分被消隐，如图 7-24 所示。

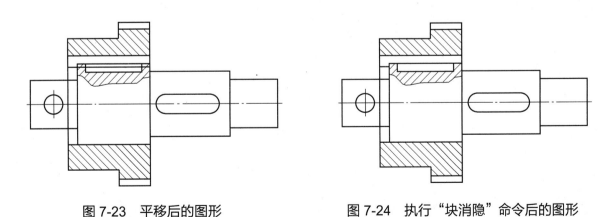

图 7-23　平移后的图形　　　　　　　图 7-24　执行"块消隐"命令后的图形

（5）用图库操作中的"插入图符"命令，提取规格为 10×36 的普通平键图形，将其插入槽轮和轴的键槽中。

① 选择"绘图"→"图库"→"插入图符"选项或单击"图库"工具栏中的"插入图符"

按钮 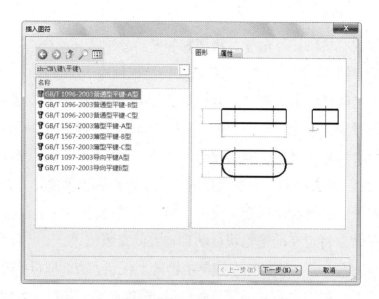，在弹出的"插入图符"对话框中选择"GB/T 1096—2003 普通型平键-A 型"选项，如图 7-25 所示。

图 7-25 将插入图符设置为所需要的键型号

② 单击"下一步"按钮，弹出"图符预处理"对话框，在键宽"b"的值为"10"的行中将键长长度列表"L*?"的值通过下拉列表设置为"36"，关闭视图 2、视图 3，单击"完成"按钮。键的具体参数设置如图 7-26 所示。

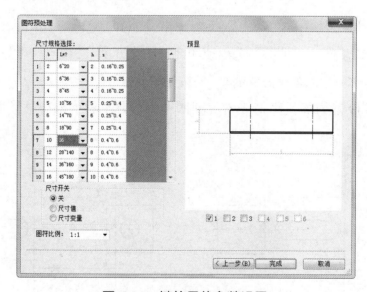

图 7-26 键的具体参数设置

③ 立即菜单在"不打散"和"消隐"方式下，按系统提示"*图符定位点：*"，捕捉轴上键槽的左下角点作为图符的定位点，单击鼠标左键，系统提示"*图符旋转角度：*"，由于不需要旋转，因此直接单击鼠标右键，即可将键的主视图插入到键槽中。按 Enter 键，结束插入图符的操作。

（6）用图库操作中的"插入图符"命令，提取规格为 60000 型 02 系列的深沟球轴承图形，并将其插入右轴端，绘制装配图。

① 继续执行"插入图符"命令，在弹出的"插入图符"对话框中选择如图 7-27 所示的选项。

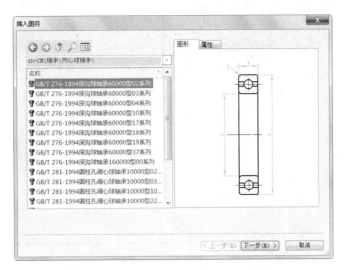

图 7-27　将插入图符选择为所需要的轴承型号

② 单击"下一步"按钮，在弹出的"图符预处理"对话框中，选中轴承内圈直径"d"值为"30"的行，单击"完成"按钮。轴承的具体参数设置如图 7-28 所示。

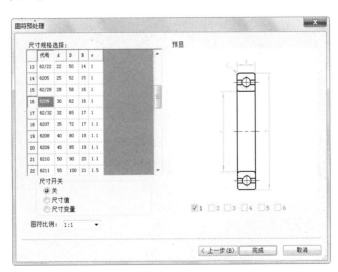

图 7-28　轴承的具体参数设置

③ 按系统提示"*图符定位点：*"，捕捉轴上右轴肩与轴线的交点作为图符的定位点，单击鼠标左键，并按 Enter 键，即可将轴承插入到轴的右轴段上。

④ 用块操作中的"块消隐"命令，将轴承图中被遮挡的部分消隐。

启动"块消隐"命令，按系统提示"*请拾取块：*"，用鼠标左键单击轴上任意一点，将其设置为前景图形元素，则轴承被消隐；在系统提示"*请拾取块：*"时，继续用鼠标左键单击键上任意一点，将键图形轮廓内的轴消隐掉，单击鼠标右键，结束操作。

最后完成的"轴系"装配图，如图 7-29 所示。

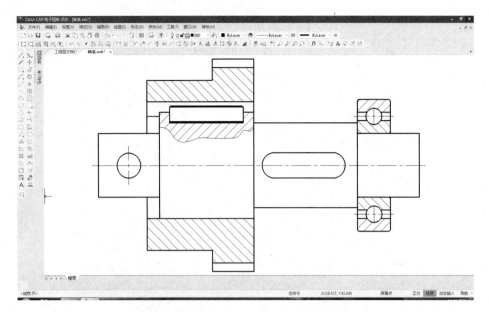

图 7-29　最后完成的"轴系"装配图

（7）以"轴系.exb"为文件名存盘。

提示：在第 8 章的【上机练习】中还要用到该图。

习　　题

1. 选择题

（1）下列各步骤中创建块的正确顺序是（　　　　　　　　　　　）。若为带属性块，则在步骤（　　）之前启动块的"属性定义"命令，定义块的属性。

① 输入图块名

② 启动"块创建"命令

③ 绘制构成块的图形

④ 指定块的基准点

⑤ 拾取构成图块的元素

（2）下列对象中属于块的有（　　）。

① 图符

② 尺寸

③ 图框

④ 标题栏

⑤ 以上全部

（3）下列各步骤中插入块的正确顺序是（　　　　　　　　　　　）。若为带属性块，则在步骤
（　　　）之后需在"属性编辑"对话框中输入具体的属性值。

① 确认当前图形中存在欲插入的图块

② 启动块插入命令

③ 选择插入块的名称、比例和旋转角度

④ 指定块的插入点

（4）用"块创建"命令生成的块（　　　）。

① 可以被打散

② 可以用来实现图形的消隐

③ 可以以属性的方式存储与图形相关的非图形信息

④ 在通常情况下只能在定义它的图形文件内调用

⑤ 既能在定义它的图形文件内调用，也能在其他图形文件内调用

（5）若要使在一个图形文件内定义的块能够被其他图形文件所调用，则可以（　　　）。

① 先将构成块的图形元素用"文件"菜单中的"部分存储"命令存储为一独立的图形文件，再将该图形文件用"文件"菜单中的"并入"命令调入欲调用的图形文件中

② 通过 CAXA CAD 电子图板 2020 的"设计中心"，直接将某一图形中的图块拖动到其他图形中

③ 首先用库操作下的"定义图符"命令将构成图块的图形元素定义为图符，并放入图库中，然后在其他图形文件中用"插入图符"命令调用之

④ 以上均可

2. 简答题

（1）普通块和带属性块有何区别？各适用于哪类图形的定义？在操作上有何不同？

（2）参数化图符与固定图符有何区别？各适用于哪类图形的定义？

上机指导与练习

【上机目的】

掌握图块和图符的定义及其应用方法。

【上机内容】

（1）熟悉图块和图符的基本操作。

（2）请绘制如图 7-30 所示的新图标零件表面粗糙度符号和几何公差基准符号，并将它们

都定义成普通块。

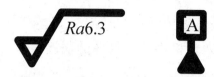

图 7-30　新国标零件表面粗糙度符号和几何公差基准符号

（3）将两个符号中的"6.3"及"A"值（图 7-30）分别定义为属性，并将两个图形都定义为随插入的不同而取值可变的带属性块。

（4）按照 7.4 节所述方法和步骤，完成"轴系"装配图的绘制。

（5）按照下面【上机练习】中的要求和提示，完成各图形的绘制。

【上机练习】

（1）首先绘制如图 7-31 所示的笑脸卡通图，并将其定义成名称为"SMILE"的块；然后将该图块以不同的插入点、比例及旋转角度插入图中，形成由不同大小和胖瘦的笑脸组成的笑脸组图；最后将其以"笑脸图"为文件名进行存盘。

（2）首先用"直线"命令绘制如图 7-32 所示的建筑立面图中的窗户图形，并将其定义为图块；然后自行设计一幅两层小楼的示意性立面图；最后将此窗户图块插入图中。

图 7-31　笑脸　　　　　　　　　　　　　　　　图 7-32　窗户

（3）在图 7-33（a）的基础上，按照图 7-33（b）中标注的圆柱销和圆锥销的国标代号及规格尺寸，通过库操作中的"插入图符"命令调用标准件图形，完成凸缘联轴器装配图形的绘制。

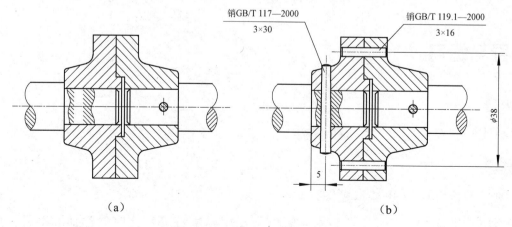

（a）　　　　　　　　　　　　　　　　　　（b）

图 7-33　凸缘联轴器装配图形

（4）已知上板厚 20，下板厚 30，通孔 ϕ22，上、下两板件用规格为 M20 的六角头螺栓连接起来，请绘制其"螺栓连接"装配图，如图 7-34 所示。其中，螺纹连接件分别是规格为 M20×80 的六角头螺栓（GB/T 5780—2016 六角头螺栓-C 级）、规格为 20 的平垫圈（GB/T 95—2002 平垫圈-C 级）及规格为 M20 的六角螺母［GB/T 6170—2015（1 型六角螺母）］。

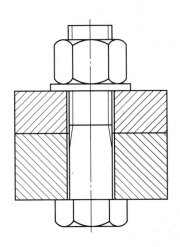

图 7-34　"螺栓连接"装配图

> 提示：首先用"矩形"命令绘制上、下两个矩形，用"剖面线"命令绘制剖面线，将上、下剖面线的角度分别设置为 45、135，并将间距错开设置为 8。
> 然后利用库操作中的"插入图符"命令，提取"GB/T 5780—2016 六角头螺栓-C级"六角头螺栓，在"尺寸规格选择"选区的电子表内找到"M20"，并双击对应的螺栓键长长度列表"1*?"，从中找到"80"，单击"确定"按钮；再次利用库操作中的"插入图符"命令，提取规格为 20 的平垫圈（GB/T 95—2002 平垫圈-C级）及规格为 M20 的六角头螺母［GB/T 6170—2015（1 型六角螺母）］，并正确插入图中，即可完成该装配图的绘制。

第 ⑧ 章 尺寸与工程标注

前面各章系统性地介绍了在 CAXA CAD 电子图板 2020 中绘制工程图形的主要方法及具体操作，由于图形只能表达零件或工程的形状和结构，因此其具体大小还必须通过尺寸标注来确定。标注是图纸中必不可少的内容，用来表达图形对象的尺寸大小和各种注释信息。电子图板依据相关制图标准提供了丰富而智能的标注功能，包括尺寸标注、坐标标注、文字标注、工程标注等，并可以方便地对标注进行编辑修改。另外，电子图板各种类型的标注都可以通过相应样式进行参数设置,满足各种条件下的标注需求。本章将详细介绍 CAXA CAD 电子图板 2020 中工程标注的相关内容与操作。

工程标注的所有命令位于"标注"菜单及其"尺寸标注"子菜单中，或者表现为"标注"工具栏中的相关按钮，如图 8-1 所示。

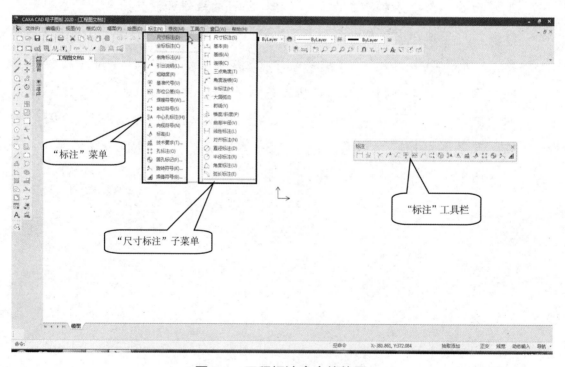

图 8-1 工程标注命令的位置

若对系统提供的工程标注参数进行修改，则可通过选择"格式"→"文本风格"/"标注风格"选项，在弹出的相应对话框中进行设置。

8.1 尺寸类标注

8.1.1 尺寸标注分类

CAXA CAD 电子图板 2020 可以随拾取的图形元素的不同，自动按图形元素的类型进行尺寸标注。在工程绘图中，常用的尺寸标注类型有以下几种。

（1）线性尺寸标注，如图 8-2 所示。它按标注方式可分为以下几种。

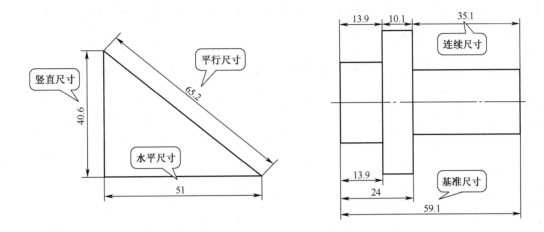

图 8-2　线性尺寸标注

- 水平尺寸：尺寸线方向水平。
- 竖直尺寸：尺寸线方向竖直。
- 平行尺寸：尺寸线方向与标注点的连线平行。
- 基准尺寸：一组具有相同尺寸标注起点，且尺寸线相互平行的尺寸标注。
- 连续尺寸：一组尺寸线位于同一条直线上，且首尾连接的尺寸标注。

（2）直径尺寸标注：标注圆及大于半圆的圆弧直径的尺寸，要求尺寸线通过圆心，尺寸线的两端均带有箭头并指向圆弧轮廓线，尺寸值前自动加注前缀"ϕ"。如果直径尺寸标注在非圆视图中，则应按线性尺寸标注，并在尺寸值前设置添加前缀"ϕ"，或者通过或输入"%%C"来实现添加前缀符号"ϕ"。

（3）半径尺寸标注：标注半圆及小于半圆的圆弧半径的尺寸，要求尺寸值前缀为"R"，尺寸线或尺寸线的延长线通过圆心，尺寸线指向圆弧的一端并带有箭头。

（4）角度尺寸标注：标注两条直线之间的夹角，要求尺寸界线交于角度顶点，尺寸线是以角度顶点为圆心的圆弧，其两端带有箭头，角度尺寸数值单位为"°"（度）。

（5）其他标注：如倒角尺寸标注、坐标尺寸标注等。

8.1.2　标注风格设置

【功能】设置尺寸标注的各项参数。

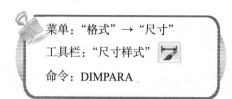

菜单："格式"→"尺寸"

工具栏："尺寸样式"

命令：DIMPARA

【步骤】

选择"格式"→"尺寸"选项后，将弹出"标注风格设置"对话框，如图 8-3 所示。"设为当前"按钮用来将所选的标注风格设置为当前使用风格；"新建"按钮用来建立新的标注风格。图 8-4 所示为系统默认的各选项卡显示的具体参数设置，用户可以重新设定和编辑标注风格。其中，部分主要参数的简介如下。

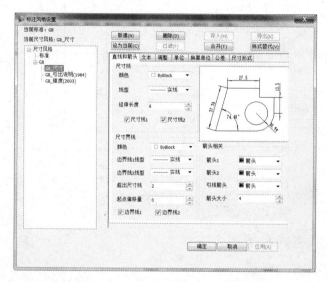

图 8-3　"标注风格设置"对话框

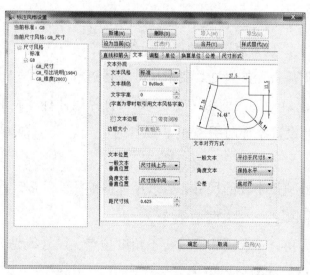

（a）"文本"选项卡

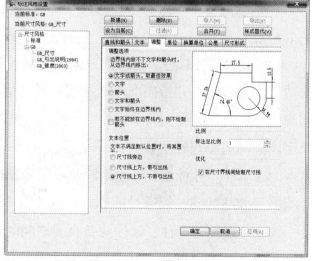

（b）"调整"选项卡

图 8-4　标注参数的设置

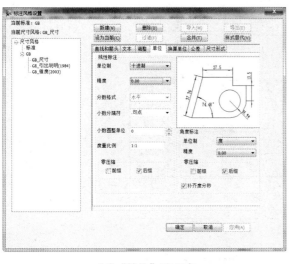

（c）"单位"选项卡

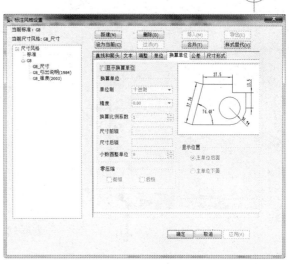

（d）"换算单位"选项卡

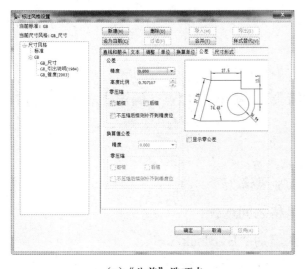

（e）"公差"选项卡

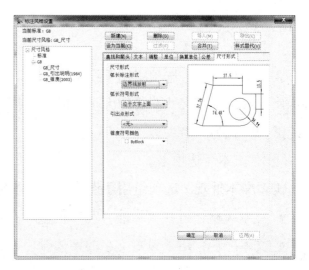

（f）"尺寸形式"选项卡

图 8-4　标注参数的设置（续）

（1）"直线和箭头"选项卡（见图 8-3）。

① "尺寸线"选项组用于控制尺寸线的各个参数。

- 颜色：用于设置尺寸线的颜色，默认值为"ByBlock"。

- 延伸长度：当尺寸线箭头在尺寸界线外侧时，用于设置尺寸界线外侧尺寸线的长度。默认值为"6"。

- 尺寸线：分为"尺寸线 1"和"尺寸线 2"复选框，用于设置在界限内是否绘制出左、右尺寸线，默认为勾选状态。图 8-5 所示为尺寸线参数含义示例。

② "尺寸界线"选项组用于控制尺寸界线的参数。

- 颜色：用于设置尺寸界线的颜色，默认值为"ByBlock"。

- 超出尺寸线：用于设置尺寸界线超过尺寸线终端的距离，默认值为"2"。

- 起点偏移量：用于设置尺寸界线与所标注元素的间距，默认值为"0"。

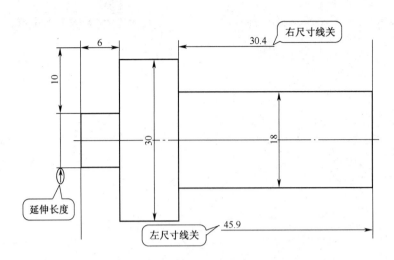

图 8-5　尺寸线参数含义示例

- 边界线：分为"边界线 1"和"边界线 2"复选框，用于设置左、右边界线的开关，默认为勾选状态。

③"箭头相关"选项组用于设定尺寸箭头的大小和样式。

用户可以设置尺寸箭头的大小和样式，在"箭头""斜线""原点"等样式之间进行选择，系统默认样式为"箭头"。

（2）"文本"选项卡。

①"文本外观"选项组用于设置尺寸文本的文字风格。

- 文本风格：可在"标准"和"机械"两种风格之间选择。
- 文本颜色：用于设置文字的字体颜色，默认值为"ByBlock"。
- 文本字高：用于设置尺寸文字的高度。默认值为"0"，意为引用文本风格的字高。
- 文本边框：用于为标注字体添加边框。

②"文本位置"选项组用于控制文本尺寸与尺寸线的位置关系。

- 一般文本垂直位置：用于设置文字相对于尺寸线的位置。单击右侧的下拉按钮，在下拉菜单中出现"尺寸线上方""尺寸线中间""尺寸线下方"3 个选项，如图 8-6 所示。

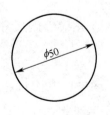　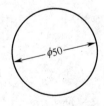　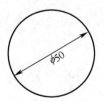

（a）尺寸线上方　　　　（b）尺寸线中间　　　　（c）尺寸线下方

图 8-6　不同的文本位置

- 距尺寸线：用于设置文字距离尺寸线的位置，默认值为"0.625"。

③"文本对齐方式"选项组用于设置文字的对齐方式，从中可分别对"一般文本"和"角

度文本"的文本方向及其对齐方式进行设置。

（3）"调整"选项卡。

用于调整文字与箭头的关系，使尺寸线的效果最佳。其中，"标注总比例"用于按输入的比例放大或缩小标注的文字和箭头。

（4）"单位"选项卡。

①"线性标注"选项组。

- 精度：用于设置尺寸标注时的精确度，可以精确到小数点后 7 位。
- 小数分隔符：小数点的表示方式，分为"逗点""逗号""空格"3 种。
- 度量比例：用于标注尺寸与实际尺寸之比，默认值为"1∶1"。

②"零压缩"选项组。

在尺寸标注中对小数进行前后消零。例如，尺寸值为 0.704，精度为 0.00，勾选"前缀"复选框，则标注结果为".70"；勾选"后缀"复选框，则标注结果为"0.7"。

③"角度标注"选项组。

- 单位制：用于设置角度标注的单位形式，包括"度"和"度分秒"两种形式。
- 精度：用于设置角度标注的精确度，可以精确到小数点后 5 位。

设置完成后，单击"确定"按钮，返回"标注风格设置"对话框，单击"设为当前"按钮，即可按所选的标注风格进行尺寸标注。

8.1.3 尺寸标注

菜单："标注" → "尺寸标注"

工具栏："尺寸标注" H

命令：DIM

启动"尺寸标注"命令，将在绘图区左下角弹出尺寸标注的立即菜单。CAXA CAD 电子图板 2020 提供了 16 种尺寸标注的方式，大致可以分为两类：第一类为主要命令，包括基本标注、基线标注、连续标注、三点角度标注、角度连续标注、半标注、大圆弧标注、射线标注、锥度/斜度标注、曲率半径标注；第二类为常用命令，包括线性标注、对齐标注、角度标注、弧长标注、半径标注和直径标注，其基本上是"基本标注"命令的分项细化，在操作上与"基本标注"命令亦大致相同。下面仅对第一类命令进行逐一介绍。

1. 基本标注

【功能】CAXA CAD 电子图板 2020 具有智能尺寸标注功能，系统结合拾取元素的不同类型和数目，根据立即菜单的选择，标注水平尺寸、垂直尺寸、平行尺寸、直径尺寸、半径尺寸、角度尺寸等。

【步骤】

（1）单击立即菜单"1."，在其上方弹出尺寸标注方式的选项菜单，选择"基本标注"方式。

（2）按系统提示"*拾取标注元素或点取第一点:*"，用鼠标拾取要标注的元素。根据拾取元素数目的不同，可以分为单个元素的标注和两个元素的标注。

单个元素的标注根据拾取元素类型的不同，又分为直线的标注、圆的标注、圆弧的标注。

① 直线的标注。按提示要求，拾取要标注的直线，将出现立即菜单

| 1.基本标注 ▾ | 2.文字平行 ▾ | 3.标注长度 ▾ | 4.长度 ▾ | 5.正交 ▾ | 6.文字居中 ▾ | 7.前缀 | 8.后缀 | 9.基本尺寸 | 13.22 |

，单击立即菜单"2."，在"文字水平"方式与"文字平行"方式间切换，其中"文字水平"方式表示尺寸文字水平标注；"文字平行"方式表示尺寸文字与尺寸线平行。通过选择不同的立即菜单选项，可以标注直线的长度、线性直径，以及直线与坐标轴的夹角。

- 直线长度的标注：单击立即菜单"4."，选择"长度"方式。单击立即菜单"5."，在"正交"方式与"平行"方式间切换，其中"正交"方式表示标注该直线沿水平方向或铅垂方向的长度，"平行"方式表示标注该直线的长度。单击立即菜单"9.基本尺寸"，在编辑框中显示的是默认尺寸值，用户可以按提示要求输入要标注的尺寸值，如图 8-7（a）所示。

- 线性直径的标注：单击立即菜单"4."，选择"直径"方式，将立即菜单设置为

| 1.基本标注 ▾ | 2.文字平行 ▾ | 3.标注长度 ▾ | 4.直径 ▾ | 5.正交 ▾ | 6.文字居中 ▾ | 7.前缀 | %c | 8.后缀 | 9.基本尺寸 | 13.22 |

，标注方法同前，只是标注结果为在尺寸值前加了前缀"ϕ"，如图 8-7（b）所示。

- 直线与坐标轴夹角的标注：单击立即菜单"3."，选择"标注角度"方式，将立即菜单设置为

| 1.基本标注 ▾ | 2.文字平行 ▾ | 3.标注角度 ▾ | 4.X轴夹角 ▾ | 5.度 ▾ | 6.前缀 | 7.后缀 | 8.基本尺寸 | 180%d |

，单击立即菜单"4."，在"X 轴夹角"方式与"Y 轴夹角"方式间切换，将分别标注直线与 X 轴或 Y 轴的夹角，角度尺寸的顶点为直线靠近拾取点的端点。单击立即菜单"8.基本尺寸"，在编辑框中显示的是默认尺寸值，用户可以按提示要求直接输入要标注的尺寸值。尺寸线和尺寸文字的位置，可以通过拖动鼠标指针来确定（当尺寸文字在尺寸界线之内时，将自动居中），如图 8-7（c）所示。

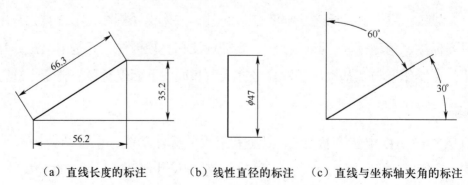

（a）直线长度的标注　　　（b）线性直径的标注　　（c）直线与坐标轴夹角的标注

图 8-7　直线的标注

② 圆的标注。按提示要求，拾取要标注的圆，将出现立即菜单

| 1.基本标注 ▼ | 2.文字平行 ▼ | 3.直径 ▼ | 4.文字居中 ▼ | 5.前缀 %c | 6.后缀 | 7.尺寸值 68.8 |

，通过选择不同的立即菜单选项，可以标注圆的直径、半径和圆周直径。

- 圆的直径/半径标注：单击立即菜单"3."，选择"直径"或"半径"方式，分别标注圆的直径或半径。单击立即菜单"4."，在"文字拖动"方式与"文字居中"方式间切换，其中"文字拖动"方式表示尺寸文字的标注位置通过拖动鼠标指针来确定，"文字居中"方式表示当尺寸文字在尺寸界线之内时，将自动居中。单击立即菜单"7.尺寸值"，在编辑框中显示的是默认尺寸值，用户可以直接输入要标注的尺寸值，完成后如图8-8（a）和图8-8（b）所示。

- 圆周直径的标注：单击立即菜单"3."，选择"圆周直径"方式，将立即菜单设置为

| 1.基本标注 ▼ | 2.文字平行 ▼ | 3.圆周直径 ▼ | 4.文字居中 ▼ | 5.正交 ▼ | 6.前缀 %c | 7.后缀 | 8.尺寸值 68.8 |

，单击立即菜单"5."，在"正交"方式与"平行"方式间切换，其中"正交"方式表示尺寸线与水平轴或铅垂轴平行，当选择"平行"方式时，出现立即菜单"6.旋转角"，单击它可以设置尺寸线的倾斜角度。尺寸线和尺寸文字的位置，可以通过拖动鼠标指针来确定（当尺寸文字在尺寸界线之内时，将自动居中），如图8-8（c）所示。

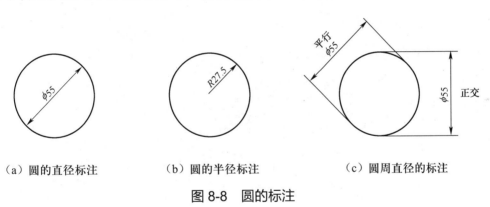

（a）圆的直径标注　　（b）圆的半径标注　　（c）圆周直径的标注

图8-8　圆的标注

③ 圆弧的标注。按提示要求，拾取要标注的圆弧，将出现立即菜单

| 1.基本标注 ▼ | 2.半径 ▼ | 3.文字平行 ▼ | 4.文字居中 ▼ | 5.前缀 R | 6.后缀 | 7.基本尺寸 10 |

，通过选择不同的立即菜单选项，可以标注圆弧的半径、直径、圆心角、弦长和弧长，如图8-9所示。

（a）圆弧的半径标注　　（b）圆弧的直径标注　　（c）圆弧的圆心角标注　　（d）圆弧的弦长标注　　（e）圆弧的弧长标注

图8-9　圆弧的标注

- 圆弧的半径/直径标注：单击立即菜单"2."，选择"半径"或"直径"方式，将分别标注圆弧的半径或直径。

- 圆弧的圆心角标注：单击立即菜单"2."，选择"圆心角"方式，将立即菜单设置为 1.基本标注 ▼ 2.圆心角 ▼ 3.度 ▼ 4.前缀 5.后缀 6.基本尺寸 180%d ，单击立即菜单"3."，在"度分秒"方式与"度"方式间切换，将分别以度分秒的方式或度的方式标注圆弧的圆心角。

- 圆弧的弦长标注：单击立即菜单"2."，选择"弦长"方式，将立即菜单设置为 1.基本标注 ▼ 2.弦长 ▼ 3.文字平行 ▼ 4.前缀 5.后缀 6.基本尺寸 20 。

- 圆弧的弧长标注：与圆弧的弦长标注相似，这里不再赘述。

两个元素的标注包括点和点的标注、点和直线的标注、点和圆（圆弧）的标注、圆（圆弧）和圆（圆弧）的标注、直线和圆（圆弧）的标注、直线和直线的标注等，如图 8-10 所示。

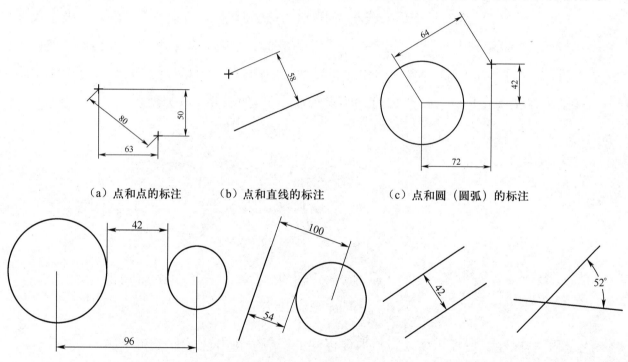

（a）点和点的标注　（b）点和直线的标注　（c）点和圆（圆弧）的标注

（d）圆（圆弧）和圆（圆弧）的标注　（e）直线和圆（圆弧）的标注　（f）直线和直线的标注　（g）两条直线夹角的标注

图 8-10　两个元素的标注

① 点和点的标注。按提示要求，分别拾取点和点（屏幕点、孤立点或各种控制点），将出现立即菜单 1.基本标注 ▼ 2.文字平行 ▼ 3.长度 ▼ 4.正交 ▼ 5.文字居中 ▼ 6.前缀 7.后缀 8.基本尺寸 111.33 ，用于标注两点之间的距离。单击立即菜单"4."，在"正交"方式与"平行"方式间切换，将分别标注两点水平方向、铅垂方向或连线方向的尺寸，尺寸线和尺寸文字的位置，可以通过拖动鼠标指针来确定（当尺寸文字在尺寸界线之内时，将自动居中），如图 8-10（a）所示。

② 点和直线的标注。按提示要求，分别拾取点和直线，将出现立即菜单

`1.基本标注 ▼ 2.文字平行 ▼ 3.文字居中 ▼ 4.前缀 5.后缀 6.基本尺寸 111.33`，用于标注点到直线的距离，如图 8-10（b）所示。

③ 点和圆（圆弧）的标注。按提示要求，分别拾取点和圆（圆弧），其立即菜单与点和点的标注的立即菜单相同，用于标注点到圆（圆弧）的圆心距离，如图 8-10（c）所示。

④ 圆（圆弧）和圆（圆弧）的标注。按提示要求，分别拾取两个圆（圆弧），将出现立即菜单 `1.基本标注 ▼ 2.文字平行 ▼ 3.文字居中 ▼ 4.圆心 ▼ 5.正交 ▼ 6.前缀 7.后缀 8.尺寸值 137.79`，单击立即菜单 "4."，在 "圆心" 方式与 "切点" 方式间切换，其中 "圆心" 方式表示将标注两个圆（圆弧）圆心的距离，"切点" 方式表示将标注两个圆（圆弧）的最短距离，如图 8-10（d）所示。

⑤ 直线和圆（圆弧）的标注。按提示要求，分别拾取直线和圆（圆弧），将出现立即菜单 `1.基本标注 ▼ 2.文字平行 ▼ 3.圆心 ▼ 4.文字居中 ▼ 5.前缀 6.后缀 7.尺寸值 246.56`，单击立即菜单 "3."，在 "圆心" 方式与 "切点" 方式间切换，其中 "圆心" 方式表示将标注直线到圆（圆弧）的圆心距离，"切点" 方式表示将标注直线到圆（圆弧）的最短距离，如图 8-10（e）所示。

⑥ 直线和直线的标注。按提示要求，分别拾取两条直线，系统根据两条直线的相对位置（平行或不平行），分别标注两条直线间的距离和夹角。如果两条直线平行，则出现立即菜单 `1.基本标注 ▼ 2.文字平行 ▼ 3.长度 ▼ 4.文字居中 ▼ 5.前缀 6.后缀 7.基本尺寸 111.33`，单击立即菜单 "3."，在 "长度" 方式与 "直径" 方式间切换，将分别标注两条直线的距离或对应的直径（在尺寸值前自动加前缀 "ϕ"），如图 8-10（f）所示；如果两条直线不平行，则出现立即菜单 `1.基本标注 ▼ 2.文字水平 ▼ 3.度 ▼ 4.文字居中 ▼ 5.前缀 6.后缀 7.基本尺寸 120%d`，用于标注两条直线间的夹角，如图 8-10（g）所示。

2. 基线标注

【功能】用于标注有一条公共尺寸界线（作为基准线）的一组尺寸线相互平行的尺寸。

【步骤】

（1）单击立即菜单 "1."，选择 "基线" 方式。

（2）按系统提示 *拾取线性尺寸或第一引出点：*，如果拾取一个已存在的线性尺寸，则出现立即菜单 `1.基线 ▼ 2.文字平行 ▼ 3.尺寸线偏移 10 4.前缀 5.后缀 6.基本尺寸 计算尺寸`，并将该尺寸作为基准标注的基准尺寸，按拾取点的位置确定尺寸基线界线。单击立即菜单 "3.尺寸线偏移"，可以设置尺寸线的间距，默认值为 "10"。单击立即菜单 "6.基本尺寸"，可以输入要标注的尺寸值，默认值为实际测量值。按提示要求，用鼠标左键拾取第二引出点，就可以标注出一组基准尺寸。

（3）如果拾取一个点作为第一引出点，则将该点作为尺寸基准界线的引出点，按提示要求，用鼠标左键拾取另一个引出点，将出现立即菜单

| 1.基线 ▼ | 2.文字平行 ▼ | 3.正交 ▼ | 4.前缀 | 5.后缀 | 6.基本尺寸 145.83 |

，单击立即菜单"3."，在"正交"方式与"平行"方式间切换，分别标注两个引出点间的水平方向、铅垂方向或沿两点方向的第一基准尺寸。按提示要求，用鼠标左键反复拾取适当的第二引出点，就可以标注出一组基准尺寸，如图 8-11 所示。

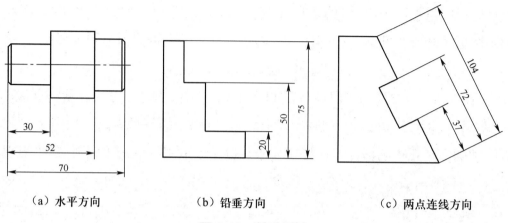

（a）水平方向   （b）铅垂方向   （c）两点连线方向

图 8-11　基准标注

3. 连续标注

【功能】将某一个尺寸的尺寸线结束端作为下一个尺寸标注的起始位置进行尺寸标注。

【步骤】

（1）单击立即菜单"1."，选择"连续标注"方式。

（2）按系统提示"*拾取线性尺寸或第一引出点:*"，如果拾取一个已存在的线性尺寸，则出现立即菜单

| 1.连续标注 ▼ | 2.文字平行 ▼ | 3.前缀 | 4.后缀 | 5.基本尺寸 计算尺寸 |

，并将该尺寸作为连续尺寸的第一个尺寸，按拾取点的位置确定尺寸界线。按提示要求，用鼠标左键反复拾取适当的第二引出点，就可以标注出一组连续尺寸。

（3）如果拾取一个点作为第一引出点，则将该点作为尺寸基准界线的引出点，按提示要求，用鼠标左键拾取另一个引出点。按提示要求，用鼠标左键反复拾取适当的第二引出点，就可以标注出一组连续尺寸，如图 8-12 所示。

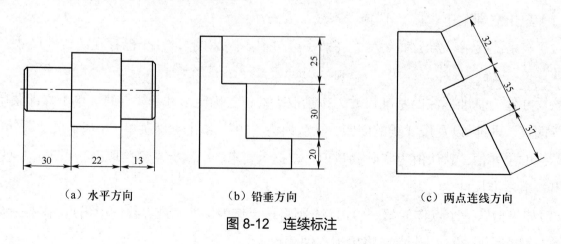

（a）水平方向   （b）铅垂方向   （c）两点连线方向

图 8-12　连续标注

4. 三点角度标准

【功能】标注不在同一条直线上的 3 个点的夹角。

【步骤】

（1）单击立即菜单"1."，选择"三点角度"方式。

（2）单击立即菜单"2."，在"度分秒"方式与"度"方式间切换。

（3）按提示要求，用鼠标左键分别拾取顶点、第一点和第二点。拖动鼠标指针，在适当位置单击鼠标左键以确定尺寸线定位点，系统将标注第一引出点和顶点的连线与第二引出点和顶点的连线之间的夹角，如图 8-13 所示。

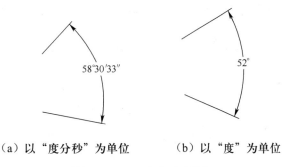

（a）以"度分秒"为单位　　（b）以"度"为单位

图 8-13　三点角度标注

5. 角度连续标注

【功能】将某一个角度的尺寸结束端作为下一个角度尺寸标注的起始位置进行尺寸标注。

【步骤】

（1）单击立即菜单"1."，选择"角度连续标注"方式。

（2）在系统提示"*拾取标注元素或角度尺寸:*"时，根据拾取元素的类型不同，又分为标注点和标注线。

① 标注点：选择标注点，则系统依次提示"*拾取第一个标注元素或角度尺寸:*""*起始点:*""*终止点:*""*尺寸线位置:*""*拾取下一个元素:*""*尺寸线位置:*"。单击鼠标右键，退出操作。

② 标注线：选择标注线，则系统依次提示"*拾取第一个标注元素或角度尺寸:*""*拾取另一条直线:*""*尺寸线位置:*""*拾取下一个元素:*""*尺寸线位置:*"。单击鼠标右键，退出操作。

标注后如图 8-14 所示。

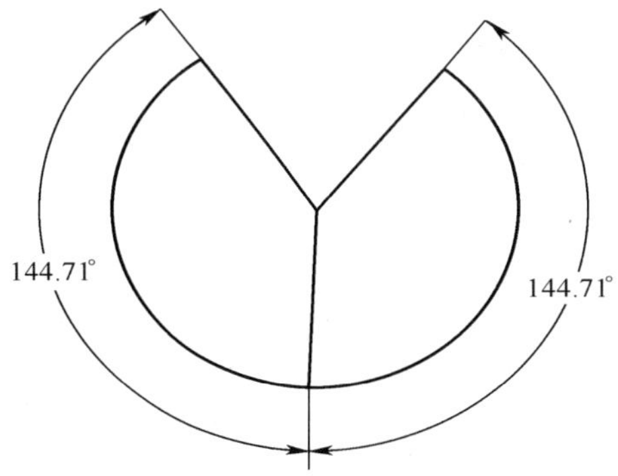

图 8-14　角度连续标注

6. 半标注

【功能】用于标注图纸中只绘制出一半长度（直径）的尺寸。

【步骤】

（1）单击立即菜单"1."，选择"半标注"方式。

（2）单击立即菜单"2."，在"直径"方式与"长度"方式间切换，将分别进行直径和长度的半标注。

（3）单击立即菜单"3.延伸长度"，输入尺寸线的延伸长度。

（4）按系统提示"*拾取直线或第一点：*"，用鼠标左键拾取一条直线或一个点，如果拾取的是直线，则提示变为"*拾取与第一条直线平行的直线或第二点：*"；如果拾取的是一个点，则提示变为"*拾取直线或第二点：*"，按提示要求，用鼠标左键进行拾取。

（5）如果两次拾取的都是点，将第一点到第二点距离的 2 倍作为尺寸值；如果拾取的是点和直线，将点到直线的垂直距离的 2 倍作为尺寸值；如果拾取的是两条平行线，将两条直线间的距离的 2 倍作为尺寸值。

> 提示：半标注的尺寸界线引出点总是从第二次拾取的元素上引出的，尺寸线箭头指向尺寸界线。图 8-15 中所示为先拾取轴线、后拾取孔轮廓线的标注效果。

7. 大圆弧标注

【功能】用于标注大圆弧的半径。

【步骤】

（1）单击立即菜单"1."，选择"大圆弧标注"方式。

（2）按提示要求，用鼠标左键拾取要标注尺寸的大圆弧，将出现立即菜单 `1.大圆弧标注 ▼ 2.前缀 R 3.后缀 4.基本尺寸 35.12`，单击立即菜单"4.基本尺寸"，可以输入要标注的尺寸值。

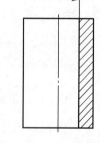

图 8-15　直径的半标注

（3）按提示要求，用鼠标左键分别拾取第一引出点、第二引出点和定位点，完成所拾取大圆弧的标注，如图 8-16 所示。

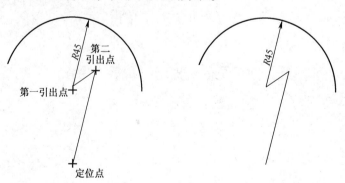

（a）拾取第一引出点、第二引出点及定位点　　　　（b）标注完成后

图 8-16　大圆弧标注

8. 射线标注

【功能】用于对射线方式进行尺寸标注。

【步骤】

（1）单击立即菜单"1."，选择"射线标注"方式。

（2）按提示要求，用鼠标左键分别拾取第一点和第二点，将出现立即菜单

| 1.射线标注 ▼ | 2.文字居中 ▼ | 3.前缀 | 4.后缀 | 5.基本尺寸 31.27 |

，单击立即菜单"5.基本尺寸"，可以输入要标注的尺寸值，默认值为第一点到第二点的距离。

（3）按系统提示"*定位点:*"，拖动鼠标指针，在适当位置单击鼠标左键，指定尺寸文字的位置，完成射线标注，如图 8-17 所示。

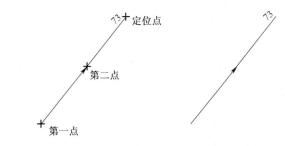

（a）拾取第一点、第二点及定位点　　（b）标注完成后

图 8-17　射线标注

9. 锥度/斜度标注

【功能】用于标注锥度和斜度。

【步骤】

（1）单击立即菜单"1."，选择"锥度标注"方式。

（2）出现立即菜单

| 1.锥度标注 ▼ | 2.锥度 ▼ | 3.符号正向 ▼ | 4.正向 ▼ | 5.加引线 ▼ | 6.文字无边框 ▼ | 7.不绘制箭头 ▼ | 8.不标注角度 ▼ | 9.前缀 | 10.后缀 | 11.基本尺寸 |

，

单击立即菜单"2."，在"锥度"方式与"斜度"方式间切换，将分别进行锥度和斜度的标注。其中，"斜度"方式表示被标注直线的高度差与直线长度的比值；"锥度"方式是斜度的 2 倍，如图 8-18 所示。

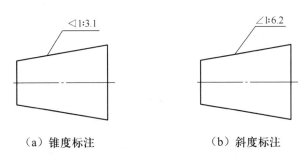

（a）锥度标注　　　　　　　（b）斜度标注

图 8-18　锥度/斜度标注

（3）单击立即菜单"3."，在"符号正向"方式与"符号反向"方式间切换，用于调整锥度或斜度符号的方向。

（4）单击立即菜单"5."，在"加引线"方式与"不加引线"方式间切换，用于控制是否加引线（图8-18所示均为加引线的标注）。

（5）按系统提示"*拾取轴线:*"，用鼠标左键拾取一条轴线，在提示变为"*拾取直线:*"时，用鼠标左键拾取一条要标注锥度或斜度的直线，在提示变为"*定位点:*"时，拖动鼠标指针，在适当位置单击鼠标左键，指定尺寸文字的位置，则完成锥度或斜度的标注。

此命令可以重复使用，单击鼠标右键，结束命令。

10．曲率半径标注

【功能】用于标注样条曲线的曲率半径。

【步骤】

（1）单击立即菜单"1."，选择"曲率半径标注"方式。

（2）单击立即菜单"2."，在"文字平行"方式与"文字水平"方式间切换，意义同前。

（3）单击立即菜单"3."，在"文字居中"方式与"文字拖动"方式间切换，意义同前。

（4）按提示要求，用鼠标左键拾取要标注曲率半径的样条曲线，当提示变为"*尺寸线位置:*"时，拖动鼠标指针，在适当位置单击鼠标左键，以指定尺寸文字的位置，从而完成曲率半径的标注。

8.1.4　公差与配合的标注

公差与配合的标注是绘制零件图和装配图时必然会涉及的标注内容。CAXA CAD电子图板2020提供了半自动标注公差与配合的方法。

在执行"尺寸标注"命令的过程中，当系统提示"*拾取另一个标注元素或指定尺寸线位置:*"时，单击鼠标右键，弹出"尺寸标注属性设置"对话框，如图8-19所示。

下面对部分主要的编辑框和选项框的含义及操作进行介绍。

（1）"前缀"编辑框：输入尺寸数值前的符号。如表示直径的"%%C"，表示个数的"6×"等。

（2）"基本尺寸"编辑框：默认为实际测量值，用户可以输入数值。

（3）"后缀"编辑框：输入尺寸数值后的符号。如表示均布的"EQS"。

（4）"附注"编辑框：填写对尺寸的说明或其他注释。

（5）"输入形式"选项框：在该下拉列表中有4个选项，分别为"代号""偏差""配合""对称"，用于控制公差的输入形式。

① 当将"输入形式"设置为"代号"时，在"公差代号"编辑框中输入公差代号，系统将根据基本尺寸和代号名称自动查询上、下偏差，并将查询结果显示在"上偏差"和"下偏差"

编辑框中。

② 当将"输入形式"设置为"偏差"时，用户可以直接在"上偏差"和"下偏差"编辑框中输入偏差值。

③ 当将"输入形式"设置为"配合"时，"尺寸标注属性设置"对话框的形式如图 8-20 所示。为尺寸选择合适的"配合制"（基孔制或基轴制）和"配合方式"（间隙配合、过渡配合或过盈配合），并在"孔公差带""轴公差带"下拉列表中选择合适的公差带代号，单击"确定"按钮，此时无论将"输出形式"设置什么，在输出时都按代号标注。

图 8-19 "尺寸标注属性设置"对话框

图 8-20 "输入形式"为"配合"时的
"尺寸标注属性设置"对话框

（6）"输出形式"选项框：在该下拉列表中有 4 个选项，分别为"代号""偏差""代号（偏差）""极限尺寸"，用于控制公差的输出形式（"输入形式"选项为"配合"时除外）。

① 当将"输出形式"设置为"代号"时，标注公差带代号。

② 当将"输出形式"设置为"偏差"时，标注上、下偏差。

③ 当将"输出形式"设置为"代号（偏差）"时，既标注公差带代号，也标注带括号的上、下偏差。

④ 当将"输出形式"设置为"极限尺寸"时，标注上、下极限尺寸。

（7）"公差代号"编辑框：当将"输入形式"设置为"代号"时，对话框界面如图 8-21（a）所示，在其中的"公差代号"编辑框中输入公差带代号名称，如 H7、h6、k6 等，系统将根据基本尺寸和代号名称自动查表，并将查到的上、下偏差值显示在"上偏差"和"下偏差"的编辑框中。用户也可以单击右侧的"高级"按钮，在弹出的如图 8-21（b）所示的"公差与配合可视化查询"对话框中直接选择合适的公差代号；当将"输入形式"设置为"配合"时，在"公差代号"编辑框中输入配合的名称，如 H6/h6、H7/k6、H7/s6 等，系统将按所输入的配合进行标注。用户也可以单击"高级"按钮，在弹出的如图 8-21（c）所示的"公差与配合可视化查询"对话框中直接选择合适的配合代号。

（a）入口界面

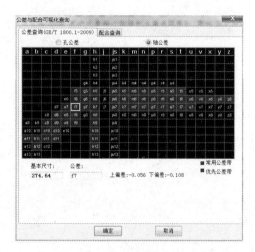

（b）公差查询

（c）配合查询

图 8-21　公差与配合可视化查询

（8）"上偏差""下偏差"编辑框：当将"输入形式"设置为"代号"时，在这两个编辑框中显示系统查询到的上、下偏差值，用户也可以在这两个对话框中输入上、下偏差值。

8.1.5　坐标标注

菜单："标注"→"坐标标注"

工具栏："坐标标注"

命令：DIMCO

【功能】用于标注坐标原点、选定点或圆心（孔位）的坐标值尺寸。

【步骤】

（1）启动"坐标标注"命令。

（2）在立即菜单中设置合适的标注方式。

坐标标注包括原点标注、快速标注、自由标注、对齐标注、孔位标注、引出标注、自动列表等。其操作过程与前面的"基本标注"相似，这里不再赘述。

8.1.6 倒角标注

菜单："标注" → "倒角标注"

工具栏："倒角标注"

命令：DIMCH

【功能】用于进行倒角尺寸的标注。

【步骤】

（1）启动"倒角标注"命令。

（2）立即菜单显示为

1.水平标注 ▾ 2.轴线方向为x轴方向 ▾ 3.简化45度倒角 ▾ 4.基本尺寸，单击立即菜单"1."，选择倒角线的轴线方式（与 X 轴平行或与 Y 轴平行）；单击立即菜单"3."，在"标准 45 度倒角"方式与"简化 45 度倒角"方式间切换；单击立即菜单"4."，输入要标注的倒角尺寸值。图 8-22 所示为在"标准 45 度倒角"和"简化 45 度倒角"方式下的倒角标注。

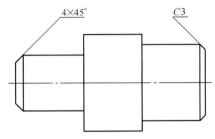

图 8-22 倒角标注

> 提示：根据国家标准的有关规定，在机械图中标注 45° 倒角时，一般应采用类似"C3"的方式，即将立即菜单"3."设置为"简化 45 度倒角"方式。

（3）按系统提示"*拾取倒角线:*"，用鼠标左键拾取要标注倒角的直线。

（4）按系统提示"*尺寸线位置:*"，拖动鼠标指针，在适当位置单击鼠标左键，以指定尺寸文字的位置，从而完成倒角标注。

8.2 文字类标注

8.2.1 文字风格设置

菜单："格式" → "文字"

工具栏："文字样式"

命令：TEXTPARA

【功能】设置文字标注的各项参数。

【步骤】

选择"格式" → "文字"选项后，将弹出"文本风格设置"对话框，如图 8-23 所示。该对话框中的内容是系统默认的配置，当需要改变文字参数时，可以在对话框中重新设置和编辑文本风格。

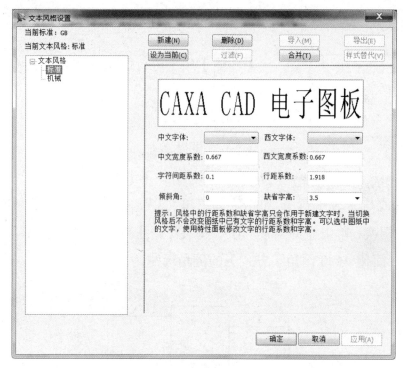

图 8-23　"文本风格设置"对话框

8.2.2　文字标注

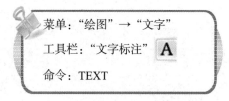

菜单："绘图"→"文字"

工具栏："文字标注"　**A**

命令：TEXT

【功能】用于在图纸上填写各种文字性的技术说明。

【步骤】

（1）启动"文字标注"命令。

（2）单击立即菜单"1."，在"指定两点"方式、"搜索边界"方式与"曲线文字"方式间切换。其中，"指定两点"方式需要用鼠标指定标注文字的矩形区域的第一角点和第二角点；"搜索边界"方式需要用鼠标指定边界内一点和边界间距系数。"曲线文字"方式需要先拾取曲线和方向，再拾取起点和终点。系统将根据指定的区域结合对齐方式决定文字的位置。

（3）按提示要求，在指定标注文字的区域后，将弹出"文本编辑器-多行文字"对话框，如图 8-24 所示，其中显示了当前的文字参数设置。在指定区域的文字编辑框中，可以输入要标注的文字。

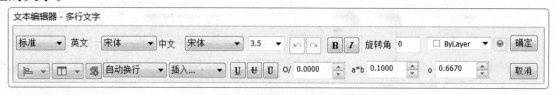

图 8-24　"文本编辑器-多行文字"对话框

（4）如果要输入特殊符号，则单击"文本编辑器-多行文字"对话框中的"插入"按钮，在弹出的插入特殊符号的下拉列表中，选择需要输入的特殊符号即可，如图 8-25 所示。

图 8-25　插入特殊符号的下拉列表

图 8-26 所示为不同设置下的文字效果。

宽高比为1
宽 高 比 为 1．5
宽高比为0.5

（a）不同宽度系数

文字不倾斜
文字倾斜45度
文字倾斜－45度

（b）不同倾斜角度

（c）工程图字体

图 8-26　不同设置下的文字效果

8.2.3　引出说明

菜单："标注" → "引出说明"

工具栏："引出说明"

命令：LDTEXT

【功能】由文字和引出线组成，用于标注引出注释。

【步骤】

（1）启动"引出说明"命令，弹出"引出说明"对话框，如图 8-27 所示。

图 8-27　"引出说明"对话框

（2）在该对话框中分别输入"上说明""下说明"文字（如果仅需一行说明，则只输入"上说明"文字），单击"确定"按钮，将关闭该对话框，并出现立即菜单 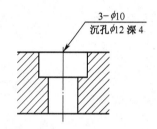 。

（3）单击立即菜单"1."，在"文字缺省方向"方式与"文字反向"方式间切换，用来控制引出文字标注的方向。

（4）单击立即菜单"2.延伸长度"，可以设置尺寸线的延伸长度，默认值为"3"。

（5）按提示要求，利用键盘或鼠标分别确定第一点和第二点，即可完成引出说明，如图 8-28 所示。

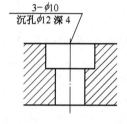

（a）"文字缺省方向"方式，带箭头　　（b）"文字反向"方式，不带箭头

图 8-28　引出说明

8.3　工程符号类标注

8.3.1　表面粗糙度

菜单："标注" → "粗糙度"

工具栏："粗糙度" ✓

命令：ROUGH

【功能】用于标注表面粗糙度的要求。

【步骤】

（1）启动"粗糙度"命令，将出现立即菜单

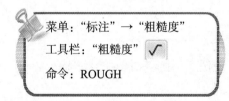 。

（2）单击立即菜单"1."，在"简单标注"方式与"标准标注"方式间切换，以便实现不同表面粗糙度的标注。

① 选择"简单标注"方式，将只标注表面处理方法和粗糙度的数值。

- 立即菜单"2."：在"默认方式"和"引出方式"间切换。
- 立即菜单"3."：用来选择表面粗糙度的符号，即"去除材料""不去除材料""基本符号"。
- 立即菜单"4."：用来设置表面粗糙度参数的数值，可重新编辑修改。

② 选择"标准标注"方式，将立即菜单变为 `1.标准标注 ▼ 2.默认方式 ▼` ，并弹出"表面粗糙度"对话框，如图 8-29 所示。该对话框中包含了粗糙度的各种标注，包括"基本符号""上限值""下限值"，以及 Ra 值等相关参数。设置完成后，可以在预显框中看到标注结果，单击"确定"按钮，关闭该对话框。

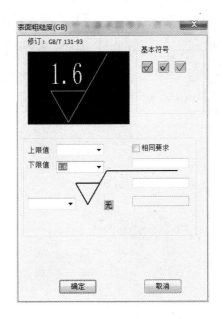

图 8-29 "表面粗糙度"对话框

（3）按系统提示"*拾取定位点或直线或圆弧:*"，用鼠标左键拾取不同的元素，并对其进行不同的表面粗糙度标注。

① 如果拾取的是定位点，则提示变为"*输入角度或由屏幕上确定:*"，拖动鼠标指针，在适当位置单击鼠标左键，或者从键盘上输入旋转角，即可完成粗糙度的标注。

② 如果拾取的是直线或圆弧，则提示变为"*拖动确定标注位置:*"，拖动鼠标指针，在适当位置单击鼠标左键，即可完成粗糙度的标注。

提示: 国家标准 GB/T 131—2006 产品几何技术规范（GPS）技术产品文件中表面结构的表示法（以下简称新国标）规定的常用的表面粗糙度符号标注，如图 8-30（a）所示。在 CAXA 环境下的操作为：在立即菜单"1."中，选择"标准标注"方式，并在弹出的"表面粗糙度"对话框中，按图 8-30（b）所示的进行相应设置。即空置"上限值"和"下限值"，并在"下说明"中输入粗糙度评定参数（如 Ra、Rz）及其具体数值。

在立即菜单"1."中，若选择"简单标注"方式，则对应的是旧国标的表面粗糙度标注方式。

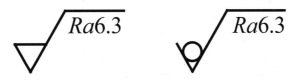

（a）常用的表面粗糙度符号标注

图 8-30 符合新国标规定的粗糙度标注

（b）"表面粗糙度"对话框中的具体设置

图 8-30　符合新国标规定的粗糙度标注（续）

> **提示：**考虑到目前正处于表面粗糙度标注新、旧国家标准应用的交替时期，工程实践中还存在大量图纸是依照旧国标标准标注的和不少企业的企业标准仍然采用旧国标标准的客观实际。为满足用户工作中的可能需求，本书对 CAXA CAD 电子图板 2020 环境下新、旧国标标准的两种粗糙度标注方式均进行了介绍。在练习和实践方面，以新国标标准为主，但在第 9 章的零件图绘制示例中亦有两个采用旧国标标准标注的图例。

8.3.2　基准代号

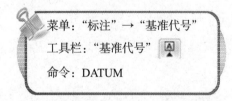

菜单："标注" → "基准代号"

工具栏："基准代号"

命令：DATUM

【功能】用于标注形位公差中的基准代号。

【步骤】

（1）启动"基准代号"命令。

（2）单击立即菜单"1."，在"基准标注"方式与"基准目标"方式间切换。零件图上常见的基准代号一般通过"基准标注"方式实现。

（3）按系统提示"*拾取定位点或直线或圆弧：*"，用鼠标左键拾取不同的元素，并对其进行不同的基准代号标注。

① 如果拾取的是定位点，则提示变为"*输入角度或由屏幕上确定：（-360，360）*"，拖动鼠标指针，在适当位置单击鼠标左键，或者用键盘输入旋转角，即可完成基准代号的标注，如

图 8-31（a）所示。

② 如果拾取的是直线或圆弧，则提示变为"*拖动确定标注位置:*"，拖动鼠标指针，在适当位置单击鼠标左键，即可完成基准代号的标注，如图 8-31（b）和图 8-31（c）所示。

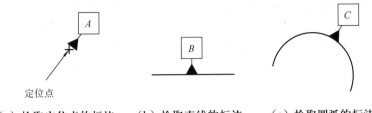

（a）拾取定位点的标注　（b）拾取直线的标注　（c）拾取圆弧的标注

图 8-31　基准代号的标注

8.3.3　形位公差

工程标注中的公差标注包括尺寸公差标注，以及形状和位置公差（简称形位公差）标注。在 CAXA CAD 电子图板 2020 环境下，形位公差的标注是通过"基准代号"命令和"形位公差"命令来实现的，上一节已经介绍了"基准代号"命令，本节将介绍"形位公差"命令。

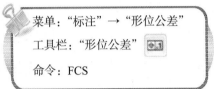

菜单："标注"→"形位公差"

工具栏："形位公差"

命令：FCS

【功能】用于标注形位公差。

【步骤】

（1）启动"形位公差"命令后，将弹出"形位公差"对话框，如图 8-32（a）所示。

（2）该对话框共分以下几个区域。

① 预显区在对话框的上部，用于显示标注结果。

② "公差代号"选项组列出了所有形位公差代号的按钮，只需用鼠标左键单击某一按钮，即可在预显区内显示结果。

③ 公差数值选项区包括以下几项。

● 公差数值：选择直径符号"ϕ"或符号"S"的输出。

● 数值输入框：用于输入形位公差数值，如图 8-32（a）所示的"0.015"。

● 相关原则：单击第三个下拉按钮，在弹出的下拉列表中可以选择"空"；"Ⓟ"延伸公差带；"Ⓜ"最大实体原则；"Ⓔ"包容原则；"Ⓛ"最小实体原则；"Ⓕ"非刚性零件的自由状态，如图 8-32（b）所示。

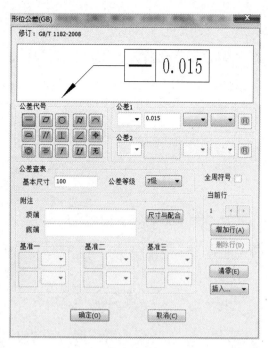

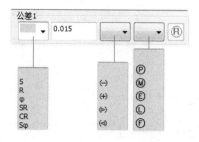

（a）"形位公差"对话框　　　　　　　　　（b）公差数值选项

图 8-32　形位公差

- 形状限定：单击第二个下拉按钮，在如图 8-32（b）所示的下拉列表中可以选择"空"；"（-）"只许中间向材料内凹下；"（+）"只许中间向材料内凸起；"（>）"只许从左至右减小；"（<）"只许从右至左减小。

④ "公差查表"选项组：在选择公差代号、输入基本尺寸和选择公差等级以后，系统将自动给出公差值，并在预显区显示出来。

⑤ "附注"选项组：单击"尺寸与配合"按钮，弹出输入对话框，可以在形位公差处增加公差的附注。

⑥ 基准代号区在对话框的下部，包括"基准一"选项组、"基准二"选项组、"基准三"选项组，可以分别输入基准代号和选择相应的符号。

⑦ 行管理区包括"当前行""增加行""删除行"。

- "当前行"：用来指示当前行的行号，单击右边的按钮可以切换当前行。
- "增加行"：单击该按钮可以增加一个新行，新行的标注方法与第一行的标注相同。
- "删除行"：单击该按钮将删除当前行，系统将自动重新调整整个形位公差的标注。

（3）在该对话框中设置完要标注的形位公差后，单击"确定"按钮，将关闭该对话框，单击立即菜单"1."，在"水平标注"方式和"垂直标注"方式间切换，用来控制形位公差标注的方向。

（4）按提示要求，拾取要标注形位公差的元素。当提示变为"*引线转折点：*"时，先单击鼠标左键选择或利用键盘输入引线的转折点，再拖动鼠标指针，在适当位置单击鼠标左键，从而完成形位公差的标注。完整的形位公差标注示例如图 8-33 所示。

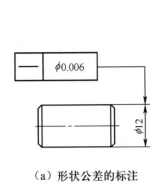
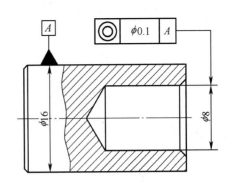

（a）形状公差的标注   （b）位置公差的标注

图 8-33   形位公差标注示例

8.3.4   焊接符号

菜单："标注" → "焊接符号"

工具栏："焊接符号"

命令：WELD

【功能】用于标注焊接符号。

【步骤】

（1）启动"焊接符号"命令，弹出"焊接符号"对话框，如图 8-34 所示。

（2）该对话框的上部是预显框（左）和单行参数示意图（右）；第二行是"基本符号""辅助符号""补充符号""符号位置""特殊符号"选项组，其中"符号位置"选项组用来控制当前参数对应基准线以上的部分还是以下的部分；第三行是各个位置的尺寸值（"左尺寸""上尺寸""右尺寸"），以及"焊接说明"选区；对话框的底部包括"交错焊缝""虚线位置"选项组和"扩充文字"编辑框；单击"清除行"按钮，可以将当前参数行清零。

（3）完成"焊接符号"对话框中需标注的各个选项的设置后，单击"确定"按钮，关闭该对话框。

（4）按系统提示"拾取定位点或直线或圆弧："，用鼠标左键拾取不同的元素。当提示变为"引线转折点"时，单击鼠标左键选择或利用键盘输入引线

图 8-34   "焊接符号"对话框

的转折点，拖动鼠标指针，在适当位置单击鼠标左键，即可完成焊接符号的标注。焊接符号的标注示例如图 8-35 所示。

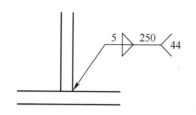

图 8-35　焊接符号的标注示例

8.3.5　剖切符号

菜单："标注" → "剖切符号"

工具栏："剖切符号"

命令：HATCHPOS

【功能】标注剖视图或剖面的剖切位置。

【步骤】

（1）启动"剖切符号"命令。

（2）单击立即菜单"1.剖面名称"，可以输入要标注的剖视图或剖面的名称。

（3）单击立即菜单"2."，在"非正交"方式与"正交"方式间切换。选择"非正交"方式可绘制任意方向的剖切轨迹线；选择"正交"方式可绘制水平或竖直方向的剖切轨迹线。

（4）按系统提示"*画剖切轨迹（画线）:*"，拖动鼠标指针，在适当位置单击鼠标左键，以"两点"方式绘制剖切轨迹线。当绘制完成后，单击鼠标右键，结束命令。此时在剖切轨迹线的终点处，显示出沿最后一段剖切轨迹线法线方向的双向箭头标识，当提示变为"*请拾取所需的方向:*"时，在双向箭头的一侧单击鼠标左键（单击鼠标右键，将取消箭头），确定箭头的方向。

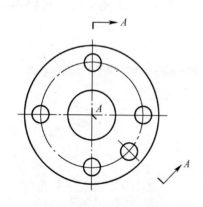

图 8-36　剖切符号的标注示例

（5）按系统提示"*指定剖面名称标注点:*"，拖动鼠标指针，在需要标注名称的位置单击鼠标左键，即可将设置的名称标注在该位置，所有名称标注完成后，单击鼠标右键，结束操作。剖切符号的标注示例如图 8-36 所示。

8.3.6　中心孔标注

菜单："标注" → "中心孔标注"

工具栏："中心孔标注"

命令：DIMHOLE

【功能】标注中心孔。

【步骤】

（1）启动"中心孔标注"命令。

（2）单击立即菜单"1."，在"简单标注"方式和"标准标注"方式间选择标注样式。

当选择"简单标注"方式时，用户可以在立即菜单中设置字高和标注文本，并根据提示指定中心孔标注的引出点和位置；当选择"标准标注"方式时，用户可从弹出的如图 8-37 所示的"中心孔标注形式"对话框中选择标注的形式，并输入欲标注的文本。

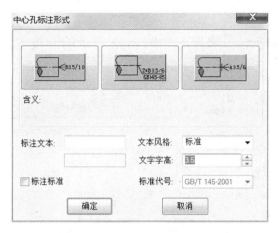

图 8-37 "中心孔标注形式"对话框

（3）按系统提示"*拾取定位点或轴端直线：*"，选择引出点的位置。

8.3.7 向视符号

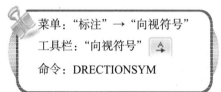

菜单："标注"→"向视符号"

工具栏："向视符号"

命令：DRECTIONSYM

【功能】标注机械图中的向视图、局部视图或斜视图。

【步骤】

（1）启动"向视符号"命令。

（2）从立即菜单中设置表示视图名称的字母的"标注文本""字高大小""箭头大小"，以及是否旋转和旋转角度。

8.3.8 标高

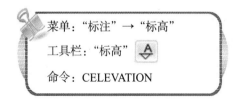

菜单："标注"→"标高"

工具栏："标高"

命令：CELEVATION

【功能】在建筑制图中，某一部位相对于基准面（标高的零点）的竖向高度是竖向定位的依据。

【步骤】

（1）启动"标高"标注命令。

（2）此时，一个标高符号会随鼠标指针的移动而移动，同时显示标高。当系统提示"*请指定标注位置：*"时，在需要放置标高的位置单击鼠标左键即可。

8.3.9 技术要求库

菜单："标注"→"技术要求"

工具栏："技术要求"

命令：SPECLIB

【功能】CAXA CAD 电子图板 2020 用数据库文件分类记录了常用的技术要求文本项，可以辅助生成技术要求文本插入工程图，也可以进行添加、删除和修改操作，即对技术要求库的文本进行管理。

【步骤】

启动"技术要求库"命令后，将弹出如图 8-38 所示的"技术要求库"对话框。

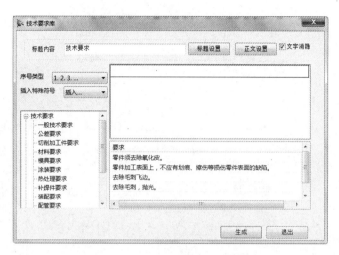

图 8-38 "技术要求库"对话框

该图左下角的列表框中列出了所有已有的技术要求类别，中间的表格中列出了当前类别的所有文本项。如果"技术要求库"对话框中已经有了要用到的文本，则可以按住鼠标左键直接将文本从表格中拖到上面的编辑框的合适位置处，也可以直接在编辑框中输入和编辑文本。

单击"正文设置"按钮，打开"文字参数设置"对话框，修改技术要求文本要采用的参数。完成编辑后，单击"生成"按钮，根据提示指定技术要求所在的区域，系统将自动生成技术要求。

> 提示：设置的文字参数是技术要求正文的参数，而标题"技术要求"4 个字则由其右侧的"标题设置"确定。

技术要求库的管理工作也在此对话框中进行。选择左下角列表框中的不同类别，中间表格中的内容随之变化。如果要修改某个文本项的内容，则只需直接在表格中修改；如果要增加新的文本项，则可以在表格最后一行输入；如果要删除文本项，则用鼠标左键单击相应行左边的选择区选中该行，按 Delete 键删除；如果要增加一个类别，则选择列表框中的最后一项"增加新类别"，输入新类别的名字，并在表格中为新类别增加文本项。完成管理工作后，单击"退出"按钮，退出该对话框。

8.4 标注编辑

【功能】对所有工程标注（包括尺寸、符号和文字）的尺寸进行编辑和修改。

【步骤】

（1）启动"标注编辑"命令。

（2）按系统提示"*拾取要编辑的标注:*"，拾取一个工程标注，系统将根据拾取元素的类型，出现不同的立即菜单。

① 如果拾取的是线性尺寸，则出现立即菜单

1.尺寸线位置 ▼ 2.文字平行 ▼ 3.文字居中 ▼ 4.界限角度 90 5.前缀 6.后缀 7.基本尺寸 175.36 ，单击立即菜单 "1."，在"尺寸线位置"方式、"文字位置"方式、"文字内容"方式和"箭头形状"方式间切换，并对其进行不同的标注编辑。

- "尺寸线位置"方式：可以修改尺寸线的位置、文字的方向、尺寸界线的角度及尺寸值。其中"界线角度"是指尺寸界线与 X 轴正向间的夹角。修改后，按系统提示"*新位置:*"，拖动鼠标指针，在适当位置单击鼠标左键，以确定尺寸线的位置，从而完成"尺寸线位置"方式的标注编辑，如图 8-39 所示。

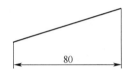 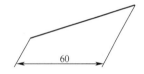

（a）编辑前，界线角度为 90°，尺寸值为 80　　　（b）编辑后，界线角度为 60°，尺寸值为 60

图 8-39　线性尺寸的"尺寸线位置"方式编辑

- "文字位置"方式：只能修改尺寸文字的定位点、角度和尺寸值，尺寸线及尺寸界线不变，如图 8-40 所示。

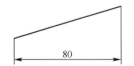 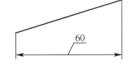 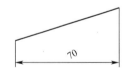

（a）编辑前，尺寸值为 80　（b）加引线，尺寸值为 60　（c）尺寸值为 70，文字角度为 60°

图 8-40　线性尺寸的"文字位置"方式编辑

- "文字内容"方式：只能修改尺寸文字的内容，如图 8-41 所示。

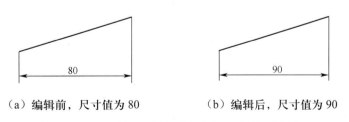

（a）编辑前，尺寸值为 80　　　（b）编辑后，尺寸值为 90

图 8-41　线性尺寸的"文字内容"方式编辑

- "箭头形状"方式：用于修改左箭头和右箭头的形状，如图 8-42 所示。

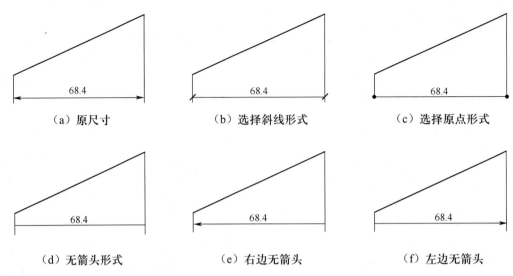

（a）原尺寸　　　　　　（b）选择斜线形式　　　　　（c）选择原点形式

（d）无箭头形式　　　　　（e）右边无箭头　　　　　（f）左边无箭头

图 8-42　线性尺寸的"箭头形状"方式编辑

② 如果拾取的是直径或半径尺寸，则出现立即菜单

| 1.尺寸线位置 | 2.文字平行 | 3.文字居中 | 4.前缀 %c | 5.后缀 | 6.基本尺寸 67.46 |

，可进行不同的标注编辑。

- "尺寸线位置"方式：可以修改尺寸线的位置、文字的方向与位置，以及尺寸值，如图 8-43 所示。

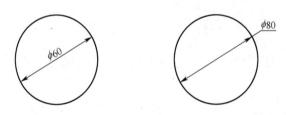

（a）编辑前，尺寸值为 60　（b）编辑后，文字水平，尺寸值为 80

图 8-43　直径尺寸的"尺寸线位置"方式编辑

- "文字位置"方式：可以修改文字的角度，以及尺寸值，如图 8-44 所示。

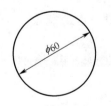 

（a）编辑前，尺寸值为 60　　　　（b）编辑后，文字角度为 60°，尺寸值为 80

图 8-44　直径尺寸的"文字位置"方式编辑

③ 如果拾取的是角度尺寸，则出现立即菜单

| 1.尺寸线位置 | 2.文字水平 | 3.度 | 4.文字居中 | 5.前缀 | 6.后缀 | 7.基本尺寸 65.76%d |

，可进行不同的标注编辑。

- "尺寸线位置"方式：可以修改尺寸线的位置、文字的方向，以及尺寸值，如图 8-45 所示。

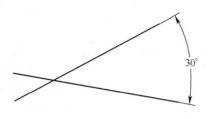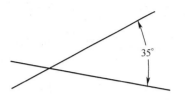

（a）编辑前，尺寸值为 30°   （b）编辑后，尺寸值为 35°

图 8-45　角度尺寸的"尺寸线位置"方式编辑

- "文字位置"方式：可以选择是否加引线，以及修改文字的位置和尺寸值，如图 8-46 所示。

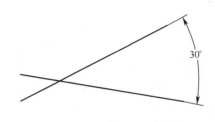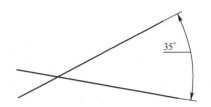

（a）编辑前，不加引线，尺寸值为 30°   （b）编辑后，加引线，尺寸值为 35°

图 8-46　角度尺寸的"文字位置"方式编辑

④ 如果拾取的是文字，则弹出"文字标注与编辑"对话框。在该对话框中可以对拾取的文字进行编辑修改，方法同"文字标注"命令。单击"确定"按钮，结束编辑，系统将重新生成编辑修改后的文字。

此外，应用该命令还可以对已标注的工程符号（如基准代号、粗糙度、形位公差、焊接符号等）进行编辑和修改。如同尺寸编辑和文字编辑，也是先选择菜单选项，再拾取要编辑的对象，最后通过切换立即菜单分别对标注对象的位置和内容进行编辑，从而可以重新输入标注的内容。具体操作过程不再赘述。

8.5　零件序号与明细表

机械工程图样主要有两类——零件图和装配图。表示单个零件的图样被称为零件图，表示机器或部件装配关系、工作原理等内容的图样被称为装配图。在装配图中，为了表明各零件在装配图上的位置及零件的有关信息，需要为每一种零件编制一个序号，这个序号被称为零件序号；而在标题栏的上方以表格的形式列出对应于每一种零件的名称、数量、材料、国标号等详细信息，这个表格被称为明细表。CAXA CAD 电子图板 2020 为用户提供了生成、删除、编辑和设置零件序号及明细表的功能，为绘制装配图提供了方便。

零件序号及明细表的相关命令位于"幅面"菜单的"序号"和"明细表"子菜单中，或者表现为"序号"和"明细表"工具栏（默认状态下均未显示）中的相关按钮，如图 8-47 所示。

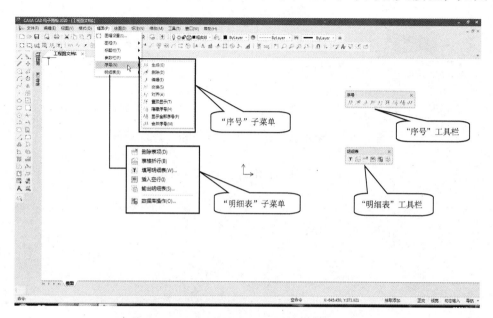

图 8-47　零件序号及明细表的命令位置

8.5.1　零件序号

1. 生成序号

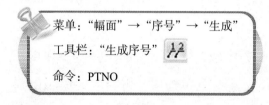

菜单："幅面"→"序号"→"生成"

工具栏："生成序号"

命令：PTNO

【功能】在已绘制的装配图中生成或插入零件序号，且与明细表联动。

【步骤】

（1）启动"生成序号"命令，将出现立即菜单

| 1.序号= | 1 | 2.数量 | 1 | 3. 水平 | ▼ | 4. 由内向外 | ▼ | 5. 显示明细表 | ▼ | 6. 不填写 | ▼ | 7. 单折 | ▼ |

，其各选项功能如下。

① 立即菜单"1.序号="：可以输入要标注的零件序号值，数值前可以加前缀，如果前缀中的第一位为符号"@"，则标注的零件序号为加圈的形式，系统默认初值为 1。如图 8-48（a）所示，系统将根据当前零件序号值进行生成零件序号或插入零件序号操作。

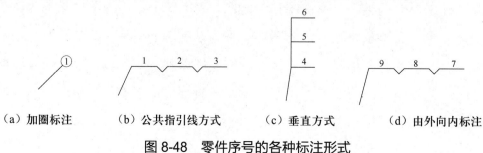

（a）加圈标注　　　（b）公共指引线方式　　　（c）垂直方式　　　（d）由外向内标注

图 8-48　零件序号的各种标注形式

- 生成零件序号：系统根据当前序号自动生成下次标注的序号值，如果输入的序号值只有前缀而没有数字值，则系统根据当前序号情况生成新序号，且新序号值为当前相同前缀的最大序号值加 1。

- 插入零件序号：如果输入的序号与已有序号不连续，则弹出如图 8-49 所示的警示对话框。如果单击"是"按钮，则系统将自动调整输入序号值后生成零件序号；如果单击"否"按钮，则按此序号值生成零件序号；如果单击"取消"按钮，则输入的序号无效，需重新生成序号。

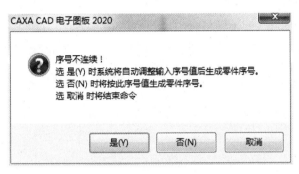

图 8-49　警示对话框

② 立即菜单"2.数量"：输入要标注的序号数目，默认值为 1。如果份数大于 1，则采用公共指引线方式来表示，如图 8-48（b）所示。

③ 立即菜单"3."：在"水平"方式与"垂直"方式间切换，将分别按水平和垂直方式排列零件的序号，如图 8-48（b）和图 8-48（c）所示。

④ 立即菜单"4."：在"由内向外"方式与"由外向内"方式间切换，用来控制零件序号的标注方向，如图 8-48（d）所示。

⑤ 立即菜单"5."：在"显示明细表"方式与"隐藏明细表"方式间切换，用来控制在生成零件序号的同时，是否生成明细表。

⑥ 立即菜单"6."：在"填写"方式与"不填写"方式间切换，当生成明细表时，用来控制是否填写明细表。

⑦ 立即菜单"7."：在"单折"方式与"多折"方式间切换，用于控制生成序号指引线时的折转次数。

（2）按系统提示"*拾取引出点或选择明细表行:*"，单击鼠标左键选择或利用键盘输入零件序号指引线的引出点，当提示变为"*转折点:*"时，拖动鼠标指针，在适当位置单击鼠标左键，确定指引线转折点的位置，即可标注出输入的零件序号值。

（3）如果立即菜单"6."选择的是"填写"方式，则弹出如图 8-50 所示的"填写明细表"对话框，在该对话框中可以填写明细表中的各项内容。

图 8-50 "填写明细表"对话框

> 提示：若零件是从图库中提取的标准件或含属性的块，则系统将自动填写明细表，而无
> 须对"填写明细表"对话框进行设置；如果拾取的标准件或含属性的块被打散，
> 则在序号标注时系统将无法识别，从而不能自动填写明细表。

（4）重复输入引出点和转折点，可以生成一系列零件序号，单击鼠标右键，结束操作。

2. 删除序号

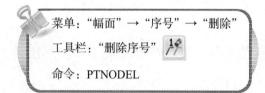

菜单："幅面"→"序号"→"删除"
工具栏："删除序号"
命令：PTNODEL

【功能】用于将已有序号中不需要的序号删除，同时删除明细表中的相应表项。

【步骤】

（1）启动"删除序号"命令。

（2）按系统提示"*请拾取要删除的零件序号:*"，用鼠标左键拾取要删除的序号，即可删除该序号，如果要删除的序号为有重名的序号，则只删除所拾取的序号；如果要删除的序号为中间的序号，为了保持序号的连续性，系统自动将该项以后的序号值顺序减 1，同时删除明细表中的相应表项。

> 提示：对于采用公共指引线的一组序号，可以删除整体，也可以只删除其中某一个序号，
> 这取决于拾取位置。若用鼠标左键拾取指引线，则删除同一指引线下的所有序号；
> 若拾取其他位置，则只删除排在后面的序号。

3. 编辑序号

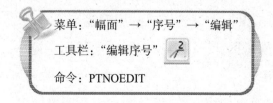

菜单："幅面"→"序号"→"编辑"
工具栏："编辑序号"
命令：PTNOEDIT

【功能】用于修改已有序号的位置，不能修改序号值。

【步骤】

（1）启动"编辑序号"命令。

（2）按系统提示"*请拾取零件序号:*"，用鼠标左键拾取要编辑的零件序号。系统可以根据拾取位置的不同，分别进行编辑引出点和转折点的操作。

如果拾取点靠近序号的引出点，将编辑引出点的位置，拖动鼠标指针，在适当位置单击鼠标左键，确定引出点的位置，即可完成编辑引出点的操作，如图 8-51（b）所示；如果拾取点靠近序号值，将编辑转折点及序号的位置，拖动鼠标指针，在适当位置单击鼠标左键，确定转折点的位置，即可完成编辑转折点的操作，如图 8-51（c）所示。

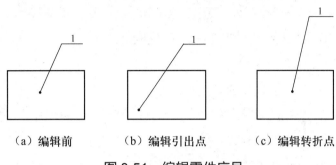

（a）编辑前　　　　　（b）编辑引出点　　　　（c）编辑转折点

图 8-51　编辑零件序号

4. 交换序号

菜单："幅面"→"序号"→"交换"

工具栏："交换序号"

命令：PTNOSWAP

【功能】交换序号的位置，并根据需要交换明细表的内容。

【步骤】

（1）启动"交换序号"命令，将出现立即菜单

`1. 仅交换选中序号 ▼ 2. 交换明细表内容 ▼`。

（2）按提示要求，先后拾取要交换的序号。在立即菜单中可以切换是否交换明细表的内容。当系统提示"*请拾取零件序号：*"时，用鼠标左键单击要交换的序号 1；当系统提示"*请拾取第二个序号：*"时，用鼠标左键单击要交换的序号 2，则序号 1 与序号 2 实现了交换。若将立即菜单"2."设置为"不交换明细表内容"，则序号更换后，相应的明细表内容不交换。

5. 对齐序号

菜单："幅面"→"序号"→"对齐"

工具栏："对齐序号"

命令：PTNOALIGN

【功能】按水平、垂直、周边的方式对齐所选择的序号。

【步骤】

（1）启动"对齐序号"命令。

（2）在提示"*请拾取零件序号：*"下，用鼠标左键依次单击要对齐的序号，按 Enter 键，结束拾取。

（3）在提示"*定位点：*"下，用鼠标左键指定参考点，显示立即菜单`1. 水平排列 ▼ 2. 手动 ▼ 3. 间距值 20`，可在立即菜单"1."中选择序号的对齐形式（"周边排列""水平排列""垂直排列"），在立即菜单"2."中选择对齐的方式（"手动""自动"），当选择"手动"方式时，还可在立即菜单"3."中指定具体的序号间距值。

6. 序号风格设置

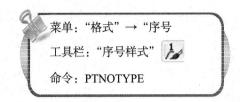

菜单:"格式"→"序号

工具栏:"序号样式"

命令:PTNOTYPE

【功能】定义不同的零件序号风格。

不同的工程图纸中通常需要不同的序号风格,如显示不同的外观、文字的风格等。通过设置参数,可以选择多种样式,包括箭头样式、文本样式、形状、特性显示,以及序号的尺寸参数,如横线长度、圆圈半径、垂直间距等。

【步骤】

(1)选择"格式"→"序号"选项。

(2)在弹出的如图 8-52(a)所示的"序号风格设置"对话框中,对序号的基本形式进行设置。各项参数含义及设置方法如下。

- 箭头样式:可以选择不同的箭头形式,如圆点、斜线、空心箭头、直角箭头等,并且可以设置箭头的长度和宽度。

- 文本样式:可以选择序号中文本的样式及文字字高。

- 形状:可以单击按钮,在下拉列表中选择序号的形状。

- 特性显示:设置序号显示零件的各个属性。用户可以单击"选择"按钮进行字段的选择,也可以在编辑框中直接输入。当在明细表中填写了各个属性的内容后,如果属性字段与序号风格中指定的特性字段相同,则当前图纸中的序号将按特性显示中指定的字段显示。例如,在"特性显示"编辑框中输入"序号",明细表中也有序号字段且填写了内容,那么在生成序号时将直接显示该内容。

(3)选择"符号尺寸控制"选项卡,设置序号符号的相关控制尺寸,如图 8-52(b)所示。

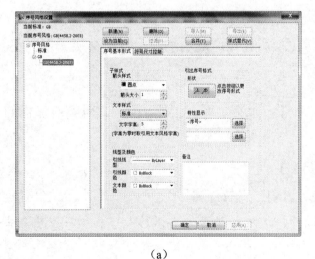

(a)

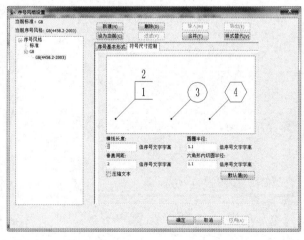

(b)

图 8-52 "序号风格设置"对话框

在该选项卡中列出了序号的两种标注形式如下。

- 序号标注在水平线上或圆圈内,字体比图中尺寸的字体大一号。

- 序号直接标注在指引线端部,字体比图中尺寸的字体大两号。

8.5.2 明细表

1. 填写明细表

菜单："幅面"→"明细表"→"填写明细表"

工具栏："填写明细表" **T**

命令：TBLEDIT

【功能】在明细表中填写对应于某一零件序号的各项内容，并自动定位。

【步骤】

（1）启动"填写明细表"命令。

（2）系统弹出"填写明细表"对话框，如图 8-53 所示。

双击要填写表项的内容，即可对其进行填写或修改。完成后，单击"确定"按钮，所填表项内容将自动添加到明细表中。重复上述操作，可以填写或修改一系列明细表表项内容，单击鼠标右键，结束操作。

图 8-53 "填写明细表"对话框

2. 删除表项

菜单："幅面→"明细表"→"删除表项"

工具栏："删除表项"

命令：TBLDEL

【功能】删除明细表中的某一个表项。

【步骤】

（1）启动"删除表项"命令。

（2）按系统提示"*请拾取表项:*"，用鼠标左键单击要删除表项的零件序号，将该零件序号及其对应的所有表项内容都删除，同时该零件序号后的所有序号将自动重新排列。

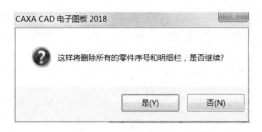

图 8-54　警示对话框

3. 表格折行

菜单："幅面"→"明细表"→"表格折行"

工具栏："表格折行"

命令：TBLBRK

【功能】将已存在的明细表表格在指定位置向左或向右转移。转移时，表格及表项内容一起转移。

【步骤】

（1）启动"表格折行"命令。

（2）单击立即菜单"1."，在"左折"方式、"右折"方式和"设置折行点"方式间切换，分别表示将表格向左、向右和向指定点转移。

（3）按系统提示"*请拾取表项:*"，用鼠标左键单击要折行的零件序号，将该零件序号及其以上的所有序号和其表项内容全部转移到左侧或右侧。若选择立即菜单"1."中的"设置折行点"方式，则系统提示变为"*请输入折点:*"。此时，只需用鼠标左键单击屏幕上一点，即可实现表格的转移。

4. 插入空行

菜单："幅面"→"明细表"→"插入空行"

工具栏："插入空行"

命令：TBLNEW

【功能】在明细表中插入一个空行。

【步骤】

启动"插入空行"命令，系统立即将一个空白行插入已有明细表的顶部。

5. 输出明细表

【功能】将明细表作为装配图的续页单独输出。

菜单："幅面"→"明细表→"输出明细表"

工具栏："输出明细表"

命令：TABLEEXPORT

【步骤】

（1）启动"输出明细表"命令，将弹出如图 8-55 所示的"输出明细表设置"对话框。

（2）在"输出明细表设置"对话框中对输出的明细表进行设置后，单击"输出"按钮，将明细表输出为单独的 EXB 文件。

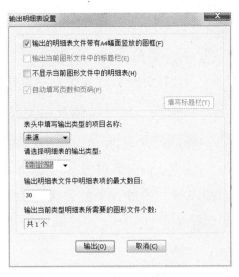

图 8-55 "输出明细表设置"对话框

6. 明细表风格设置

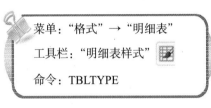

菜单："格式"→"明细表"

工具栏："明细表样式"

命令：TBLTYPE

【功能】定义不同的明细表风格。

不同的工程图纸中通常需要不同的明细表风格。在 CAXA CAD 电子图板 2020 中，明细表风格功能包含定制表头、颜色与线宽设置、文字设置等，可以定制各种样式的明细表。

【步骤】

（1）选择"格式"→"明细表"选项。

（2）在弹出的如图 8-56 所示的"明细表风格设置"对话框中，可为明细表定制表头、设置颜色与线宽、设置文字等。

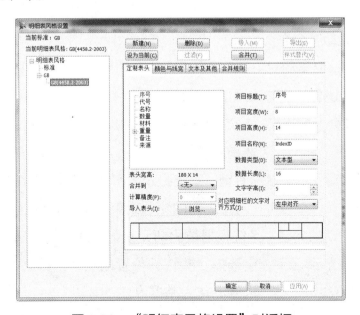

图 8-56 "明细表风格设置"对话框

8.6　尺寸驱动

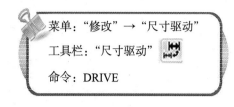

菜单:"修改"→"尺寸驱动"

工具栏:"尺寸驱动"

命令:DRIVE

【功能】尺寸驱动是系统提供的一套局部参数化功能。在选择一部分实体及相关尺寸后,系统将根据尺寸建立实体间的拓扑关系。当用户选择想要改动的尺寸并改变其数值时,相关实体及尺寸也将受到影响并发生变化,但元素间的拓扑关系保持不变,如相切、相连等。另外,系统还可自动处理过约束及欠约束的图形。

此功能在很大程度上使用户在绘制完图以后,可以对尺寸进行规整、修改,提高作图速度,使已有图纸的修改变得更加简单、容易。

例如,图 8-57 所示为尺寸驱动前的原图,图 8-58 所示为两个圆中心距为"35.8",通过尺寸驱动后改变为"28"。

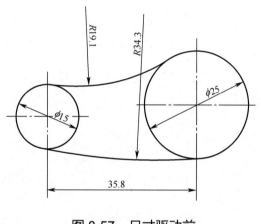

图 8-57　尺寸驱动前

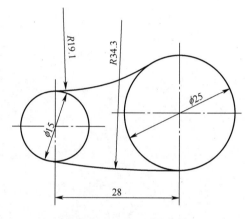

图 8-58　尺寸驱动后

【步骤】

(1)启动"尺寸驱动"命令。

(2)根据系统提示拾取驱动对象,即用户想要修改的部分。用户在按系统提示拾取元素时,不仅要拾取图形元素,还要拾取与该图形相关的尺寸。一般来说,选中的图形元素如果没有必要的尺寸标注,系统将会根据连接、正交、相切等一般的默认准则判断图形元素间的约束关系,如图 8-57 将拾取整个图形和尺寸为驱动对象。

(3)拾取驱动对象后,单击鼠标右键,系统提示"*请给出图形的基准点:*"。由于任意一个尺寸表示的都是"两个或两个以上"对象之间的相关约束关系,如果驱动该尺寸,则必然存在一端固定,另一端被驱动的问题。系统根据被驱动元素与基准点的关系来判断哪一端该固定,从而驱动另一端。在一般情况下,应选择一些特殊位置的点,如圆心、端点、中心点等。如图 8-57 所示,将拾取直径为"25"的圆心作为基准点。

(4)指定基准点后,系统提示"*请拾取欲驱动的尺寸:*"。例如,拾取图 8-57 中欲驱动的尺

寸"35.8",选择一个被驱动的尺寸后,弹出"输入实数"的数据编辑框,系统提示"*请输入新*
值:"。在数据编辑框中输入新的尺寸值"28"并按 Enter 键,则被选中的图形元素部分,按照
新的尺寸值做出相应改动。系统接着提示"*请输入欲改动的尺寸:*",可以连续驱动其他尺寸,
直至单击鼠标右键,结束操作,结果如图 8-58 所示。

8.7 标注示例

8.7.1 轴承座的尺寸标注

用本章所学的工程标注命令为第 6 章绘制的轴承座标注尺寸,如图 8-59 所示。

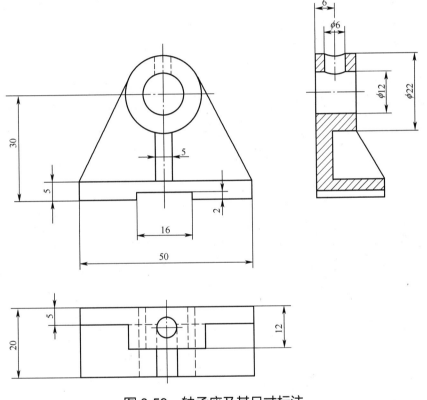

图 8-59 轴承座及其尺寸标注

【分析】

该轴承座的尺寸标注均为线性尺寸,因此使用 CAXA CAD 电子图板 2020 中的"尺寸标
注"命令的不同方式就可以进行全图的标注。

(1)设置合适的标注参数。

(2)用"基本标注"方式标注主视图中的尺寸"50""2""16""5"(水平),俯视图中的尺
寸"12",左视图中的尺寸"6""φ6""φ12""φ22"。

(3)用"基线"方式标注主视图中的尺寸"5"和"30",以及俯视图中的尺寸"5"和"20"。

【步骤】

（1）根据图形的大小及图形的复杂程度，适当设置标注参数，使图形清晰、协调。

在主菜单中选择"格式"→"尺寸"选项，弹出"标注风格设置"对话框，在"直线和箭头"选项卡中，将"箭头大小"设置为"4"；在"文本"选项卡中，将"文字字高"设置为"6"；在"单位"选项卡中，将"线性标注"选项组中的"精度"设置为"0.00"。单击"应用"和"确定"按钮。

（2）用"尺寸标注"命令中的"基本标注"方式标注图中的尺寸。

① 单击"标注"工具栏中的"尺寸标注"按钮 ⊢┤，将立即菜单"1."设置为"基本标注"，按系统提示"*拾取标注元素或点取第一点:*"，用鼠标左键拾取主视图中底板的左边轮廓线，按系统提示"*拾取另一个标注元素或点取第二点:*"，用鼠标左键拾取底板右边轮廓线，将出现的立即菜单设置为 `1.基本标注 ▼ 2.文字平行 ▼ 3.长度 ▼ 4.正交 ▼ 5.文字居中 ▼ 6.前缀 7.后缀 8.基本尺寸 50` ，按系统提示"*尺寸线位置:*"，拖动鼠标指针，在适当位置单击鼠标左键，即可完成底板长度尺寸"50"的标注。

② 按系统提示"*拾取标注元素或点取第一点:*"，方法同上，分别标注主视图中的尺寸"2""16""5"（水平），俯视图中的尺寸"12"，左视图中的尺寸"6"。

③ 按系统提示"*拾取标注元素或点取第一点:*"，分别用鼠标左键拾取左视图中孔"$\phi 12$"的上、下轮廓线，将出现的立即菜单设置为

`1.基本标注 ▼ 2.文字平行 ▼ 3.长度 ▼ 4.正交 ▼ 5.文字居中 ▼ 6.前缀 %c 7.后缀 8.基本尺寸 12` ，即单击立即菜单"6.前缀"，在其后的编辑框中输入"%%C"，以实现标注表示直径尺寸的符号"ϕ"。按系统提示"*尺寸线位置:*"，拖动鼠标指针，在适当位置单击鼠标左键，即可标注完成孔的直径尺寸"$\phi 12$"。

④ 按系统提示"*拾取标注元素:*"，方法同上，分别标注左视图中的尺寸"$\phi 22$""$\phi 6$"。

（3）用"尺寸标注"命令中的"基准标注"方式标注图中的其余尺寸。

① 单击立即菜单"1."，选择"基线"方式，按系统提示"*拾取线性尺寸或第一引出点:*"，利用空格键捕捉菜单分别捕捉主视图底板的左下角点和左上角点，将出现的立即菜单设置为 `1.基线 ▼ 2.文字平行 ▼ 3.正交 ▼ 4.前缀 5.后缀 6.基本尺寸 5` ，按系统提示"*尺寸线位置:*"，拖动鼠标指针，在适当位置单击鼠标左键，即可标注完成底板高度尺寸"5"，将出现的立即菜单设置为 `1.基线 ▼ 2.文字平行 ▼ 3.尺寸线偏移 10 4.前缀 5.后缀 6.基本尺寸 计算尺寸` ，按系统提示"*拾取第二引出点:*"，利用空格键捕捉菜单，捕捉上部两同心圆的水平中心线的端点，即可完成轴承孔轴线的高度尺寸"30"的标注，按 Esc 键，结束该命令。

② 方法同上，标注俯视图中的基准尺寸"5"和"20"。

8.7.2 端盖的工程标注

用本章所学的工程标注命令完成第 6 章绘制的端盖的工程标注，如图 8-60 所示。

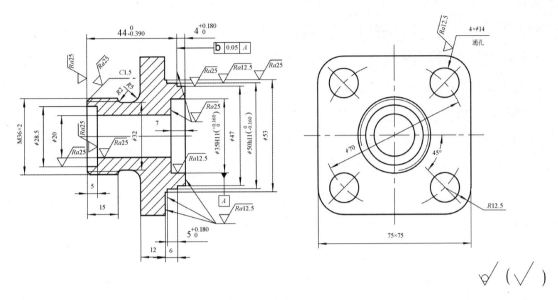

图 8-60 端盖及其工程标注

【分析】

该端盖的工程标注包括线性尺寸、角度尺寸、倒角、尺寸公差、形位公差、表面粗糙度等内容，可采用相应的标注命令进行标注。

（1）用"尺寸标注"命令中的"基本标注"方式标注尺寸"$\phi20$""$\phi53$""$\phi47$""$\phi70$""$R12.5$""75×75""7"等，用"三点角度"方式标注左视图中的角度尺寸"45°"，用"基线"方式标注长度尺寸"5""15"，用"连续标注"方式标注连续尺寸"12""6""$44_{-0.390}^{0}$""$4_{0}^{+0.180}$"。图中尺寸公差的标注，可以在标注尺寸时通过"尺寸标注属性设置"对话框实现。

（2）用"引出说明"命令标注左视图中的"4×$\phi14$/通孔"。

（3）用"倒角标注"命令标注倒角，如主视图中的"$C1.5$"等。

（4）用"形位公差"命令标注形位公差，如主视图中的垂直度要求"0.05"。

（5）用"基准代号"命令标注基准代号，如主视图中的基准代号"A"。

（6）用"粗糙度"命令标注各表面的粗糙度要求，如"$Ra25$""$Ra12.5$"等。

（7）用"粗糙度"命令和文字命令相结合，实现图形右下角处其余各表面粗糙度要求的标注。

【步骤】

（1）打开文件"端盖.exb"。

（2）方法同前，通过"标注风格设置"对话框设置合适的标注参数。

（3）用"尺寸标注"命令中的"基本标注"方式，标注图中轴和孔的直径、螺纹尺寸、长度方向的线性尺寸、圆角的半径、圆的直径。

① 启动"尺寸标注"命令，选择"基本标注"方式，分别标注主视图中的尺寸"ϕ28.5""ϕ20""ϕ53""ϕ47""ϕ32"，并在前缀中均应增加字符"%%C"，以实现表示直径的符号"ϕ"的标注。

② 分别用鼠标左键拾取主视图中左端螺纹"M36×2"的上、下轮廓线，在立即菜单"9.基本尺寸"后的编辑框中输入字符串"M36×2"，其余操作同前，实现图中螺纹代号的标注。

③ 标注主视图中的尺寸"ϕ35H11（$^{+0.160}_{0}$）"，在系统提示"尺寸线位置:"时，单击鼠标右键，在弹出的"尺寸标注属性设置"对话框中，将"前缀"设置为"%%C"，"输入形式"设置为"代号"，"公差代号"设置为"H11"，"输出形式"设置为"代号（偏差）"，如图 8-61 所示。后续操作同上。注意尺寸公差中括号内的上、下极限偏差数值是软件系统根据基本尺寸"ϕ35"和公差带代号"H11"从其内置的国家标准表格中查询得到的，不需要直接输入。使用与此相同的方法，标注主视图中的尺寸"ϕ50h11（$^{0}_{-0.160}$）"。

图 8-61　同时标注公差代号和偏差值的标注设置

④ 按系统提示"拾取标注元素或点取第一点:"，用鼠标左键拾取左视图中圆"ϕ70"的中心线，拖动鼠标指针，在适当位置单击鼠标左键，以指定尺寸线的位置，从而完成中心线圆的直径"ϕ70"的标注。

⑤ 按系统提示"拾取标注元素或点取第一点:"，用鼠标左键拾取左视图中的圆弧"R12.5"，将立即菜单"2."切换为"半径"方式，将立即菜单"3."切换为"文字水平"方式，完成圆弧半径尺寸"R12.5"的标注。使用同样的方法标注主视图中的圆角半径"R2""R5"。

⑥ 标注孔"ϕ35H11（$^{+0.160}_{0}$）"的长度尺寸"7"。

⑦ 标注尺寸"44$^{0}_{-0.390}$"，在系统提示"尺寸线位置:"时，单击鼠标右键，在弹出的"尺寸标注属性设置"对话框中，将"输入形式"设置为"偏差"，"输出形式"设置为"偏差"，并在"下偏差"编辑框中输入"-0.390"，如图 8-62 所示。后续操作同上。使用与此相同的方法，标注主视图中的长度尺寸"4$^{+0.180}_{0}$""5$^{+0.180}_{0}$"。

图 8-62　标注偏差值的标注设置

⑧ 标注主视图中的尺寸"12""5"；标注左视图中的尺寸"75×75"，其尺寸值需在"基本尺寸"编辑框中输入。

（4）用"尺寸标注"命令中的"三点角度"方式标注左视图中的角度尺寸"45°"。

① 单击立即菜单，将立即菜单"1."设置为"三点角度"，将立即菜单"2."设置为"度"，按提示要求，利用空格键捕捉菜单分别捕捉左视图中矩形中心线的交点作为顶点，捕捉水平中心线的端点作为第一点，捕捉倾斜中心线的端点作为第二点。

② 按系统提示"*尺寸线位置:*"，拖动鼠标指针，在适当位置单击鼠标左键，即可完成角度的标注。

（5）用"尺寸标注"命令中的"基线"方式标注主视图中的长度尺寸"15"。单击立即菜单，将立即菜单"1."设置为"基线"，按系统提示"*拾取线性尺寸或第一引出点:*"，用鼠标左键拾取主视图中已标注的长度尺寸"5"的左尺寸线，按系统提示"*第二引出点:*"，利用空格键捕捉菜单，捕捉左端螺纹的右下角点，即可标注完成基线尺寸"15"的标注。

（6）用"尺寸标注"命令中的"连续标注"方式标注主视图中的连续尺寸"6"。

单击立即菜单，将立即菜单"1."设置为"连续标注"，按系统提示"*拾取线性尺寸或第一引出点:*"，用鼠标左键拾取已标长度尺寸"12"的右尺寸线，按系统提示"*拾取另一个引出点:*"，利用空格键捕捉菜单，捕捉"$\phi50h11$（$^{\ 0}_{-0.160}$）"轴段的右下角点，即可标注出连续尺寸"6"。按 Esc 键，结束该命令。

（7）用"引出说明"命令标注左视图中"$4\times\phi14$"通孔的尺寸。

① 单击"引出说明"命令按钮 ，将弹出的"引出说明"对话框按图 8-63 所示进行设置，单击"确定"按钮。

图 8-63　设置"引出说明"对话框

② 按系统提示"*第一点：*"，利用空格键捕捉菜单，捕捉要标注的小圆上一点，拖动鼠标指针，在适当位置单击鼠标左键，以确定第二点，从而完成标注。

（8）用"倒角标注"命令标注主视图中的倒角"*C*1.5"。

① 单击"倒角标注"命令按钮 ，按系统提示"*拾取倒角线：*"，用鼠标左键拾取左上角的倒角线，将立即菜单设置为 `1.水平标注 ▼ 2.轴线方向为x轴方向 ▼ 3.简化45度倒角 ▼ 4.基本尺寸 C1.5`。

② 按系统提示"*尺寸线位置：*"，拖动鼠标指针，在适当位置单击鼠标左键，以确定尺寸线的位置，从而完成标注。

（9）用"形位公差"命令标注主视图中的形位公差，用"基准代号"命令标注基准代号"*A*"。

① 单击"形位公差"命令按钮 ，将弹出的"形位公差"对话框按图 8-64 所示进行设置，然后单击"确定"按钮。

② 将出现的立即菜单"1."设置为"水平标注"，按系统提示"*拾取定位点或直线或圆弧：*"，用鼠标左键拾取线性尺寸"$44_{-0.390}^{0}$"的右尺寸线。此时，系统提示"*引线转折点：*"，拖动鼠标指针，在适当位置单击鼠标左键，以确定引线转折点；继续拖动鼠标指针，在适当位置单击鼠标左键，以确定标注的定位点，从而完成标注。

③ 单击"基准代号"命令按钮 ，将出现的立即菜单设置为

`1.基准标注 ▼ 2.给定基准 ▼ 3.默认方式 ▼ 4.基准名称 A` ，按系统提示"*拾取定位点或直线或圆弧：*"，捕捉直径尺寸"$\phi35H11\left(^{+0.160}_{0}\right)$"的尺寸线的下端点。此时，按系统提示"*拖动确定标注位置：*"，拖动鼠标指针，将基准代号标注在"$\phi35H11\left(^{+0.160}_{0}\right)$"尺寸线的正下方。

（10）用"粗糙度"命令标注图中的粗糙度。

① 单击"粗糙度"命令按钮 ，将出现的立即菜单"1."设置为"标准标注"，将弹出的"表面粗糙度"对话框按图 8-65 所示进行设置，单击"确定"按钮。

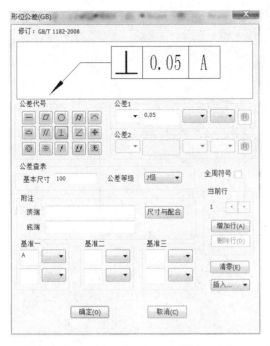

图 8-64　设置"形位公差"对话框

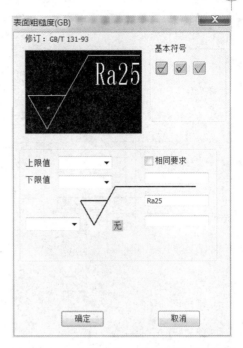

图 8-65　设置"表面粗糙度"对话框

按系统提示"*拾取定位点或直线或圆弧：*"，用鼠标左键拾取主视图左部及右上粗糙度数值为"*Ra25*"的各面，拖动鼠标指针，在适当位置单击鼠标左键，以确定标注位置，从而完成粗糙度的标注。

② 继续执行"粗糙度"命令，将"表面粗糙度"对话框中的"*Ra25*"改为"*Ra12.5*"，仿照上面操作，标注图中粗糙度数值为"*Ra12.5*"的各面。

③ 根据机械制图国家标准的有关规定，粗糙度符号中的"尖"，只能向下、向右或垂直于表面轮廓朝斜下方向，因此对于图中不满足此类要求的表面，在标注其粗糙度时应先绘制箭头指向表面的指引线，再在此指引线的水平段上标注相应的粗糙度符号。在 CAXA CAD 电子图板 2020 中，可以先用"引出说明"命令绘制指引线，在"引出说明"对话框中的"上说明"和"下说明"均空置，最后用"粗糙度"命令标注相应的粗糙度。

④ 标注右下角的粗糙度符号"√"及其说明。

启动"粗糙度"命令，将立即菜单"1."设置为"简单标注"，立即菜单"3."设置为"不去除材料"，将鼠标指针移动至图形右下方的适当位置，单击鼠标左键，在系统提示"*输入角度或由屏幕上确定：（-360,360)：*"下，直接按 Enter 键；将立即菜单"3."设置为"基本符号"，其余设置不变，将鼠标指针移动至图已绘符号正右方的适当位置，绘制出对钩形符号。

⑤ 用"文字标注"命令标注粗糙度对钩形符号的左右括号。（从略）

最终结果如图 8-66 所示。

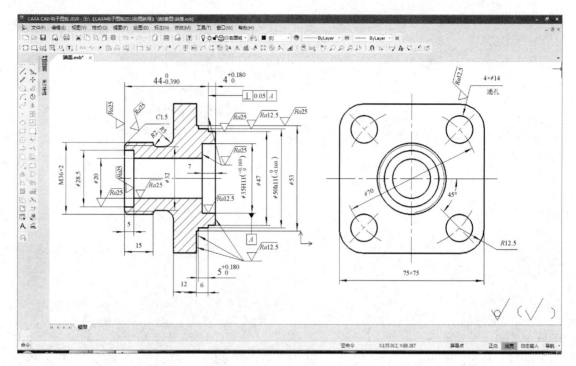

图 8-66　端盖的尺寸标注

习　　题

1. 选择题

（1）尺寸公差的标注可以采用（　　　）。

① 在尺寸标注时单击鼠标右键，在弹出的"尺寸标注公差与配合查询"对话框中输入公差代号或上下偏差数值

② 在尺寸标注立即菜单的"尺寸值"编辑框的尺寸数值后面输入分别以百分号（％）引导的上下偏差数值，如标注"$80^{+0.2}_{-0.1}$"，可以输入"80%+0.2%-0.1"

③ 以上均可

（2）下述关于修改尺寸、文字等标注的正确操作有（　　　）。

① 若要修改尺寸标注的位置或尺寸（文字）数值，则可以采用单击▨按钮等方式来启动"标注风格"命令

② 若要修改尺寸标注文字及箭头的大小，则可以采用单击▨按钮等方式来启动"标注风格"命令，并在弹出的"标注风格设置"对话框中修改设置

③ 拾取要修改的尺寸，单击鼠标右键，在弹出的快捷菜单中选择相应选项

2. 分析题

分析如图 8-67 所示的各图形的标注，指出各自使用的标注命令及其具体操作。

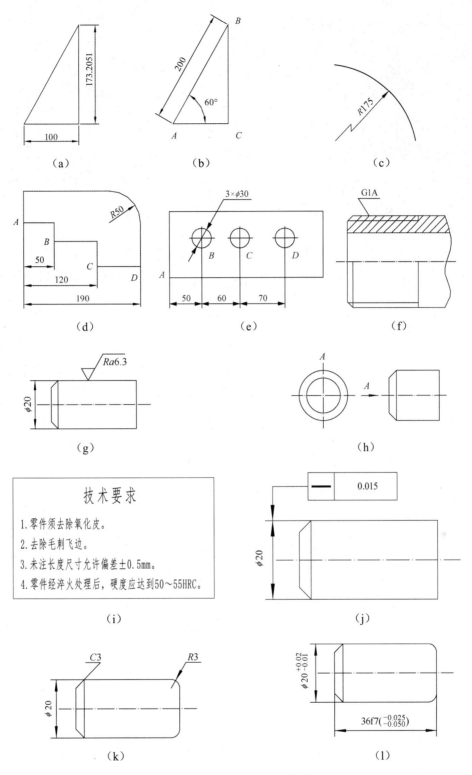

图 8-67　图形标注的命令分析

上机指导与练习

【上机目的】

掌握 CAXA CAD 电子图板 2020 提供的工程标注命令及标注编辑命令的使用方法，能够对绘制的图形进行工程标注及对所标注的尺寸进行编辑修改。

【上机内容】

（1）熟悉本章所介绍的工程标注命令及标注编辑命令的功能及操作。

（2）按 8.7.1 节中所给方法和步骤，完成轴承座的尺寸标注。

（3）按 8.7.2 节中所给方法和步骤，完成端盖的工程标注。

（4）按照下面【上机练习】中的要求和提示，完成各零件图或装配图中尺寸、技术要求等内容的标注及其图框、标题栏、编制零件序号和明细表的绘制。

【上机练习】

（1）用本章所学的工程标注命令来标注在第 6 章中绘制的挂轮架尺寸，如图 8-68 所示。

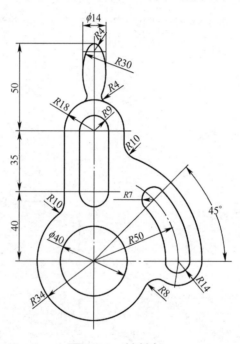

图 8-68　挂轮架

> 提示：该挂轮架的图形中只有一种线性尺寸，因此可以采用"尺寸标注"命令中不同的方式进行标注。
>
> ① 用"连续标注"方式标注图中的连续尺寸"40""35""50"。
>
> ② 用"基本标注"方式标注图中圆弧的半径和圆的直径尺寸，如"$\phi14$""R34""R18""R9""R30"等。
>
> ③ 用"三点角度"方式标注图中的角度尺寸"45°"。

（2）用本章所学的标注命令，对在第 5 章中绘制的轴承座进行工程标注，如图 8-69 所示。

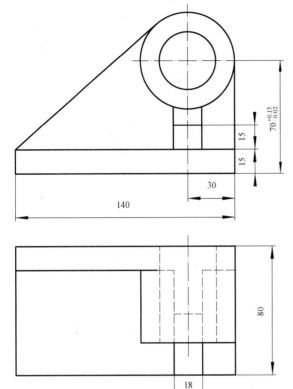

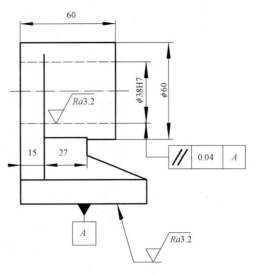

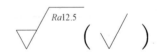

技术要求

1.零件应按工序检查、验收，在前道工序检查合格后，方可转入下道工序。

2.加工后的零件不允许有毛刺、飞边。

3.零件加工表面上，不应有划痕、擦伤等损伤零件表面的缺陷。

图 8-69　轴承座的标注

提示：该轴承座的三视图中，只有一种线性尺寸，因此可以采用"尺寸标注"命令中不同的方式进行标注。

① 用"基本标注"方式，标注尺寸"ϕ38H7""ϕ60""60""18""80"。

② 用"连续标注"方式，标注主视图中的连续尺寸"15"和"15"，左视图中的连续尺寸"15"和"27"。

③ 用"基准标注"方式，标注主视图中的基准尺寸"140"和"30"，并以标注的尺寸"15"为基准标注基准尺寸"70"。

④ 用"标注修改"命令下的立即菜单，为尺寸"70"和"ϕ36"增加尺寸公差。

⑤ 用"粗糙度"命令，标注图中的 3 处粗糙度要求。

⑥ 用"基准代号"命令，标注基准代号"A"。

⑦ 用"形位公差"命令，标注图中的平行度公差要求。

⑧ 用"文字标注"命令，书写"技术要求"。

（3）仿照上两例，分析如图 8-70 所示的零件图形中的尺寸，选用合适的标注命令完成图中各尺寸的标注。

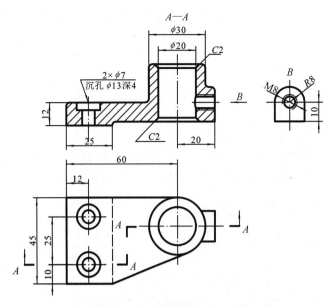

图 8-70　零件图形的尺寸标注

（4）分析如图 8-71 所示的零件图中表面粗糙度及文字类技术要求的特点，选用合适的命令，完成图中表面粗糙度及技术要求的标注。

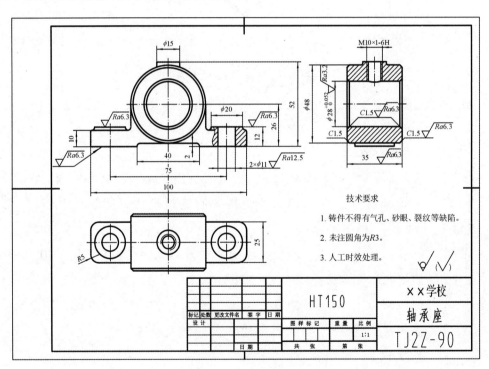

图 8-71　零件图及其技术要求的标注

（5）如图 8-72 所示，对在第 7 章中绘制的"轴系"装配图配置图框、标题栏，并编制零件序号和明细表。

（6）仿照上题，为在第 7 章中绘制的"螺栓连接"装配图配置图框、标题栏，并编制零件序号和明细表。

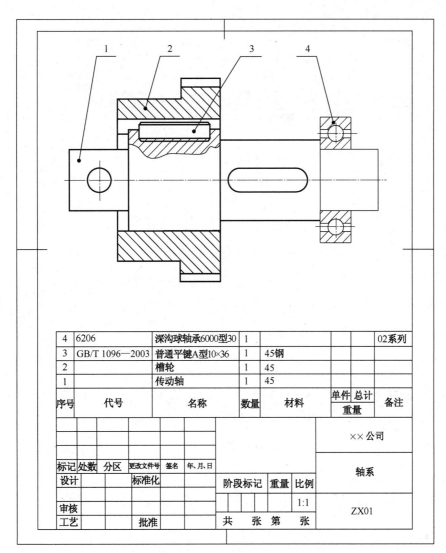

4	6206	深沟球轴承6000型30	1				02系列
3	GB/T 1096—2003	普通平键A型10×36	1	45钢			
2		槽轮	1	45			
1		传动轴	1	45			
序号	代号	名称	数量	材料	单件 总计 重量		备注

					××公司		
标记	处数	分区	更改文件号	签名	年、月、日		轴系
设计			标准化		阶段标记	重量	比例
审核							1:1	ZX01
工艺			批准		共　张　第　张		

图 8-72　完整的"轴系"装配图

第 ⑨ 章　机械绘图综合示例

在机械工程中，机器或部件都是由许多相互关联的零件装配而成的。表示单个零件的图样被称为零件图，表示机器或部件的图样被称为装配图。用计算机绘制机械工程图，一方面需要掌握正投影的基本原理和相关的专业知识，以保证所绘图形的正确性；另一方面则需要明确计算机绘图的基本方法，熟悉绘图软件的功能和操作，以提高绘图的效率。前者主要通过"机械制图"等课程的学习来解决，后者则需要在掌握绘图软件功能和基本操作的基础上进行大量绘图实践。

通过前面各个章节的介绍，读者对 CAXA CAD 电子图板 2020 的主要功能和基本操作已经有了较为全面的了解。本章将对零件图和装配图两类的主要机械图样绘制方法和步骤进行具体介绍，使读者进一步熟悉 CAXA CAD 电子图板 2020 在机械绘图中的应用。限于篇幅，示例中只给出了绘制的主要步骤，而具体绘图命令的使用方法及操作请参考前面的相关章节。另外，一个图形的绘制方法和步骤是不唯一的，本章示例中应用的绘图方法和步骤亦未必最优，仅供学习参照之用。

9.1　概述

9.1.1　绘图的一般步骤

（1）分析图形。绘图前首先要看懂并分析所绘图样。例如，根据视图数量、图形复杂程度和大小尺寸，选择大小合适的图纸幅面和绘图比例；按照图中出现的图线种类和内容类型拟定要设置的图层数；根据图形特点分析，确定作图的方法和顺序、图块和图符的应用等。

（2）设置环境。启动 CAXA CAD 电子图板 2020，据上面的分析对 CAXA CAD 电子图板 2020 进行系统设置，这些设置包括层、线型、颜色的设置，文本风格、标注风格的设置，屏幕点和拾取的设置等。如无特殊要求，一般可采用系统的默认设置。

（3）设定图纸。设置图幅、比例，调入图框、标题栏等。

（4）绘制图形。综合利用各种绘图命令和修改命令，按各视图的投影关系绘制图形。

（5）工程标注。标注图样中的尺寸和技术要求，以及装配图中的零件序号等。

（6）填写标题栏和明细表。

（7）检查、存盘。检查并确认无误后将所绘图样命名存盘。

9.1.2 绘图的注意事项

用 CAXA CAD 电子图板 2020 绘制工程图时需留意以下问题。

（1）充分利用图形的"层"特性区分不同的线型或工程对象。图形只能绘制在当前图层上，因此要注意根据线型或所绘工程对象及时变换当前图层。此外，利用当前图层的"关闭"和"打开"状态，也有助于提高绘图的效率和方便图形的管理。

（2）在绘图和编辑过程中，为观察清楚、定位准确，应随时对屏幕显示进行缩放、平移。

（3）充分利用捕捉功能和导航功能保证作图的准确性。如利用导航功能可方便地保持三视图间的"长对正、高平齐、宽相等"关系。但当不需要捕捉、导航时，应及时关闭。

（4）利用已有的图形进行变换和复制，可以事半功倍，显著提高绘图效率。绘图时要善于使用"平移""镜像"等变换命令，以简化作图。

（5）多修少画。便于修改是计算机绘图的一个显著特点，当图面布置不当时，可随时通过"平移"命令进行调整；若图幅或比例设置不合适，在绘图的任何时候都可重新设置；线型绘制错了，可以通过属性修改予以改正；对图线长短，图形的形状、位置、尺寸、文字、工程标注的位置、内容等，都能方便地进行修改。绘图时要充分利用电子图板的编辑功能。一般来说，在原有图形的基础上进行修改，比删除重画的效率要高。

（6）及时存盘。新建一个"无名文件"后，应及时赋名存盘；在绘图过程中，也要养成经常存盘的习惯，以防因意外造成所绘图形的丢失。

9.2 零件图的绘制

9.2.1 零件图概述

1. 零件图的内容

零件图是反映设计者意图及生产部门组织生产的重要技术文件。因此，它不仅要将零件的材料、内/外结构形状和大小表达清楚，还要对零件的加工、检验、测量明确必要的技术要求。一张完整的零件图包含 4 个方面的内容，具体如下。

（1）一组视图。包括视图、剖视图、断面图、局部放大图等，用来完整、清晰地展示零件的内/外形状和结构。

（2）完整的尺寸。零件图中应正确、完整、清晰、合理地标注零件各部分的结构形状和相对位置，以及制造零件所需的全部尺寸。

（3）技术要求。用来说明零件在制造和检验时应达到的技术要求，如表面粗糙度、尺寸公差、形状和位置公差，以及表面处理和材料热处理等。

（4）标题栏。位于零件图的右下角，用来填写零件的名称、材料、比例、数量、图号，以及设计、制图、校核人员的签名等。

2. 零件的分类及特点

工程实际中的零件千姿百态、各种各样，但按其结构和应用的不同都可归结为四大类型：轴套类零件、盘盖类零件、叉架类零件和箱壳类零件。现就这 4 类零件的特点及绘图方法分述如下。

（1）轴套类零件

在零件结构上，轴类和套筒类零件通常由若干段直径不同的圆柱体组成（也被称为阶梯轴），为了连接齿轮、皮带轮等零件，在轴上常有键槽、销孔和固定螺钉的凹坑等结构。在图形表达上，通常采用一个主视图和若干断面图或局部视图来表示，主视图应将轴线按水平位置放置。在绘图方法上，常采用"圆"命令、"轴/孔"命令、"局部放大"命令和"镜像"命令。

轴套类零件的工程图一般较为简单，具体绘图示例请参见 3.23.1 节"轴的主视图"的绘制，此处不再赘述。

（2）盘盖类零件

在零件结构上，盘盖类零件一般由在同一轴线上的不同直径的圆柱面（也可能有少量非圆柱面）组成，其厚度相对于直径来说比较小，呈盘状显示，零件上常有一些孔、槽、肋和轮辐等均布或对称结构。在图形表达上，主视图一般采用全剖视或旋转剖视，轴线按水平位置放置。在绘图方法上，常采用"圆"命令、"轴/孔"命令和"剖面线"命令，对于盘盖上的孔、槽、肋和轮辐等均布或对称结构，一般先绘制一个图形，再用"阵列"命令或"镜像"命令绘制全部。

盘盖类零件的工程图一般也较为简单，具体绘图示例请参见 3.23.2 节"槽轮的剖视图"的绘制，此处不再赘述。

（3）叉架类零件

在零件结构上，叉架类零件的形状比较复杂，通常由支撑轴的轴孔、用来固定在其他零件上的底板，以及起加强、支承作用的肋板和支承板组成。

在图形表达上，叉架类零件一般用两个以上的视图来表示。主视图一般按工作位置放置，并采用剖视的方法，主要展示该零件的形状和结构特征。除主视图外，还需要采用其他视图及断面图、局部视图等表达方法来展示轴孔等的内部结构、底板形状和肋板断面图等。在绘图方法上，用到的绘图和编辑命令较多，熟练使用导航功能，可以在一定程度上提高绘图速度，简化绘图过程。

叉架类零件的工程图一般较为复杂，在 9.2.2 节中将详细介绍一个叉架类零件的具体绘制过程。

（4）箱壳类零件

在零件结构上，箱壳类零件是组成机器或部件的主要零件，其形状较为复杂，主要功能为容纳、支承和固定其他零件。箱壳类零件有轴承孔、凸台、肋板、底板、安装孔、螺孔等结构，箱体上常有薄壁围成的不同形状的空腔。

在图形表达上，箱壳类零件一般至少用 3 个视图来表示，主视图一般按工作位置放置，常与其在装配图中的位置相同，并采用全剖视，重点展示其内部结构；根据结构特点，其他视图一般采用剖视图和断面图来展示内部形状，并采用局部视图和斜视图等来展示零件外形。在绘图方法上，用到的绘图和编辑命令较多，熟练使用导航功能，可以在一定程度上提高绘图速度，简化绘图过程。

箱壳类零件的工程图一般较为复杂，在 9.2.3 节中将详细介绍一个箱壳类零件的具体绘制过程。

9.2.2 叉架类零件绘图示例

本节以图 9-1 所示的"踏脚座"零件图的绘制为例，介绍叉架类零件的绘图方法和步骤。

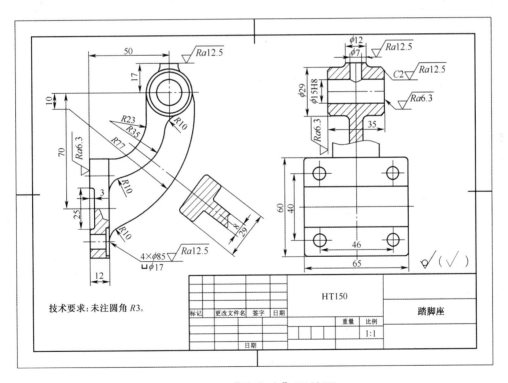

图 9-1 "踏脚座"零件图

1. 设置零件图环境

根据零件大小、比例及复杂程度，选择并设置图纸幅面、调入图框及标题栏。

启动"图幅设置"命令，在弹出的"图幅设置"对话框中，将"图纸幅面"设置为"A4"，

"绘图比例"设置为"1：1"，"图纸方向"设置为"横放"，"调入图框"设置为"A4A-D-Sighted（CHS）"，"标题"设置为"GB-A（CHS）"。

2. 绘制主视图

（1）用"圆"命令，分别在"粗实线层"绘制直径为"15""25"的圆，将立即菜单"3."切换为"有中心线"，绘制直径为"29"的圆；用"平行线"命令，在圆左侧绘制距离竖直中心线为"38"的平行线；将当前图层设置为"中心线层"，重复"平行线"命令，在圆下方绘制距离水平中心线为"70"的平行线，如图9-2（a）所示。

（2）启动"拉伸"命令，选择"单个拾取"方式，将两线拉伸，使其相交，如图9-2（b）所示。

（3）将当前图层设置为"粗实线层"，选择"孔/轴"命令中的"轴"方式，以捕捉到的交点为插入点，将起始直径修改为"60"，将立即菜单"4."切换为"无中心线"，向左绘制高度为"60"，长度为"12"的底板外框；将起始直径修改为"25"，向右绘制底板左侧高度为"25"，长度为"3"的凹槽，如图9-2（c）所示。

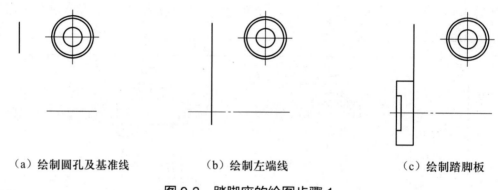

（a）绘制圆孔及基准线　　　（b）绘制左端线　　　（c）绘制踏脚板

图9-2　踏脚座的绘图步骤1

（4）启动"过渡"命令，选择"圆角"方式，将圆角半径修改为"3"，绘制凹槽的圆角，如图9-3（a）所示。

（5）用"删除"命令和"拉伸"命令整理图形；启动"直线"命令，用"两点线–单根"方式，在状态栏中打开"正交"状态，以捕捉"相交"点的方式从圆"$\phi29$"的左侧象限点开始，向下绘制一条垂直线；启动"平行线"命令，选择"偏移方式–双向"方式，将当前图层设置为"中心线层"，拾取底板对称线，输入"20"，绘制安装孔的轴线，如图9-3（b）所示。

（6）将当前图层设置为"粗实线层"，用"孔/轴"命令，以"孔"方式绘制锪平孔；启动"直线"命令，补绘锪平孔投影；使用"过渡"命令，以"圆角"方式，绘制圆弧"$R23$"，如图9-3（c）所示。

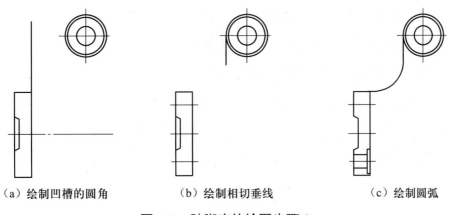

（a）绘制凹槽的圆角 　　（b）绘制相切垂线 　　（c）绘制圆弧

图 9-3　踏脚座的绘图步骤 2

（7）启动"等距线"命令，选择"单个拾取–指定距离–单向–空心"方式，并将距离修改为"12"，拾取圆弧"R23"，绘制圆弧"R35"，如图 9-4（a）所示。

（8）使用"过渡"命令，选择"圆角–裁剪始边"方式，对圆弧"R35"进行"过渡"操作，绘制两个"R10"的圆弧，如图 9-4（b）所示。

（9）要绘制"R77"的连接圆弧，必须先确定其圆心位置。由图可知，圆弧"R77"和圆"ϕ29"相内切，圆弧"R77"的水平中心线与圆"ϕ29"的水平中心线距离为"10"，因此可用下列方法确定圆弧"R77"的圆心位置。

① 以圆"ϕ29"的圆心为圆心，以（77-14.5=62.5）为半径绘制圆。

② 绘制与圆"ϕ29"的水平中心线距离为"10"的平行线。

③ 将等距线拉伸与圆"R62.5"相交，交点即为圆弧"R77"的圆心，如图 9-4（c）所示。

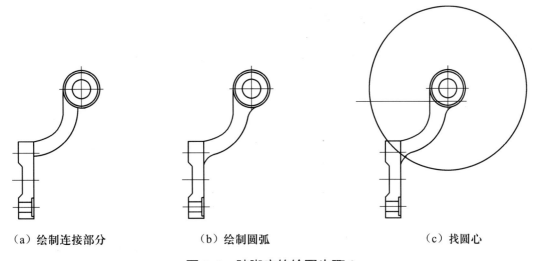

（a）绘制连接部分 　　（b）绘制圆弧 　　（c）找圆心

图 9-4　踏脚座的绘图步骤 3

（10）绘制圆弧"R77"，并利用"裁剪"命令和"删除"命令清除多余图线；启动"过渡"命令，以"圆角–裁剪始边"方式，绘制下方的圆弧"R10"，如图 9-5（a）所示。

（11）将"中心线层"设置为当前图层，启动"直线"命令，选择"切线/法线-法线-非对称-到点"方式，拾取圆弧"R23"，绘制移出断面图的剖切位置线；单击鼠标右键，重复上一命令，将"粗实线层"设置为当前图层，将立即菜单"3."切换为"对称"方式，在拾取剖面切线、输入移出断面图的定位点后，输入直线长度"29"，绘制移出断面图左上方的直线，如图9-5（b）所示。

（12）启动"孔/轴"命令，以"孔-两点确定角度"方式，绘制断面图的轮廓；启动"过渡"命令，选择"圆角"方式，绘制断面图上的圆角，如图9-5（c）所示。

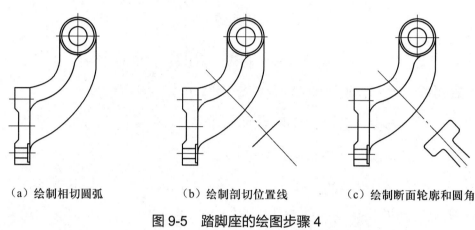

（a）绘制相切圆弧　　　（b）绘制剖切位置线　　　（c）绘制断面轮廓和圆角

图 9-5　踏脚座的绘图步骤 4

（13）将当前图层设置为"细实线"层，启动"样条"命令，绘制移出断面图及局部剖面的分界线，如图9-6（a）所示。

（14）用"剖面线"命令，绘制局部剖视图中的剖面线。单击鼠标右键，重复上一命令，将剖面线角度修改为"30"，绘制出移出断面图中的剖面线；将当前图层设置为"粗实线层"，用"平行线"命令和"过渡"命令中的"圆角"方式，绘制顶部凸台，如图9-6（b）所示。

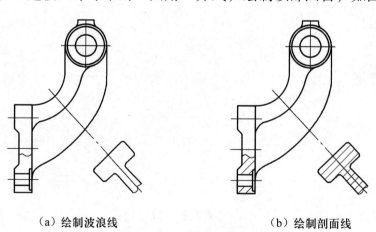

（a）绘制波浪线　　　　　（b）绘制剖面线

图 9-6　踏脚座的绘图步骤 5

3. 绘制左视图

（1）将当前图层设置为"中心线层"，将屏幕点设置为"导航"状态，启用"直线"命令，选择"两点线"方式，在"正交"状态下，绘制左视图上的对称线及轴线，如图9-7（a）所示。

（2）将当前图层设置为"粗实线层"，启动"矩形"命令，选择"长度和宽度-中心定位"方式，在"长度数值"编辑框中输入"65"，在"宽度数值"编辑框中输入"60"，绘制底板的外框，如图9-7（b）所示。

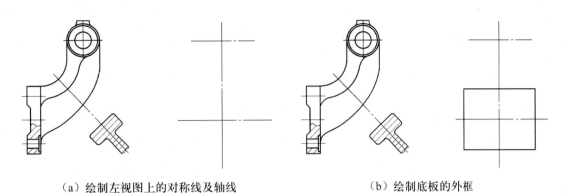

（a）绘制左视图上的对称线及轴线 （b）绘制底板的外框

图9-7　踏脚座的绘图步骤6

（3）启动"过渡"命令，选择"多圆角"方式，拾取矩形的任意一条线，同时完成4个圆角的绘制；用"直线"命令和"圆"命令，绘制底板上一个孔的投影，如图9-8（a）所示。

（4）启动"阵列"命令，选择"矩形阵列"方式，在立即菜单中将行数设置为"2"，行间距设置为"40"，列数设置为"2"，列间距设置为"46"，拾取小圆及中心线完成4个孔的绘制；使用"孔/轴"命令，以"孔"方式绘制底板上凹槽的投影，如图9-8（b）所示。

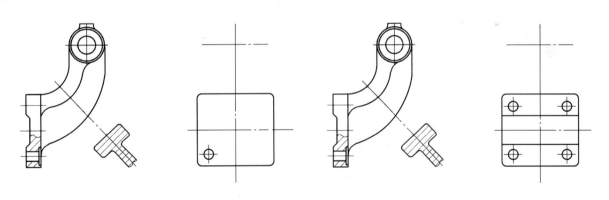

（a）绘制圆角及孔的投影 （b）阵列小孔和绘制凹槽

图9-8　踏脚座的绘图步骤7

（5）启动"矩形"命令，选择"长度和宽度-中心定位"方式，绘制左视图上方长度为"35"、宽度为"29"的矩形；启动"过渡"命令，选择"多圆角"方式，拾取矩形的任意一条线，完成4个圆角的绘制，如图9-9（a）所示。

（6）用"孔/轴"命令和"直线"命令绘制左视图上的其余轮廓；用"过渡"命令中的"圆角"方式绘制各圆角；在"细实线层"用"样条"命令绘制波浪线；用"剖面线"命令绘制剖面线，如图9-9（b）所示。

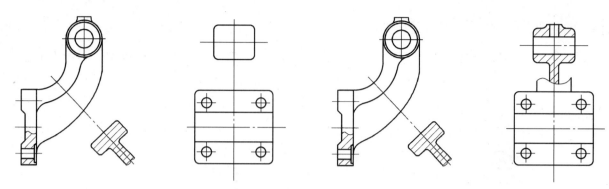

（a）绘制轴孔外轮廓   （b）绘制轴孔局部剖视图

图 9-9　踏脚座的绘图步骤 8

4. 标注尺寸

用"尺寸标注"命令中的"基本标注"等方式标注图中的全部尺寸，如图 9-10 所示。

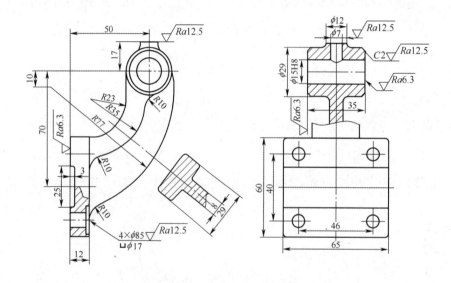

图 9-10　踏脚座的绘图步骤 9

5. 标注技术要求

参考第 8 章的相关内容，设置标注参数（字高：3.5，箭头：6），用粗糙度（"简单标注"方式）、形位公差、基准代号、引出说明、文字等标注命令，标注图中的技术要求等内容，如图 9-1 所示。

6. 填写标题栏、存盘

启动"填写标题栏"命令，在"填写标题栏"对话框中，按提示要求完成标题栏中相应内容的填写；单击"标准工具"工具栏中的"存储文件"按钮 📅，完成"踏脚座"零件图的绘制及存储。

9.2.3 箱壳类零件绘图示例

本节以绘制如图 9-11 所示的"泵体"零件图为例，介绍箱壳类零件图的绘图方法和步骤。

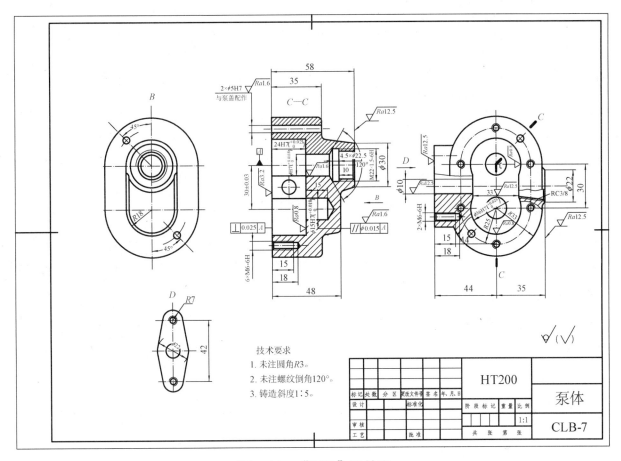

图 9-11 "泵体"零件图

【步骤】

（1）根据零件大小、比例及复杂程度选择并设置图纸幅面、调入图框及标题栏。

选择"幅面"→"图幅设置"选项，在弹出的"图幅设置"对话框中，将"图纸幅面"设置为"A3"，"绘图比例"设置为"1∶1"，"图纸方向"设置为"横放"，"调入图框"设置为"A3A-E-Bound（CHS）"，"标题"设置为"GB-A（CHS）"。

（2）绘制 D 向局部视图。

① 将当前图层设置为"中心线层"。

② 用"直线"命令中的"两点线"方式和"平行线"命令，在图纸的左下角绘制 3 条水平中心线和 1 条竖直中心线，如图 9-12（a）所示。

③ 将当前图层切换为"粗实线层"。

④ 利用空格键捕捉菜单，捕捉中心线的交点作为圆心，用"圆"命令中的"圆心-半径"方式，分别绘制圆"ϕ22"（中间圆）、圆"ϕ10"（中间圆）、圆"R7"（上方圆），如图 9-12（b）

所示。

⑤ 利用空格键捕捉菜单，捕捉圆"$\phi22$"和"$R7$"的切点，用"直线"命令中的"两点线"方式，绘制两条切线。

⑥ 用"裁剪"命令裁剪掉多余的圆弧，裁剪后的图形如图 9-12（c）所示。

（a）绘制基准线　　　（b）绘制圆　　　（c）绘制切线

图 9-12　泵体的绘图过程 1

⑦ 利用图库操作中的"提取图符"命令，选择"常用图形–螺纹–内螺纹–粗牙"方式，将"尺寸规格 D"设置为"5"，利用空格键捕捉菜单，捕捉圆"$R7$"的圆心，并将其作为新绘圆的圆心，完成螺纹孔 M5 的绘制，如图 9-13（a）所示。

⑧ 用"镜像"命令中的"选择轴线–拷贝"方式，完成 D 向视图的绘制。用窗口拾取方式拾取中间水平中心线上方的图形，使其作为镜像的元素，选择水平中心线，使其作为镜像轴线，如图 9-13（b）所示。

⑨ 用"拉伸"命令，调整图中中心线的长度，如图 9-13（c）所示。

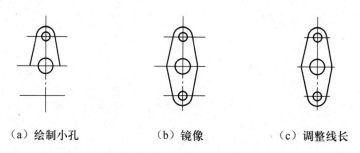

（a）绘制小孔　　　（b）镜像　　　（c）调整线长

图 9-13　泵体的绘图过程 2

（3）绘制泵体的左视图。

① 将当前图层切换为"中心线层"。

② 用"直线"命令中的"两点线"方式和"平行线"命令，在标题栏上方的中间位置绘制水平中心线和竖直中心线，如图 9-14（a）所示。

③ 利用空格键捕捉菜单，捕捉最上方的水平中心线与竖直中心线的交点作为圆心，用"圆弧"命令中的"圆心–半径–起终角"方式，绘制圆弧"$R33$"，将起、终角分别设置为"0""180"；用"圆"命令，绘制圆"$\phi36$""$\phi15$"，如图 9-14（b）所示。

④ 将屏幕点设置为"导航"状态，用"直线"命令绘制圆弧"$R33$"两边的竖直直线；用

"平行线"命令绘制圆弧"ϕ36"两边偏移距离为"16.5"的竖直直线,并用"裁剪"命令裁剪掉多余的元素,如图 9-14(c)所示。

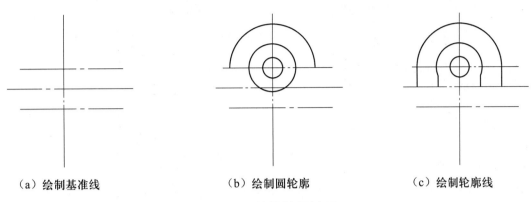

| (a)绘制基准线 | (b)绘制圆轮廓 | (c)绘制轮廓线 |

图 9-14 泵体的绘图过程 3

⑤ 将当前图层切换为"中心线层",用"等距线"命令中的"链拾取-指定距离-单向-空心"方式,输入距离"8",拾取外圈的圆弧和直线,绘制出中心线圆弧和直线,如图 9-15(a)所示。

⑥ 利用图库操作中的"提取图符"命令,选择"常用图形-螺纹-内螺纹-粗牙"方式,将"尺寸规格 D"设置为"6"。利用工具点菜单,捕捉中心线圆弧与水平中心线的右端交点,绘制一个 M6 的螺纹孔。使用"阵列"命令将其绕图形中心点"中心阵列"成 3 个,如图 9-15(b)所示。

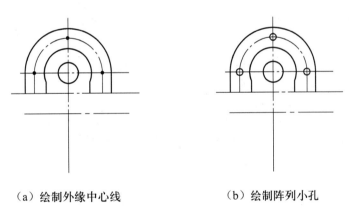

| (a)绘制外缘中心线 | (b)绘制阵列小孔 |

图 9-15 泵体的绘图过程 4

⑦ 用"镜像"命令,绘制下方对称的图形,如图 9-16(a)所示。

⑧ 用"直线"命令中的"角度线"方式,分别在图形的上方和下方过圆的中心绘制与 X 轴夹角为 45° 的直线。将当前图层切换为"粗实线层",利用空格键捕捉菜单,捕捉该直线与中心线圆弧的交点作为圆心,分别用"圆"命令,绘制"ϕ5"的小圆(销孔),如图 9-16(b)所示。最后,用"拉伸"命令,调整图中中心线的长度。

⑨ 将屏幕点设置为"导航"状态,用"平移复制"命令,将绘制好的 D 向视图移动到左视图的左侧,并保证两图的中心线对齐。

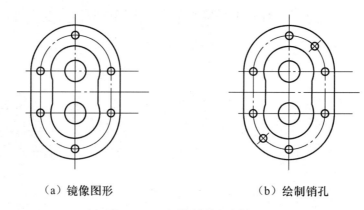

（a）镜像图形　　　　　　　　（b）绘制销孔

图 9-16　泵体的绘图过程 5

⑩ 用"镜像"命令，拾取左视图外圈圆弧和直线、中心线及两个"φ5"的小圆，使其作为镜像元素；选择 D 向视图的竖直中心线，使其作为镜像轴线，并绘制 B 向视图的外轮廓线，如图 9-17 所示。

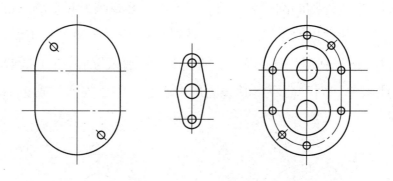

图 9-17　泵体的绘图过程 6

⑪ 在"导航"状态下，利用 D 向视图，用"直线"命令和"裁剪"命令绘制左视图左端的凸台外轮廓线；用"孔/轴"命令中的"孔"方式，利用空格键捕捉菜单，捕捉水平中心线与凸台左端线的交点作为插入点，绘制凸台中间"φ10"的小孔，长度为"27.5"，如图 9-18（a）所示。

⑫ 利用图库操作中的"提取图符"命令，选择"常用图形–螺纹–螺纹盲孔"方式，将"大径 M"设置为"5"，"孔深 L"设置为"18"，"螺纹深 l"设置为"15"，利用空格键捕捉菜单，捕捉下方螺纹孔的中心线与凸台左端面的交点作为图符定位点，并将图符的旋转角设置为90°，完成螺纹孔 M5 的绘制，如图 9-18（b）所示。

⑬ 用"样条"命令绘制图中的波浪线，并用"裁剪"命令裁剪掉多余的线。用"剖面线"命令绘制图中的剖面线，如图 9-18（c）所示。用"删除"命令删除中间的 D 向视图，至此，左视图左端的形状已全部绘制完成。

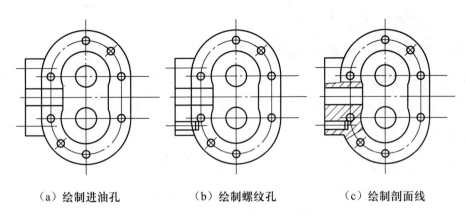

|（a）绘制进油孔|（b）绘制螺纹孔|（c）绘制剖面线|

图 9-18　泵体的绘图过程 7

⑭ 将当前图层切换为"粗实线层"，用"孔/轴"命令中的"轴"方式，利用空格键捕捉菜单，捕捉水平中心线与泵体右端的交点作为插入点，绘制右端的凸台，将直径设置为"$\phi22$"，长度设置为"2"；切换为"孔"方式，捕捉水平中心线与泵体右端内壁的交点作为插入点，绘制螺纹孔的小径，将直径设置为"$\phi15$"，长度设置为"18.5"；将当前图层设置为"细实线层"，方法同上，绘制螺纹孔的大径，将直径设置为"$\phi17$"，长度设置为"18.5"。

⑮ 用"样条"命令绘制图中的波浪线，并用"裁剪"命令裁剪掉多余的线。用"剖面线"命令绘制图中的剖面线，如图 9-19 所示。为保证剖面线能够绘制到螺纹的粗实线，在指定剖面区域时，可用"拾取点"方式，并在表示螺纹大径的细实线两侧各拾取一点。至此，左视图绘制完成。

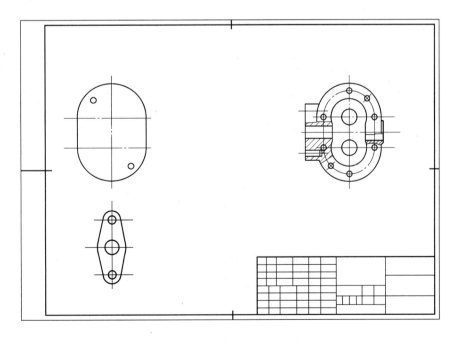

图 9-19　泵体的绘图过程 8

（4）绘制 B 向视图。

① 将当前图层切换为"粗实线层"，方法同前，用"等距线"命令，拾取 B 向视图外圈的

圆弧和直线，输入距离"15"，绘制内圈的圆弧和直线。

② 用"延伸"命令将上方的半个圆弧拉伸为整个圆。

③ 利用空格键捕捉菜单，捕捉上部水平中心线与竖直中心线的交点作为圆心，用"圆"命令，绘制圆"$\phi 15$"；方法同上，利用"提取图符"命令，提取 M22 的细牙内螺纹孔，捕捉圆"$\phi 15$"的圆心作为图符定位点，绘制该螺纹孔。

④ 将当前图层切换为"中心线层"，用"直线"命令和"圆弧"命令绘制两个"$\phi 5$"小圆的中心线。至此，泵体的 B 向视图绘制完成，如图 9-20 所示。

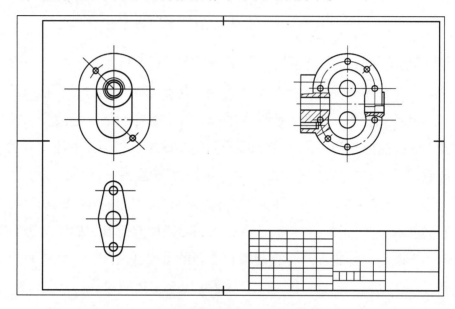

图 9-20　泵体的绘图过程 9

（5）绘制全剖的泵体主视图。

① 在"导航"状态下，用"孔/轴"命令中的"轴"方式，绘制主视图左侧的外轮廓线。将插入点与左视图中的水平中心线对齐，直径设置为"$\phi 96$"，长度设置为"35"；插入点不变，绘制直径为"$\phi 66$"（内腔的上下轮廓），长度为"24"的内孔，如图 9-21（a）所示。

② 将当前图层切换为"中心线层"，在"导航"状态下，绘制图中的中心线。

③ 将当前图层切换为"粗实线层"，用"孔/轴"命令中的"孔"方式，捕捉上方销孔中心线与泵体左端面的交点作为插入点，绘制直径为"$\phi 5$"，长度为"35"的销孔；捕捉上方中心线与"$\phi 96$"轴右端面的交点作为插入点，绘制直径为"$\phi 36$"，长度为"23"的右端凸起；捕捉下方中心线与"$\phi 96$"轴右端面的交点作为插入点，绘制直径为"$\phi 36$"，长度为"13"的右端凸起。

④ 用"裁剪"和"删除"命令去掉图中多余的图线，如图 9-21（b）所示。

⑤ 用"孔/轴"命令中的"轴"方式，捕捉上方中心线与内腔右端面的交点作为插入点，分别绘制直径为"$\phi 15$""$\phi 22.5$""$\phi 18.7$"（螺纹孔的小径），长度为"19.5""4.5""10"的

孔；将当前图层切换为"细实线层"，捕捉"$\phi 18.7$"孔的插入点，绘制直径为"$\phi 22$"（螺纹孔的大径），长度为"10"的孔，如图 9-21（c）所示。

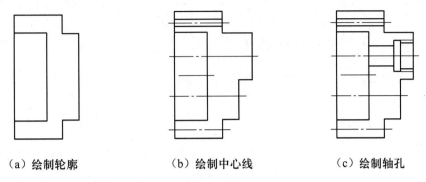

（a）绘制轮廓　　　　　　（b）绘制中心线　　　　　　（c）绘制轴孔

图 9-21　泵体的绘图过程 10

⑥ 将当前图层切换为"粗实线层"，用"过渡"命令中的"内倒角"方式，绘制"$\phi 15$"孔的内倒角，将倒角设置为"60"，长度设置为"2"，如图 9-22（a）所示。

⑦ 用"孔/轴"命令中的"轴"方式，捕捉下方中心线与内腔右端面的交点作为插入点，绘制直径为"$\phi 15$"，长度为"15"的孔；用"直线"命令中的"角度线–到线上"方式，分别捕捉该孔的右上、右下角点，与 X 轴夹角分别为"120""60"，拾取孔的中心线，绘制该孔的锥顶，如图 9-22（b）所示。

⑧ 用"平移复制"命令中的"给定两点"方式，拾取左视图左下方局部剖视图中的螺纹孔，并将其移动到主视图的左下方。

⑨ 在"导航"状态下，与左视图相对应，用"直线"命令绘制泵体空腔中间的两条水平直线。

⑩ 将当前图层切换为"中心线层"，用"平行线"命令，拾取泵体的左端面，输入距离"12"，绘制一条竖直中心线；用"圆"命令，捕捉该中心线与水平中心线的交点作为圆心，绘制"$\phi 10$"的小圆。

⑪ 用"过渡"命令的"圆角"方式，分别拾取主视图的外轮廓线，绘制轮廓圆角"$R3$"，如图 9-22（c）所示。

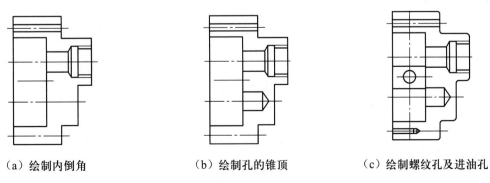

（a）绘制内倒角　　　　　（b）绘制孔的锥顶　　　　（c）绘制螺纹孔及进油孔

图 9-22　泵体的绘图过程 11

⑫ 用"剖面线"命令绘制图中的剖面线。同前所述，为保证剖面线能够绘制到螺纹孔的粗实线，在指定剖面区域时，可用"拾取点"方式，并在表示螺纹大径的细实线两侧各拾取一点。

⑬ 用"拉伸"命令调整图中中心线的长度，至此泵体的主视图绘制完成，如图 9-23 所示。

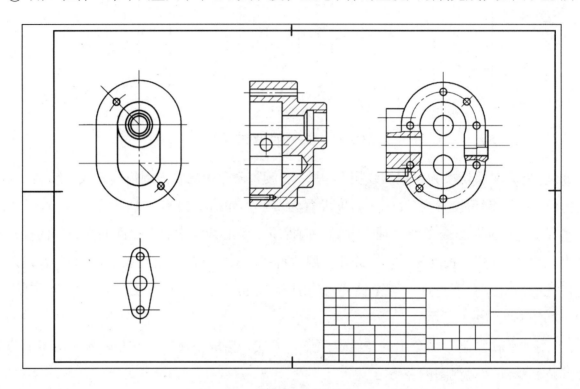

图 9-23 泵体的绘图过程 12

（6）对"泵体"零件图进行工程标注。

① 启动"剖切符号"命令，将立即菜单设置为"不垂直导航-自动放置剖切符号名"，按系统提示"*画剖切轨迹（画线）:*"，在左视图的相应位置，利用空格键捕捉菜单绘制剖切轨迹线；绘制完成后，单击鼠标右键，结束命令，此时系统提示"*请单击箭头选择剖切方向:*"，并出现一个双向箭头，在需要标注箭头的一侧单击鼠标左键，确定箭头的方向，在立即菜单"1.剖面名称"的编辑框中输入"C"；系统继续提示"*指定剖面名称标注点:*"，在适当位置，单击鼠标左键，确定字符标注点及剖视图名称的标注点；标注完成后，单击鼠标右键，结束命令。

② 启动"向视符号"命令，完成 B 向视图和 D 向局部视图的相应标注（箭头、字母等）。

③ 应用第 8 章中介绍的方法，设置标注参数（字高：4，箭头：6），标注图中的线性尺寸、角度尺寸、形位公差、表面粗糙度、基准代号、引出说明、文字标注（字高：10）等。

④ 启动"技术要求"命令，从技术要求库中选择或编辑图形中的技术要求条目，并将其放置在零件图的适当位置。

（7）填写标题栏。

启动"填写标题栏"命令，在弹出的"填写标题栏"对话框中，填写图中相应的项目。

（8）保存图形。

用"保存文档"命令存储图形。

9.3 装配图的绘制

在机械工程中，一台机器或一个部件都是由若干个零件按一定的装配关系和技术要求装配起来的，表示机器或部件的图样被称为装配图。装配图是安装、调试、操作和检修机器或部件的重要技术文件，主要表示机器或部件的结构形状、装配关系、工作原理和技术要求。通过上一节的学习，已经了解了零件图的绘制方法，本节将通过"齿轮泵"装配图的绘制示例，介绍机械工程中装配图的绘制方法和步骤。

9.3.1 装配图的内容及表达方法

一张完整的装配图应包括以下内容。

（1）一组视图。装配图由一组视图组成，用来展示各组成零件的相互位置和装配关系，以及部件或机器的工作原理和结构特点。

（2）必要的尺寸。在装配图上需要标注的尺寸包括部件或机器的规格（性能）尺寸，零件之间的装配尺寸、外形尺寸，部件或机器的安装尺寸和其他重要尺寸。

（3）技术要求。说明部件或机器在装配、安装、检验和运转时的技术要求，一般用文字写出。

（4）零（部）件序号和明细表。在装配图中，应对每个不同的零（部）件编写序号，并在明细表中依次填写序号、名称、件数、材料和备注等内容。

（5）标题栏。装配图中的标题栏与零件图中的基本相同。

零件图中展示零件的各种表达方法，如三视图、剖视图、断面图及局部放大图等，均适用于装配图。此外，由于装配图主要用来展示机器或部件的工作原理和装配、连接关系，以及主要零件的结构形状，因此与零件图相比，装配图还有一些规定画法及特殊表达方法。了解这些规定和内容，是绘制装配图的前提。

1. 规定画法

（1）两相邻零件的接触面和配合面，用一条轮廓线表示；而当两相邻零件不接触，即留有空隙时，必须绘制两条线。

（2）两相邻零件的剖面线倾斜方向应相反，或者方向一致、间隔不等；而同一零件的剖面线在各视图中应保持间隔一致，倾斜方向相同。

（3）对于紧固件（如螺母、螺栓、垫圈等）和实心零件（如轴、球、键、销等），当剖视图剖切平面通过它们的基本轴线时，这些零件都按不剖绘制，只绘制其外形的投影。

2. 特殊表达方法

（1）沿结合面剖切和拆卸画法。

在装配图中，为了展示部件或机器的内部结构，可以采用沿结合面剖切画法，即假想沿某些零件间的结合面进行剖切，此时在零件的结合面上不绘制剖面线，只有被剖切到的零件才绘制其剖面线。

在装配图中，为了展示被遮挡部分的装配关系或零件形状，可以采用拆卸画法，即假想拆去一个或几个零件，再绘制剩余部分的视图。

（2）假想画法。

为了表示运动零件的极限位置，或者与该部件有装配关系，但又不属于该部件的其他相邻零件（或部件），可以用细双点画线绘制其轮廓。

（3）夸大画法。

对于薄片零件、细丝弹簧、微小间隙等，若按它们的实际尺寸和比例绘制，则在装配图中很难绘制或难以明显表示，此时可不按比例而采用夸大画法绘制。

（4）简化画法。

在装配图中，零件的工艺结构，如圆角、倒角、退刀槽等可不绘制。对于若干相同的零件组（如螺栓连接等），可详细地绘制一组或几组，其余只需用点画线表示其装配位置。

9.3.2 "齿轮泵"及其零件图

"齿轮泵"是机器中用来输送润滑油的一个部件，其工作原理是：通过内腔中一对啮合齿轮的转动将润滑油从一侧输送到另一侧。该"齿轮泵"由 9 种零件组成，其中的连接螺钉及定位销为标准件，不需要绘制其零件图，直接从图库中调用即可。需要绘制零件图的只有泵体、泵盖、齿轮、齿轮轴、毡圈、螺塞及纸垫 7 种零件。

在 9.2.3 节中已详细介绍了"齿轮泵"中"泵体"零件图的绘制方法，读者可仿此分别绘制"泵盖"零件图（"泵盖.exb"，如图 9-24 所示）、"齿轮"零件图（"齿轮.exb"，如图 9-25 所示）、"齿轮轴"零件图（"齿轮轴.exb"，如图 9-26 所示）、"纸垫"零件图（"纸垫.exb"，如图 9-27 所示）、"毡圈"零件图（"毡圈.exb"，如图 9-28 所示）、"螺塞"零件图（"螺塞.exb"，如图 9-29 所示）。具体方法和步骤请自行分析确定，此处省略。

> 提示：为快捷起见，读者也可从华信教育资源网下载本书的电子教学参考包，其中直接提供了"齿轮泵"所有零件图的电子图档（*.exb 文件）。

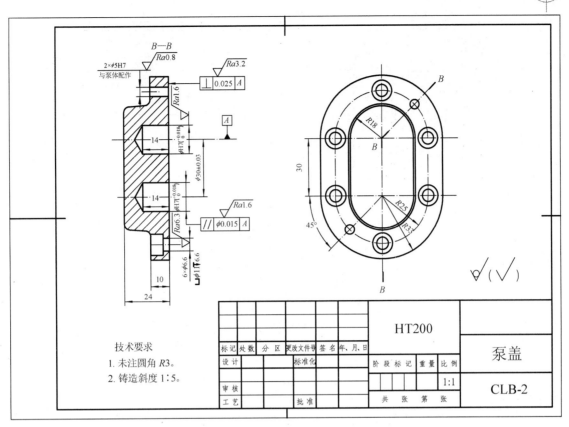

图 9-24　"泵盖"零件图

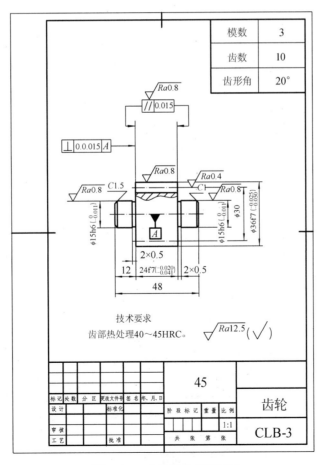

图 9-25　"齿轮"零件图

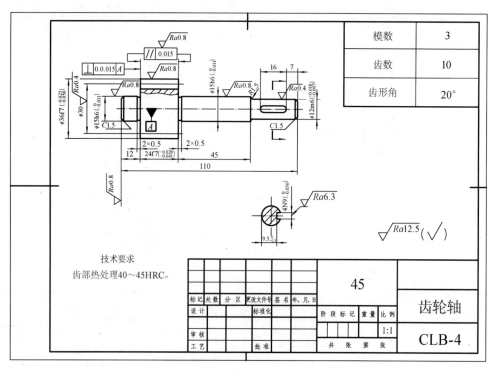

模数	3
齿数	10
齿形角	20°

图 9-26 "齿轮轴" 零件图

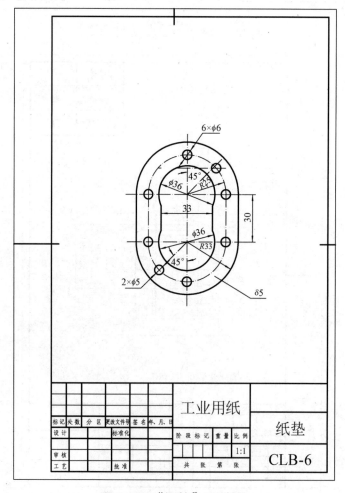

图 9-27 "纸垫" 零件图

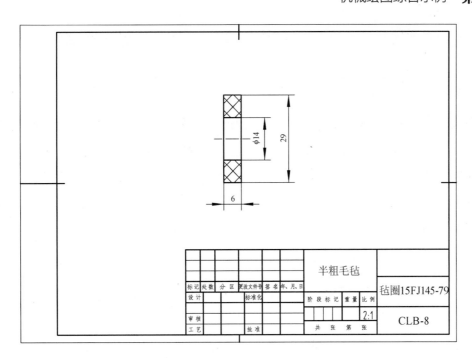

图 9-28 "毡圈"零件图

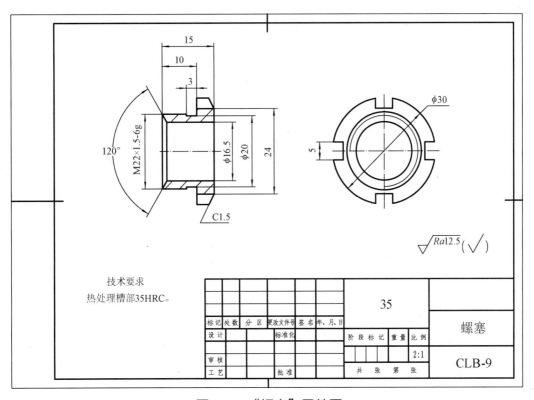

图 9-29 "螺塞"零件图

9.3.3 装配图的绘制过程与示例

在用计算机绘制装配图时，如果已经用计算机绘制出了相关的零件图，则利用 CAXA CAD 电子图板 2020 所提供的拼图和其他功能，可以大大简化装配图的绘制过程。标准件直接从图库中提取，而非标准件则可从其零件图中提取所需图形，按机器（部件）的组装顺序依次拼插成装配图。

在用零件图拼绘装配图时应注意以下几个问题。

（1）处理好定位问题：一是按装配关系决定拼插顺序；二是基点、插入点的确定要合理；三是基点、插入点要准确，要善于利用捕捉功能和导航功能。

（2）处理好可见性问题：电子图板提供的块消隐功能可显著提高绘图效率，但当零件较多时很容易出错，一定要细心。必要时也可先将块打散，再将要消隐的图线删除。

（3）编辑、检查问题：将零件图中的某图形拼插到装配图中后，不一定完全符合装配图的表达要求，在很多情况下要进行编辑修改，因此拼图后必须认真检查。

（4）拼图时的图形显示问题：装配图通常较为复杂，操作过程中应充分利用系统提供的各种显示控制命令。

利用已有的"齿轮泵"各零件图，并结合调用 CAXA CAD 电子图板 2020 中的标准件图符拼绘如图 9-30 所示的"齿轮泵"装配图，并以此为例介绍拼绘装配图的具体方法和步骤。

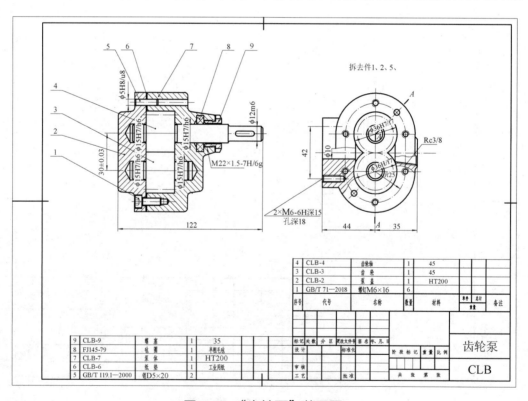

图 9-30 "齿轮泵"装配图

【步骤】

（1）将泵盖、齿轮、齿轮轴、纸垫、毡圈和螺塞分别定义成固定图符。

① 删除绘制装配图时不需要的零件图中的尺寸等内容。打开"泵盖"零件图（"泵盖.exb"），将当前图层设置为"尺寸线层"，关闭除此之外的所有图层。删除当前图层上的所有图形元素

及装配图中不需要的其他图形内容。

② 打开所有图层，将泵盖的图形重新显示出来。

③ 选择"绘图"→"图库"→"定义图符"选项，将泵盖的主视图作为第一视图，单击鼠标右键，结束选择，利用空格键捕捉菜单，捕捉泵盖主视图中的上轴线与右端面的交点为视图的基点（基点要选在视图的关键点或特殊位置点处，以便拼绘装配图时的图符定位），单击鼠标左键确定。在系统提示"*请选择第 2 视图:*"时，按 Enter 键，结束选择操作。

④ 在弹出的"图符入库"对话框中，按图 9-31 所示进行设置。

⑤ 单击"属性编辑"按钮，弹出"属性编辑"对话框，按图 9-32 所示进行设置。

图 9-31　设置"图符入库"对话框

图 9-32　设置"属性编辑"对话框

⑥ 设置完成后，单击"确定"及"完成"按钮，将新建的名为"泵盖"的图符添加到图库中。

⑦ 方法同前，将泵体的其他零件图定义成固定图符。

> **提示：** ① 将齿轮、齿轮轴、螺塞、毡圈的零件图定义为固定图符时，同样要将尺寸线层中的所有元素删除，并且要根据装配图的需要，在对这些零件图进行适当的修改后，才可以被定义成固定图符，供拼绘装配图时使用。
> ② 纸垫的零件图在"齿轮泵"装配图中没有用到，只是用夸大的方式表示，因此在定义纸垫的图符时，应重新绘制一个在装配图中用到的夸大涂黑的视图，并将其定义为固定图符，以便在拼绘装配图时使用。

（2）新建一个文件（A3 幅面），将其保存为"齿轮泵"装配图，文件名为"齿轮泵.exb"。

① 选择"文件"→"新建"选项，在弹出的"新建"对话框中，双击"GB-A3（CHS）"模板，建立一个新文件。

② 选择"幅面"→"图幅设置"选项，弹出"图幅设置"对话框，将新文件的"图纸幅面"设置为"A3"，"绘图比例"设置为"1∶1"，"图纸方向"设置为"横放"，"调入图框"设

置为 "A3A-A-Normal（CHS）"，"标题"设置为 "GB-A（CHS）"。

③ 选择"文件"→"并入"选项，选择"泵体"零件图（"泵体.exb"），在弹出的如图 9-33 所示的"并入文件"对话框中选中"并入到当前图纸"单选按钮，单击"确定"按钮，将泵体图形并入到新建的文件中；方法同前，将"泵体"零件图中"尺寸线层"的元素删除。

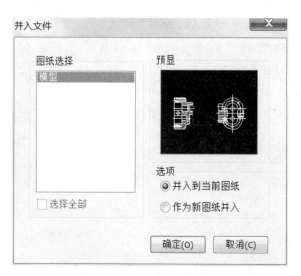

图 9-33 "并入文件"对话框

④ 用"删除"命令，删除泵体的图框及标题栏。

⑤ 用"删除"命令，删除泵体的 B 向视图和 D 向局部视图，以及主视图和左视图中的相应字母"B""D"及箭头，用"平移"命令在"正交"状态下适当拉大主视图和左视图之间的距离。

⑥ 用"删除"命令，删除泵体主视图中的剖面线，并用"剖面线"命令，将角度设置为"135"，重新绘制剖面线，以保证所绘装配图相邻零件剖面线的倾斜方向相反。

⑦ 拾取左视图中间的水平中心线，使其作为剪刀线，用"齐边"命令，分别将上、下两个圆弧"$\phi36H7$"延伸到中心线上。

⑧ 将屏幕点设置为"智能"状态，捕捉圆"$\phi15H7$"的圆心，启动"圆"命令，将当前图层切换为"中心线层"，绘制"$\phi30$"的中心线圆。

⑨ 对"齿轮泵"进行"块生成"操作。

⑩ 选择"文件"→"保存"选项，用文件名"齿轮泵.exb"保存该图形。

（3）在文件"齿轮泵.exb"中，插入前面定义的泵盖、齿轮、齿轮轴、毡圈和螺塞图符。

① 单击"图库"工具栏中的"插入图符"按钮 📑，弹出"插入图符"对话框，选择要提取的齿轮图符，单击"完成"按钮，如图 9-34 所示。

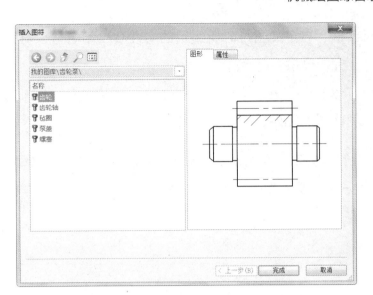

图 9-34　设置"插入图符"对话框

② 将立即菜单设置为"不打散-消隐-缩放倍数 1"，在系统提示"*图符定位点:*"时，利用空格键捕捉菜单，捕捉主视图下部中心线与左端面的交点作为图符的定位点，单击鼠标右键（旋转角为"0"），即可将齿轮插入到主视图中相应的位置。

③ 方法同前，依次提取毡圈、螺塞、齿轮轴、泵盖图符，并将其插入到主视图中相应的位置。

（4）插入螺钉图符和销图符。

方法同前，提取"GB/T 70.1—2008 内六角圆柱头螺钉"，将尺寸规格设置为 M6×16，关闭尺寸和视图 2；提取"GB/T 119.1—2000 圆柱销"，将尺寸规格设置为 5×20，关闭尺寸和视图 2，将它们插入主视图的对应位置，如图 9-35 所示。

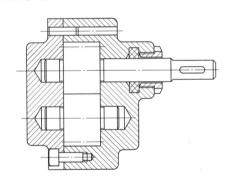

图 9-35　插入图符后的主视图

（5）参考"泵体"零件图中的工程标注方法和步骤，标注装配图中的尺寸。

（6）生成零件序号和明细表。

启动"生成序号"命令，将立即菜单设置为

1.序号= 1　　2.数量 1　　3.水平　4.由内向外　5.显示明细表　6.填写　7.单折，按系统提示"*拾取引出点或选择明细表行:*"，依次为装配图中的各零件编写序号，并且在指定某个号后将自动弹

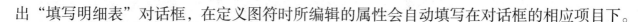

出"填写明细表"对话框，在定义图符时所编辑的属性会自动填写在对话框的相应项目下。

（7）填写标题栏，完成全图。

选择"幅面"→"标题栏"→"填写"选项，填写标题栏中的相关内容。仔细检查图形，发现错误及时修改。确认图形无误后，保存文件。

> 提示：定义图块时，基准点的选择要充分考虑零件拼装时的定位需要。利用块的消隐功能处理一些重复的图素，可相应减少修改编辑图形的工作量，如果图块的拼装不符合装配图的要求，则在对图块进行编辑时，需要将定义好的图块先打散再编辑。

习　　题

简答题

1. 简述用 CAXA CAD 电子图板 2020 绘制零件图和装配图的方法和步骤。

2. 在用零件图拼绘装配图时，如何将零件图形导入装配图中？如何得到标准件的图形？

3. 在用零件图拼绘装配图时，选择基点需考虑哪些问题？

4. 在用零件图拼绘装配图时，需注意哪些问题？

分析题

分析 9.2.3 节所述"泵体"零件图及"齿轮泵"装配图的绘制过程，请就某一部分的绘制提出与此不同的绘图方法和步骤。

上机指导与练习

【上机目的】

结合机械零件图和装配图的绘制，进一步熟悉 CAXA CAD 电子图板 2020 的工程应用。

【上机内容】

（1）熟悉在 CAXA CAD 电子图板 2020 环境下绘制机械工程图的基本方法和步骤。

（2）按 9.2 节中所给方法和步骤，完成"踏脚座"和"泵体"零件图的绘制。

（3）参考【上机练习】中的提示，完成图 9-24～图 9-29 的各零件图基本图形的绘制（绘制的图形不要求绘制标题栏，也不要求标注尺寸等相关内容）。

（4）参考【上机练习】中的提示，完成如图 9-36 和图 9-37 所示的两零件图的绘制。

（5）按 9.3.3 节中所给方法和步骤，利用已绘齿轮泵各零件图及 CAXA 图库，完成"齿轮泵"装配图的绘制。

（6）完成【上机练习】中图 9-38 所示的低速滑轮装置各组成件零件图及装配图的绘制。

【上机练习】

（1）分析零件特点，用合适的方法和步骤完成图 9-24～图 9-29 的"泵盖""齿轮""齿轮轴""纸垫""毡圈""螺塞"零件图的绘制。

> 提示：① 可充分利用已有的"泵体"零件图，以减少作图量，提高绘图效率。如"泵盖"和"纸垫"零件图的外形轮廓均可用"编辑"菜单下的"图形复制"命令从"泵体"零件图中复制，并用"图形粘贴"命令粘贴到所需位置，而不必重新绘制；"齿轮"零件图也可经修改"齿轮轴"零件图获得。
> ② 在绘制零件图中的剖面线时，应兼顾拼绘装配图的要求，即相邻零件剖面线应有明显的区别（或方向相反，或方向相同、间隔不等）。
> ③ 在将零件图定义成图符时，应合理选择基准点和插入点，以便拼绘装配图的操作及准确定位。

（2）分析图形结构特点，用合适的方法和步骤完成如图 9-36 所示的"丝杠"零件图及如图 9-37 所示的"曲柄"零件图的绘制。

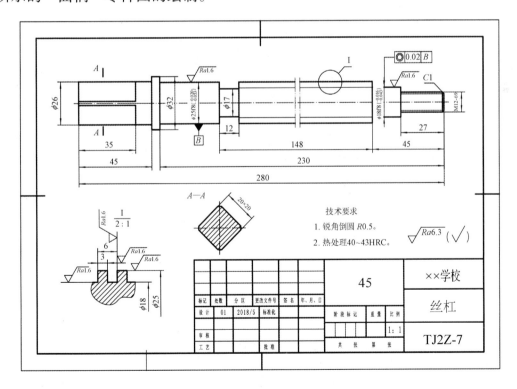

图 9-36 "丝杠"零件图

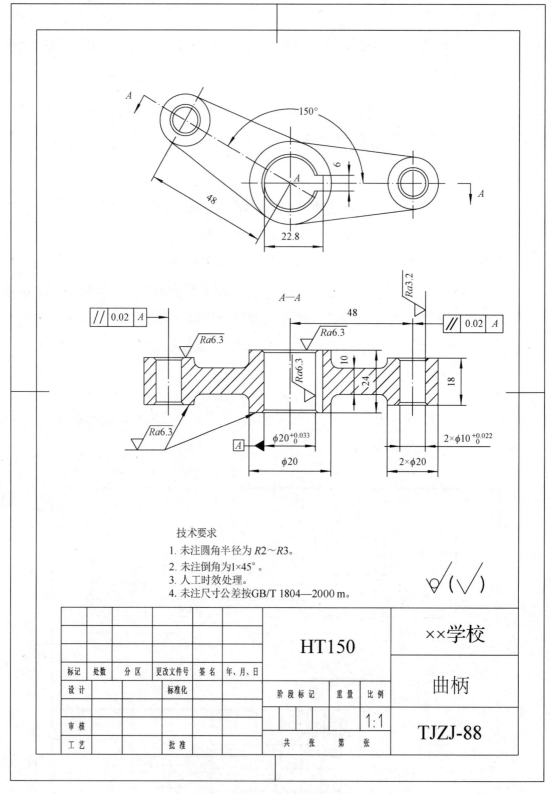

图 9-37 "曲柄"零件图

（3）首先根据如图 9-38 所示的低速滑轮装置，完成如图 9-39 所示的"低速滑轮装置"零件图的绘制；然后基于这些基础图形及 CAXA CAD 电子图板 2020 图库，完成如图 9-40 所示的"低速滑轮装置"装配图的绘制。

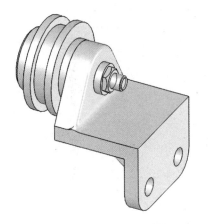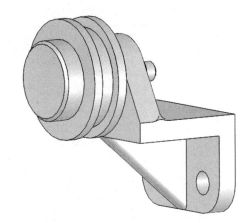

图 9-38　低速滑轮装置

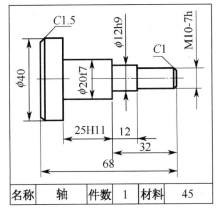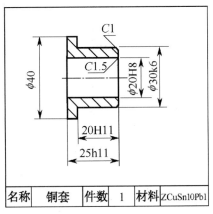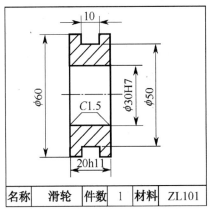

名称	轴	件数	1	材料	45

名称	铜套	件数	1	材料	ZCuSn10Pb1

名称	滑轮	件数	1	材料	ZL101

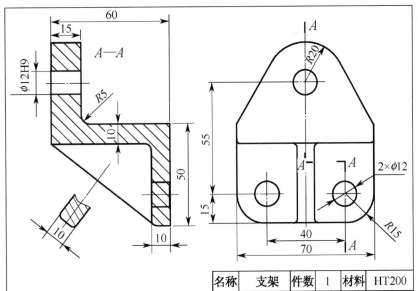

名称	支架	件数	1	材料	HT200

图 9-39　"低速滑轮装置"零件图

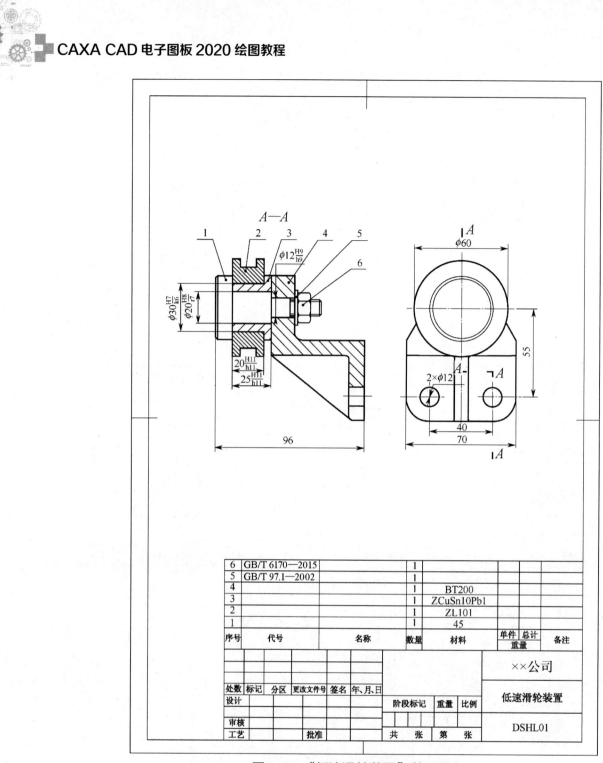

6	GB/T 6170—2015		1				
5	GB/T 97.1—2002		1				
4			1	BT200			
3			1	ZCuSn10Pb1			
2			1	ZL101			
1			1	45			
序号	代号	名称	数量	材料	单件 总计 重量		备注
					××公司		
处数	标记	分区	更改文件号	签名	年、月、日		低速滑轮装置
设计					阶段标记	重量	比例
审核							DSHL01
工艺		批准			共 张 第 张		

图 9-40 "低速滑轮装置"装配图

第 ⑩ 章　综合应用检测

本章分类汇集了计算机绘图在工程中的典型应用。所有题目全部源自国家有关证书考试的全真上机试题，包括"全国 CAD 技能等级考试"一级"计算机绘图师"（工业产品类）试题、国家职业技能鉴定统一考试"中级制图员"（机械类）《计算机绘图》试题及"全国计算机信息高新技术考试"（中高级绘图员）试题，大致反映了工程设计和生产中对计算机绘图应用方面的基本要求，供读者进行自我检测、练习，为读者参加此类证书考试提供参考资料。

10.1　基础绘图

建立新文件，按指定的方法和步骤完成以下各题的图形绘制。

1. 基础绘图 1

（1）绘制图形。绘制外接圆半径为 50 的正三角形。使用捕捉中点的方法在其内部绘制另外两个相互内接的三角形，如图 10.1（a）所示，绘制大三角形的 3 条中线。

（2）复制图形。先使用"复制"命令向其下方复制一个已经绘制的图形，如图 10-1（b）所示；再使用"阵列"命令阵列复制图形。

（3）编辑图形。绘制圆形，并使用"分解""删除""裁剪"命令修改图形，完成绘图，如图 10-1（c）所示。

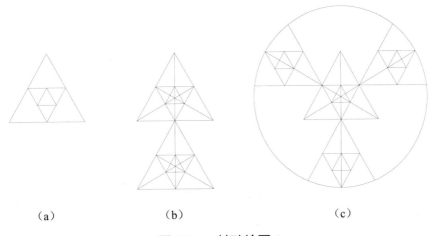

（a）　　　　　　　（b）　　　　　　　（c）

图 10-1　基础绘图 1

2. 基础绘图 2

（1）绘制图形。绘制两个正三角形，一个正三角形的中心点设置为（190,160），外接圆半径为 100；另一个正三角形的中心点为第一个三角形的任意一个角点，其外接圆半径为 70，如图 10-2（a）所示。

（2）复制图形。将大三角形向其外侧偏移复制，偏移距离为 10；将小三角形向其内侧偏移复制，偏移距离为 5，使用"复制"命令复制两个小三角形。

（3）编辑图形。使用"裁剪"命令将图形中多余的部分修剪掉，如图10-2（b）所示。使用"填充"命令填充图形，对外圈图线进行多段线合并编辑，并将其线宽修改为 2，如图10-2（c）所示。

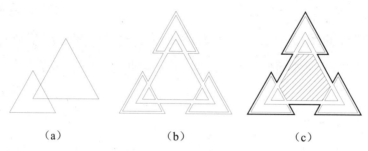

（a）　　　　　　（b）　　　　　　（c）

图 10-2　基础绘图 2

3. 基础绘图 3

（1）绘制图形。绘制 6 个半径分别为 120、110、90、80、70、40 的同心圆。绘制一条一个端点为圆心、另一个端点在大圆上的垂线，并以该直线与半径为 80 的圆的交点为圆心绘制一个半径为 10 的小圆，如图 10-3（a）所示。

（2）复制图形。使用"阵列"命令阵列复制垂线，数量为 20；绘制斜线 a，并使用"阵列"命令阵列复制该直线，如图 10-3（b）所示；阵列复制 10 个小圆。

（3）编辑图形。将半径分别为 120、110、80 的圆删除；使用"裁剪"命令修剪图形中多余的部分；使用"填充"命令填充图形，完成绘图，如图 10-3（c）所示。

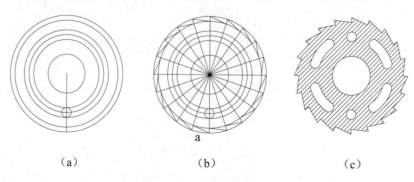

（a）　　　　　　（b）　　　　　　（c）

图 10-3　基础绘图 3

4. 基础绘图 4

（1）绘制图形。绘制边长为 30 的正方形。

（2）复制图形。使用"阵列"命令中的"矩形阵列"方式阵列复制为 4 个矩形；将矩形分解；使用定数等分的方法等分小正方形外侧任意一条边为四等份，如图 10-4（a）所示。

（3）编辑图形。利用捕捉功能绘制同心圆，如图 10-4（b）所示；使用"裁剪"命令修剪圆。

（4）阵列复制圆弧，利用捕捉功能，用"直线"命令连接相对各圆弧的端点，如图 10-4（c）所示；使用"裁剪"命令修剪图形；使用改变图层的方法调整图形线宽为 0.30mm，完成绘图，如图 10-4（d）所示。

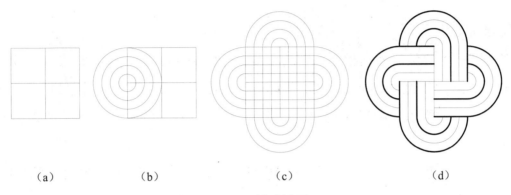

（a）　　　　　（b）　　　　　（c）　　　　　（d）

图 10-4　基础绘图 4

5. 基础绘图 5

（1）绘制图形。绘制一条长度为 550 的水平直线，并使用圆形"阵列"命令阵列复制该直线；利用捕捉功能绘制直径分别为 1100、900、600、160 的同心圆，如图 10-5（a）所示；使用"直线"命令绘制如图 10-5（b）所示的直线；使用"圆"命令绘制如图 10-5（c）所示的两个圆，其中两个圆之间的距离为 20。

（2）编辑图形。使用"裁剪"命令修剪图形，如图 10-5（d）所示；使用改变图层的方法调整图形线宽为 0.30mm，如图 10-5（e）所示。

（3）复制图形。使用圆形"阵列"命令阵列复制图形，最后使用"圆"命令绘制一个圆形，从而完成绘图，如图 10-5（f）所示。

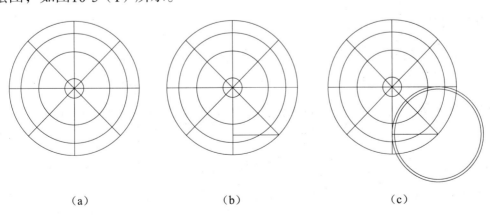

（a）　　　　　　　（b）　　　　　　　（c）

图 10-5　基础绘图 5

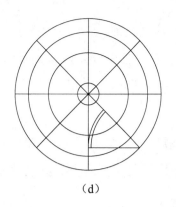 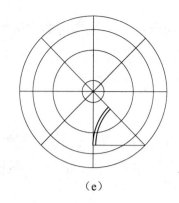 

(d)   (e)   (f)

图 10-5　基础绘图 5 （续）

6. 基础绘图 6

（1）绘制图形。先绘制两条相互垂直的直线；再绘制以直线交点为圆心，直径分别为 260、180、80 的同心圆；最后绘制两条以圆心为端点，长度为 130，角度分别为 210°、300° 的直线，如图 10-6（a）所示。利用捕捉功能绘制两个直径为 50 的圆和一个直径为 30 的圆，如图 10-6（b）所示。

（2）复制图形。使用"阵列"命令和"镜像"命令复制小圆，使两个小圆之间的角度为 30°，如图 10-6（c）所示。

（3）编辑图形。使用"裁剪"命令编辑图形。将图形线宽调整为 0.30mm，完成绘图，如图 10-6（d）所示。

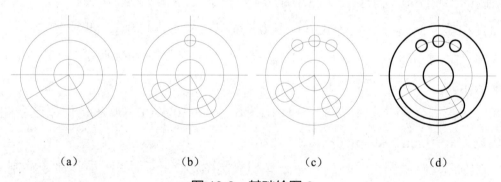

(a)   (b)   (c)   (d)

图 10-6　基础绘图 6

7. 基础绘图 7

（1）绘制图形。绘制半径为 10、20、30、40、60 的同心圆；绘制一条端点为圆心且穿过同心圆的垂线；以垂线与最外一个圆的交点为圆心，绘制半径分别为 8 和 12 的同心圆；以与中间圆的交点为圆心，绘制一个半径为 5 的圆，如图 10-7（a）所示。

（2）旋转、复制图形。先使用"旋转"命令旋转半径分别为 8、12 的同心圆，其角度为 45°；再使用"阵列"命令阵列复制圆，如图 10-7（b）所示。

（3）编辑图形。删除并修剪多余的图形，启动"过渡"命令，选择"圆角"方式绘制圆角（圆角半径为 3），如图 10-7（c）所示。

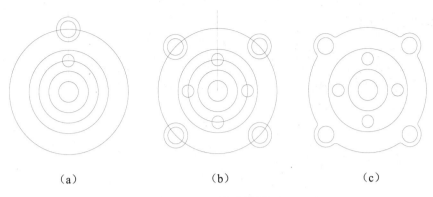

（a）　　　　　　　　（b）　　　　　　　　（c）

图 10-7　基础绘图 7

8.　基础绘图 8

（1）绘制图形。绘制直径为 80、120、160 的同心圆。绘制一个直径为 20 的圆，其圆心在直径为 120 的圆的左侧象限点上；在直径为 20 的圆上绘制一个外切六边形，如图 10-8（a）所示。

（2）复制图形。将六边形及内切圆阵列复制为 10 个，如图 10-8（b）所示。

（3）编辑图形。在图形中添加注释文字，字体为宋体，字高为 15。删除图形中多余的部分，使用"填充"命令填充图形，填充图案的比例设置为 1∶1，完成绘图，如图 10-8（c）所示。

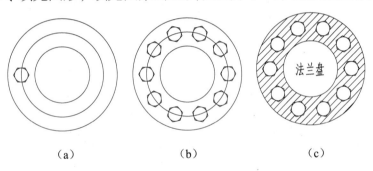

（a）　　　　　　　　（b）　　　　　　　　（c）

图 10-8　基础绘图 8

9.　基础绘图 9

（1）绘制图形。绘制半径为 20、30 的两个圆，其圆心处在同一水平线上，距离为 80；在大圆中绘制一个内切圆半径为 20 的正八边形，在小圆中绘制一个外接圆半径为 15 的正六边形，如图 10-9（a）所示。绘制两个圆的公切线和一条半径为 50 并与两个圆相切的圆弧。

（2）编辑图形。将六边形旋转 40°，并使用改变图层的方法调整图形的线宽为 0.30mm，如图 10-9（b）所示。

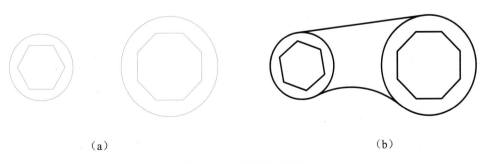

（a）　　　　　　　　　　　　　　（b）

图 10-9　基础绘图 9

10.2 绘制平面图形

据所给尺寸按 1:1 抄绘如图 10-10～图 10-13 所示的各平面图形，不标注尺寸。

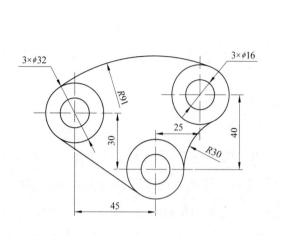

图 10-10　绘制平面图形 1

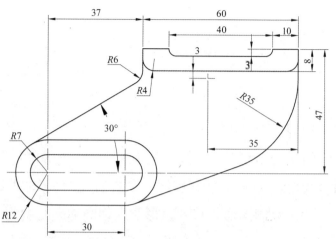

图 10-11　绘制平面图形 2

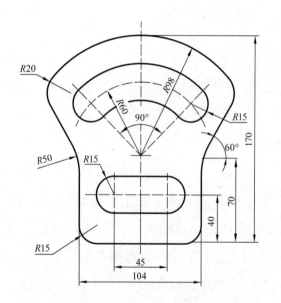

图 10-12　绘制平面图形 3

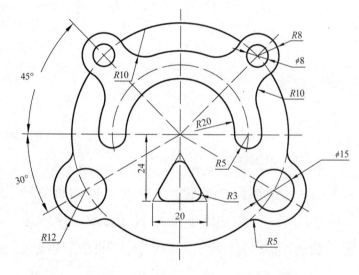

图 10-13　绘制平面图形 4

10.3 绘制三视图

按标注尺寸抄绘如图 10-14 和图 10-15 所示的已知立体的两个视图，并补绘其第三视图，不标注尺寸。

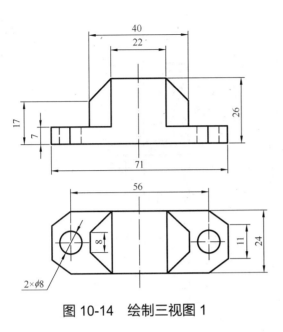

图 10-14　绘制三视图 1

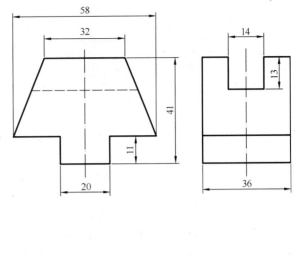

图 10-15　绘制三视图 2

10.4　绘制剖视图

根据如图 10-16 和图 10-17 所示的已知立体的两个视图，并在主、左视图上选取适当的剖视，按 1∶1 绘制其剖视图，不标注尺寸。

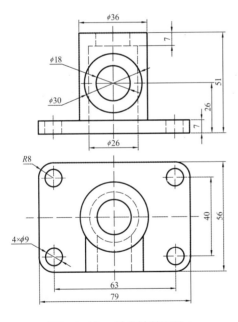

图 10-16　绘制剖视图 1

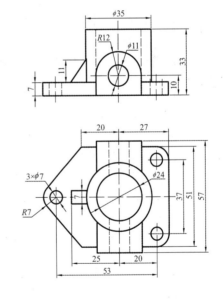

图 10-17　绘制剖视图 2

10.5　绘制零件图

按 1∶1 抄绘如图 10-18～图 10-20 所示的各零件图并标注尺寸及技术要求。

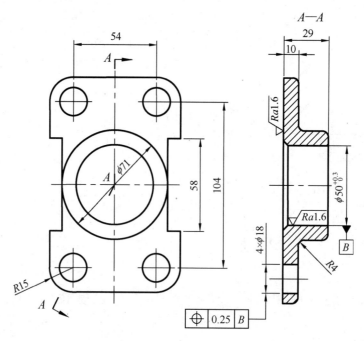

技术要求
1. 铸造起模斜度不大于3°。
2. 未注圆角半径R3。

图 10-18　绘制零件图 1

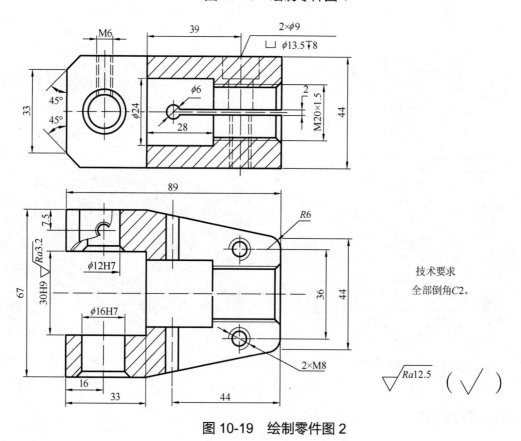

技术要求
全部倒角C2。

图 10-19　绘制零件图 2

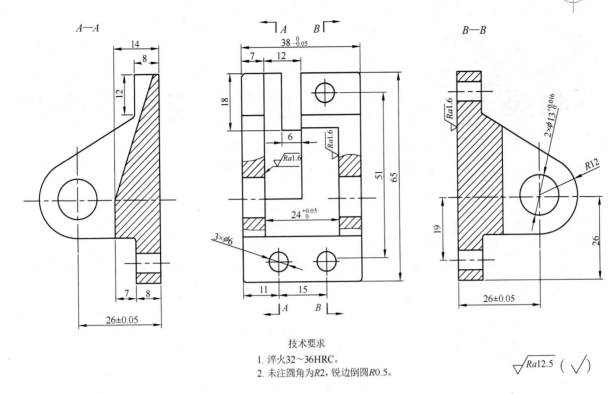

技术要求

1. 淬火32~36HRC。
2. 未注圆角为R2，锐边倒圆R0.5。

图 10-20 绘制零件图 3

附录 A　CAXA CAD 电子图板 2020 命令集

功能名称	键盘命令	快捷键	简化命令
新建	NEW	Ctrl+N	
打开	OPEN	Ctrl+O	
关闭	CLOSE	Ctrl+W	
保存	SAVE	Ctrl+S	
另存为	SAVEAS	Ctrl+Shift+S	
并入	MERGE		
部分存储	PARTSAVE		
打印	PLOT	Ctrl+P	
文件检索	IDX	Ctrl+F	
DWG/DXF 批量转换	DWG		
模块管理器	MANAGE		
清理	PURGE		
退出	QUIT	Alt+F4	
撤销	UNDO	Ctrl+Z	
恢复	REDO	Ctrl+Y	
选择所有	SELALL	Ctrl+A	
剪切	CUTCLIP	Ctrl+X	
复制	COPYCLIP	Ctrl+C	
带基点复制	COPYWB	Ctrl+Shift+C	
粘贴	PASTECLIP	Ctrl+V	
粘贴为块	PASTEBLOCK	Ctrl+Shift+V	
选择性粘贴	SPECIALPASTE	Ctrl+R	
插入对象	INSERTOBJ		OLE
链接	SETLINK	Ctrl+K	
OLE 对象	OLE		
清除	DELETE	Delete	
删除所有	ERASEALL		
重新生成	REFRESH		
全部重新生成	REFRESHALL		
显示窗口	ZOOM		

续表

功能名称	键盘命令	快捷键	简化命令
显示平移	PAN		
显示全部	ZOOMALL	F3	
显示还原	HOME	Home	
显示比例	VSCALE		
先是回溯	PREV		
显示向后	NEXT		
显示放大	ZOOMIN	PageUp	
显示缩小	ZOOMOUT	PageDown	
动态平移	DYNTRANS	鼠标滚轮/Shift+鼠标左键	
动态缩放	DYNSCALE	鼠标滚轮/Shift+鼠标右键	
图层	LAYER		
线型	LTYPE		
颜色	COLOR		
线宽	WIDE		
点样式	DDPTYPE		
文本样式	TEXTPARA		
尺寸样式	DIMPARA		
引线样式	LDTYPE		
形位公差样式	FCSTYPE		
粗糙度样式	ROUGHTYPE		
焊接符合样式	WELDTYPE		
基准代号样式	DATUMTYPE		
剖切符号样式	HATYPE		
序号样式	PTNOTYPE		
明细表样式	TBLTYPE		
样式管理	TYPE		
图幅设置	SETUP		
调入图框	FRMLOAD		
定义图框	FRMDEF		
存储图框	FRMSAVE		
填写图框	FRMFILL		
编辑图框	FRMEDIT		
调入标题栏	HEADLOAD		
定义标题栏	HEADDEF		
存储标题栏	HEADSAVE		
填写标题栏	HEADERFILL		
编辑标题栏	HEADEREDIT		
调入参数栏	PARALOAD		

续表

功能名称	键盘命令	快捷键	简化命令
定义参数栏	PARADEF		
存储参数栏	PARASAVE		
填写参数栏	PARAFILL		
编辑参数栏	PARAEDIT		
生成序号	PTNO		
删除序号	PTNODEL		
编辑序号	PTNOEDIT		
交换序号	PTNOCHANGE		
明细表删除表项	TBLDEL		
明细表表格折行	TBLBRK		
填写明细表	TBLEDIT		
明细表插入空行	TBLNEW		
输出明细表	TABLEEXPORT		
明细表数据库操作	TABDAT		
直线	LINE		L
两点线	LPP		
角度线	LA		
角等分线	LIA		
切线/法线	LTN		
等分线	BISECTOR		
平行线	PARALLEL		LL
圆	CIRCLE		C
圆：圆心-直径	CIR		
圆：两点	CPPL		
圆：三点	CPPP		
圆：两点-半径	CPPR		
圆弧	ARC		A
圆弧：三点	APPP		
圆弧：圆心-起点-圆心角	ACSA		
圆弧：两点-半径	APPR		
圆弧：圆心-半径-起终角	ACRA		
圆弧：起点-终点-圆心角	ASEA		
圆弧：起点-半径-起终角	ASRA		
样条	SPLINE		SPLINE
点	POINT		PO
公式曲线	FOMUL		
椭圆	ELLIPSE		El
矩形	RECT		

续表

功能名称	键盘命令	快捷键	简化命令
正多边形	POLYGON		
多段线	PLINE		
中心线	CENTERL		
等距线	OFFSET		O
剖面线	HATCH		H
填充	SOLID		
文字	TEXT		
局部放大图	ENLARGE		
波浪线	WAVEL		
双折线	CONDUP		
箭头	ARROW		
齿轮	GEAR		
圆弧拟合样条	NHS		
孔/轴	HOLE		
插入图片	INSERTIMAGE		
图片管理器	IMAGE		
块创建	BLOCK		
块插入	INSERTBLOCK		
块消隐	HIDE		
属性定义	ATTRIB		
粘贴为块	PASTEBLOCK	Ctrl+Shift+V	
块编辑	BLOCKEDIT		BE
块在位编辑	REFEDIT		
提取图符	SYM		
定义图符	SYMDEF		
图库管理	SYMMAN		
驱动图符	SYMDRV		
图库转换	SYMEXCHANGE		
构件库（见构件库表）			
尺寸标注	DIM		D
基本标注	POWERDIM		
基线标注	BASDIM		
连续标注	CONTDIM		
三点角度标注	3PARCDIM		
角度连续标注	CONTINUEARCDIM		
半标注	HALFDIM		
大圆弧标注	ARCDIM		
射线标注	RADIALDIM		

续表

功能名称	键盘命令	快捷键	简化命令
锥度/斜度标注	GRADIENTDIM		
曲率半径标注	CURVRADIUSDIM		
坐标标注	DIMCO		
原点标注	ORIGINDIM		
快速标注	FASTDIM		
自由标注	FREEDIM		
对齐标注	ALIGNDIM		
孔位标注	HSDIM		
引出标注	DOWNLEADDIM		
自动列表	AUTOLIST		
倒角标注	DIMCH		
引出说明	LDTEXT		
粗糙度	ROUGH		
基准代号	DATUM		
形位公差	FCS		
焊接符合	WELD		
剖切符号	HATCHPOS		
中心孔标注	DIMHOLE		
技术要求	SPECLIB		
删除	ERASE	Delete	
删除重线	ERASELINE		
平移	MOVE		MO
平移复制	COPY		CO
旋转	ROTATE		RO
镜像	MIRROR		MI
缩放	SCALE		SC
阵列	ARRAY		AR
过渡	CORNER		
圆角	FILLET		
多圆角	FILLETS		
倒角	CHAMFER		
外倒角	CHAMFERAXLE		
内倒角	CHAMFERHOLE		
多倒角	CHAMFERS		
尖角	SHARP		
裁剪	TRIM		TR
齐边	EDGE		
打断	BREAK		BR

续表

功能名称	键盘命令	快捷键	简化命令
拉伸	STRETCH		S
分解	EXPLODE		
标注编辑	DIMEDIT		
尺寸驱动	DRIVE		
特性匹配	MATCH		
切换尺寸风格	DIMSET		
文本参数编辑	TEXTSET		
文字查找替换	TEXTOPERATION		
三视图导航	GUIDE		
坐标点查询	ID		
两点距离	DIST		
角度连续标注	ANGLE		
元素属性	LIST		
周长	CIRCUM		
面积	AREA		
重心	BARCEN		
惯性矩	INER		
系统状态	STATUS		
特性	PROPERTIES		
置顶	TOTOP		
置底	TOBOTTOM		
置前	TOFRONT		
置后	TOBACK		
文字置顶	TEXTTOTOP		
尺寸置顶	DIMTOTOP		
文字或尺寸置顶	TDTOTOP		
新建用户坐标系	NEWUCS		
管理用户坐标系	SWITCH		
打印排版	PRINTOOL		
EXB 浏览器	EXBVIEW		
工程计算器	CAXACALC		
计算器	CALC		
画笔	PAINT		
智能点工具设置	POTSET		
拾取过滤设置	OBJECTSET		
自定义界面	CUSTOMIZE		
界面重置	INTERFACERESET		
界面加载	INTERFACELOAD		

续表

功能名称	键盘命令	快捷键	简化命令
界面保存	INTERFACESAVE		
选项	SYSCFG		
关闭窗口	CLOSE		
全部关闭窗口	CLOSEALL		
层叠窗口	CASCSDE		
横向平铺	HORIZONTALLY		
纵向平铺	VERTICALLY		
排列图标	ARRANGE		
帮助	HELP	F1	
关于电子图板	ABOUT		
构件库：单边洁角	CONCS		
构件库：两边洁角	CONCD		
构件库：单边止锁孔	CONCH		
构件库：双面止锁孔	CONCI		
构件库：孔根部退刀槽	CONCE		
构件库：孔中部退刀槽	CONCM		
构件库：孔中部圆弧退刀槽	CONCA		
构件库：轴端部退刀槽	CONCO		
构件库：轴中部退刀槽	CONCP		
构件库：轴中部圆弧退刀槽	CONCQ		
构件库：轴中部角度退刀槽	CONCR		
构件库：径向轴承润滑槽 1	CONLA		
构件库：径向轴承润滑槽 2	CONLB		
构件库：径向轴承润滑槽 3	CONLC		
构件库：推力轴承润滑槽 1	CONLH		
构件库：推力轴承润滑槽 2	CONLI		
构件库：推力轴承润滑槽 3	CONLJ		
构件库：平面润滑槽 1	CONLO		
构件库：平面润滑槽 2	CONLP		
构件库：平面润滑槽 3	CONLQ		
构件库：平面润滑槽 4	CONLR		
构件库：滚花	CONGG		
构件库：圆角或倒角	CONGC		
构件库：磨外圆	CONRO		
构件库：磨内圆	CONRI		
构件库：磨外端面	CONRE		
构件库：磨内端面	CONRF		
构件库：磨外圆及端面	CONRA		

续表

功能名称	键盘命令	快捷键	简化命令
构件库：磨内圆及端面	CONRB		
构件库：平面	CONRP		
构件库：V 型	CONRV		
构件库：燕尾导轨	CONRT		
构件库：矩形导轨	CONRR		
转图工具：幅面初始化	FRMINIT		
转图工具：填写标题栏	HEADERFILL		
转图工具：转换明细表表头	TBLHTRANS		
转图工具：转换明细表	TBLTRANSFROM		
转图工具：补充序号	PTNOADD		
转图工具：恢复标题栏	REHEAD		
转图工具：恢复图框	REFRM		
切换正交	ORTHO	F8	
切换线宽	SHOWIDE		
切换动态输入	SHOWD		
切换捕捉方式	CATCH	F6	
切换	INTERFACE	F9	
添加到块内	BLOCKIN		
从块内移出	BLOCKOUT		
取消块在位编辑	BLOCKONQWO		
完成块在位编辑	BLOCKONQWS		
退出块编辑	BLOCKQ		
切换当前坐标系		F5	
切换相对/坐标值		F2	
三维视图导航开关		F7	
特性窗口		Ctrl+Q	
立即菜单		Ctrl+I	

参考文献

［1］郭朝勇. CAXA 电子图板 2013 绘图教程［M］. 北京：电子工业出版社，2015.

［2］郭朝勇. CAXA 电子图板绘图教程（2007 版）［M］. 3 版. 北京：电子工业出版社，2020.

［3］高孟月. CAXA 二维电子图板 V2 范例教程［M］. 北京：清华大学出版社，2002.

［4］郭朝勇，朱海花. 机械制图与计算机绘图（通用）［M］. 北京：电子工业出版社，2011.

［5］郭朝勇，朱海花. 机械制图与计算机绘图习题集（通用）［M］. 北京：电子工业出版社，2011.